Heinrich Haumer

Sequentielle stochastische Investitionsplanung

SPRINGER FACHMEDIEN WIESBADEN GMBH

CIP-Kurztitelaufnahme der Deutschen Bibliothek

Haumer, Heinrich:
Sequentielle stochastische Investitionsplanung /
Heinrich Haumer.
  (Beiträge zur betriebswirtschaftlichen
  Forschung ; Bd. 55)
  ISBN 978-3-409-13420-0   ISBN 978-3-663-13056-7 (eBook)
  DOI 10.1007/978-3-663-13056-7
NE: GT

© 1983 Springer Fachmedien Wiesbaden
Ursprünglich erschienen bei Betriebswirtschaftlicher Verlag Dr. Th. Gabler
GmbH, Wiesbaden 1983
Graphische Konzeption des Reihentitels von Hanswerner Klein, Opladen
Gesamtherstellung: Lengericher Handelsdruckerei, Lengerich/Westf.

ISBN 978-3-409-13420-0

Geleitwort

Die Notwendigkeit simultaner Planung gegenwärtiger und zukünftiger Maßnahmen ergibt sich daraus, daß Entscheidungen für die Gegenwart oft Prognosen über zukünftige Folgeentscheidungen voraussetzen; hierzu muß der zukünftige Entscheidungskalkül bereits vorweggenommen werden. In der Theorie der Investitionsplanung sind zur Bewältigung dieses Problems Modelle zur simultanen Planung aller gegenwärtigen und zukünftigen Investitionen und Finanzierungsmaßnahmen entwickelt worden, zunächst allerdings nur für den Fall sicherer oder quasi-sicherer Erwartungen über zukünftige Daten. Bei Einbeziehung der Ungewißheit in den Entscheidungskalkül ergeben sich erhebliche zusätzliche Schwierigkeiten, zum einen hinsichtlich der Abgrenzung des Bereichs zulässiger Lösungen, zum anderen hinsichtlich der Art und Weise, wie zukünftige Maßnahmen geplant werden können; das letztere Problem wurde insbesondere im Zusammenhang mit dem Prinzip der flexiblen Planung kontrovers diskutiert. Ein weiterer Gesichtspunkt, der die Lösung des Problems erschwert, ergibt sich daraus, daß die praktische Anwendung mit Rücksicht auf Datenbeschaffungsmöglichkeiten und Rechenkapazitäten Modellvereinfachungen erforderlich macht, deren Konsequenzen sorgfältig zu prüfen sind.

Die bisher entwickelten Lösungsansätze sind sehr unterschiedlich, dies vor allem, weil sie jeweils ganz verschiedene Teilaspekte des Problems in den Vordergrund stellen, so etwa der Ansatz des „Chance-Constrained Programming" die Abgrenzung des Zulässigkeitsbereichs oder der Zustandsbaumansatz die Flexibilität der Planung. Die Folge ist, daß diese Ansätze sehr schwer miteinander vergleichbar sind.

In der vorliegenden Arbeit wird das zugrundeliegende entscheidungstheoretische Problem systematisch abgehandelt: Wie kann eine optimale Entscheidung gefunden werden, wenn Interdependenzen zwischen gegenwärtigen und zukünftigen Maßnahmen bestehen und die das Ergebnis beeinflussende Datenkonstellation sich nach Art eines stochastischen Prozesses entwickelt. Dieser Ansatz erweist sich als fruchtbar. Er ermöglicht systematische Einordnung und kritischen Vergleich der vorliegenden Lösungsversuche, zugleich aber auch eine konstruktive Fortentwicklung. Die Arbeit zwingt zur Revision mancher Thesen von bisher unbestrittener Gültigkeit. Sie gibt zugleich wichtige Hinweise für die Entwicklung praxisbezogener Planungsmodelle und ist damit auch ein Beleg dafür, wie eine Abhandlung auf hohem theoretischen Abstraktionsniveau zur Verbesserung des Praxisbezugs von Entscheidungsmodellen beitragen kann. Über den speziellen Anwendungsbereich der Investitionsplanung hinaus ist die Untersuchung von grundlegender Bedeutung für eine allgemeine, entscheidungstheoretisch fundierte Theorie der Planung.

HERBERT HAX

Inhaltsverzeichnis

- 1 -

0. <u>Einleitung und Überblick</u>

Die Planung von Investitions- und Finanzierungsprogrammen
ist ein <u>sequentielles</u> Entscheidungsproblem. Damit ist gesagt, daß die Entscheidung über einzelne Aktionen die Beurteilung von Aktionsfolgen erfordert. Lineare Optimierungsmodelle erfassen diese intertemporale Abhängigkeit der einzelnen Aktionen voneinander.[1]

In einer Welt mit unsicheren Erwartungen ist zu berücksichtigen, daß sich der <u>Informationsstand des Entscheiden-</u>
<u>den</u> im Zeitablauf ändert. Das Entscheidungsmodell sollte
daher die Abhängigkeit der Entscheidungen über die erst
später durchzuführenden Aktionen vom dann gegebenen Informationsstand berücksichtigen. Diese Eigenschaft des Planungsverfahrens wird als <u>Flexibilität</u> bezeichnet.[2] Für die
Investitionsplanung wurde ein derartiges Modell von
Laux (1969b, 1971) entwickelt; es ist als "Zustandsbaumverfahren" bekannt geworden und entspricht in seiner
Struktur dem Modell der mehrstufigen stochastischen Programmierung nach Dantzig (1955). Dabei ist ein bestimmter
"Zustand" mit einem bestimmten "Informationsstand" des
Entscheidenden gleichzusetzen; die "Zustandsabhängigkeit"
der Entscheidungsvariablen ist also zu interpretieren als
Abhängigkeit der Entscheidungen von dem im Entscheidungs-
zeitpunkt gegebenen Informationsstand.

In diesem Modell der mehrstufigen stochastischen Programmierung werden sowohl die Nebenbedingungen als auch die
Entscheidungsvariablen zustandsabhängig formuliert. Es
wird die Einhaltung der Nebenbedingungen für jeden Zustand gewährleistet, und man spricht daher von Modellen
mit "<u>strengem Zulässigkeitskriterium</u>". Demgegenüber werden
im Modell des Chance-Constrained Programming die Nebenbedingungen nicht für alle möglichen Zustände, sondern für
Gruppen von Zuständen formuliert und enthalten daher Zu-

---

1) Siehe dazu Albach (1962), Weingartner (1963), Hax
   (1964).

2) Siehe Laux (1969b, 1971).

fallsvariablen. Da solche Nebenbedingungen im allgemeinen
nicht für jeden Zustand (für jede Ausprägung der Zufallsvariablen) erfüllt sein können, wird ihre Einhaltung nur
mit bestimmter Mindestwahrscheinlichkeit gefordert, und
man spricht daher von Modellen mit "abgeschwächtem Zulässigkeitskriterium".[1] Je nach Art der Bildung solcher Gruppen von Zuständen (Partitionierung des Zustandsraums) unterscheidet man "totale" und verschiedene Arten von "bedingten" Wahrscheinlichkeitsrestriktionen. Durch das
"abgeschwächte Zulässigkeitskriterium" wird die Methode
des Chance-Constrained Programming charakterisiert, doch
wird dadurch nichts ausgesagt über den Grad der Zustandsabhängigkeit der Entscheidungsvariablen; je nach Gestaltung dieser Entscheidungsvariablen (Entscheidungsfunktionen) entstehen Modelle des Chance-Constrained Programming
mit unterschiedlich ausgeprägter Flexibilität. Der Typ des
Entscheidungsmodells wird somit durch zwei Partitionierungen des Zustandsraums bestimmt. Eine gibt an, für welche
Gruppen von Zuständen die Nebenbedingungen (Wahrscheinlichkeitsrestriktionen) formuliert werden; die andere gibt
an, für welche Gruppen von Zuständen die Entscheidungsfunktionen verschiedene Ausprägungen annehmen dürfen, bestimmt
also den Grad der Flexibilität des Modells.

In der vorliegenden Untersuchung werden die verschiedenen
Modellvarianten kritisch gewürdigt und die zwischen ihnen bestehenden Zusammenhänge analysiert. Die Kritik des
Chance-Constrained Programming erstreckt sich insbesondere
auf die Problematik der Vorgabe von Sicherheitsniveaus
und die Probleme, die sich daraus ergeben, daß durch das
Modell keine Aussagen getroffen werden, was in jenen
Zuständen geschieht, in denen die Nebenbedingungen verletzt sind, oder in jenen Zuständen, in denen die Nebenbedingungen "übererfüllt" sind. In beiden Fällen wird es

---

1) Zu den Begriffen "strenges" und "abgeschwächtes Zulässigkeitskriterium" siehe Hax (1976b).

zu <u>Planrevisionen</u> kommen, die durch das Modell nicht erfaßt werden, deren Auswirkungen jedoch bei der Beurteilung der einzelnen Modellvarianten zu berücksichtigen sind.
Die bei der Formulierung des Modells zu treffenden Entscheidungen, welche Aktionsvariablen zu berücksichtigen
sind, wie flexibel die Entscheidungsfunktionen zu gestal-
ten sind, für welche Gruppen von Zuständen die Wahrscheinlichkeitsrestriktionen zu formulieren sind und in welcher
Höhe die Sicherheitsniveaus anzusetzen sind, müssen alle
im Zusammenhang gesehen werden und werden vor allem durch
das Problem der nicht im Modell erfaßten Planrevisionen
erschwert.

Diese Problematik bestimmt auch die Analyse der <u>Zusammen-
hänge zwischen den einzelnen Modellvarianten</u>. Alle Varianten des Chance-Constrained Programming können interpretiert werden als Ersatzmodelle für das Modell der
mehrstufigen stochastischen Programmierung mit "strengem
Zulässigkeitskriterium". Der Übergang vom "strengen" zum
"abgeschwächten" Zulässigkeitskriterium muß in Zusammenhang
mit der damit in der Regel verbundenen Änderung anderer
Modellelemente gesehen werden und kann dann nicht mehr
einfach als Lockerung der Anforderungen an die Zulässigkeit
einer Lösung interpretiert werden. Unter Berücksichtigung
dieser Gesichtspunkte erfolgt eine Analyse des von Hax
(1976b) für die Investitionsprogrammplanung vorgeschlagenen
Modells. Es stellt eine flexible Variante des Chance-
Constrained Programming dar, basierend auf einem Grundgedanken von Hillier (1967) und wurde als Ersatzmodell für
das von Laux (1971) vorgeschlagene Modell mit "strengem
Zulässigkeitskriterium" entwickelt.

Die Entwicklung und Diskussion der verschiedenen Varianten
flexibler Modelle mit Wahrscheinlichkeitsrestriktionen erfolgt in sehr allgemeiner Form, um die Darstellung nicht
mit Einzelheiten zu überlasten, doch wird die Struktur
des Investitionsplanungsmodells immer im Auge behalten.
Die Grundstruktur des Modells wird einfach bestimmt durch
die Zuordnung der Entscheidungsvariablen zu verschiedenen
Zeitpunkten. Bei der Beurteilung der Verletzung der Neben-

bedingungen und der Diskussion der vom Modell nicht erfaßten Planrevisionen wird jedoch auf das zugrunde
liegende Sachproblem zurückgegriffen.

Aus einer Kritik der (flexiblen) Modelle mit Wahrscheinlichkeitsrestriktionen und der Berücksichtigung des speziellen Problems der Investitionsplanung wird die
Schlußfolgerung gezogen, daß hohe Sicherheitsniveaus
zu einseitigen Verzerrungen führen. Daraus wird der Vorschlag abgeleitet, die zeitliche Interdependenz im wesentlichen durch ein Restriktionensystem zu steuern, dessen
einzelne Nebenbedingungen und Variablen für Gruppen von
Zuständen formuliert sind,[1] insofern also eine gewisse
Flexibilität des Modells garantieren, jedoch keine Zufallsvariablen enthalten, sondern (bedingte) Erwartungswerte. Dazu tritt ein System von Wahrscheinlichkeitsrestriktionen, das für "Notfälle" testen soll, ob genügend
Entscheidungsspielraum für liquiditätserhaltende Maßnahmen
gegeben ist.

---

1) Es handelt sich also um ein Modell auf Basis eines
   "vereinfachten Zustandsbaums" im Sinne von Hax
   (1976b), S. 136.

1. Charakterisierung des Entscheidungsproblems

1.1 Das lineare Optimierungsmodell als Ausgangspunkt

Für eine Unternehmung sei das Investitionsprogramm zu
planen. Es ist also festzulegen, welche Investitionen
"sofort", das heißt im Zeitpunkt t=0, vorzunehmen sind.
Präziser gesagt bedeutet dies, daß primär jene Investitionsprojekte interessieren, über deren Realisierung im
Zeitpunkt t=0 die Entscheidung fallen muß. Das erfordert
die Beurteilung von gegenwärtigen und zukünftigen Inve-
stitions- und Finanzierungsprojekten, da zwischen diesen
vielfältige Interdependenzen bestehen,[1] da insbesondere
die in den früheren Zeitpunkten zu treffenden Entscheidungen den Entscheidungsspielraum in den folgenden Zeitpunkten
beeinflussen.

Alle zu betrachtenden Projekte werden durch Zahlungsreihen
charakterisiert, wobei die Zahlungen immer bestimmten Zeitpunkten t = 0,1,2,.... zugeordnet werden.[2] Im Normalfall
werden bei Investitionsprojekten zunächst Auszahlungen,
später Einzahlungen auftreten, bei Finanzierungsprojekten
Auszahlungen auf Einzahlungen folgen. Abgrenzungsschwie-
rigkeiten sind in diesem Zusammenhang nicht von Bedeutung.
Gegebenenfalls wird die Zurechnung von Zahlungen zu den
Investitionsprojekten die Trennung von Investitions-, Pro-
duktions- und Absatzvariablen erforderlich machen.[3]

Entscheidungsprobleme dieser Art lassen sich unter geeig-
neten Voraussetzungen als lineare Optimierungsmodelle formulieren.[4] In sehr allgemeiner Form ergibt sich

---

1) Zum Interdependenzproblem vgl. Jacob (1964).

2) Hax (1976a), S. 11. Vgl. zu diesem Problem auch
   Jacob (1964), S. 562 ff.

3) Siehe dazu Jacob (1964).

4) Siehe Albach (1962), Weingartner (1963), Hax (1964).

- 6 -

$$\sum_{j=1}^{n} c_j x_j \longrightarrow \max$$

$$(1.1) \qquad \sum_{j=1}^{n} a_{ij} x_j = b_i \qquad (i = 1, 2, \ldots, m)$$

$$x_j \geqq 0 \qquad (j = 1, 2, \ldots, n)$$

wofür auch kürzer geschrieben werden soll

$$(1.2) \qquad \begin{aligned} c'x &\longrightarrow \max \\ Ax &= b \\ x &\geqq 0 \end{aligned}$$

Hier sei $\{x_j \mid j = 1, 2, \ldots, n\}$ die Menge der Entscheidungsvariablen und der Schlupfvariablen. Die Formulierung
der Nebenbedingungen in Form von Gleichungen umfaßt somit
auch den Fall der Ungleichungen. Gegebenenfalls werden
Ganzzahligkeitsbedingungen[1] hinzutreten. Soweit wie möglich wird diese sehr komprimierte Form eines linearen Programms zur Darstellung der verschiedenen Methoden der stochastischen Programmierung verwendet werden, um möglichst
deutlich die wichtigsten Merkmale der verschiedenen Modelle herauszuarbeiten.

Ein sehr einfaches Investitionsmodell hat Nebenbedingungen der Form[2]

$$(1.3) \qquad \sum_{j \in \bar{K}_t} a_{tj} x_j + d_t = b_t \qquad t = 0, 1, \ldots, T$$

$$(1.4) \qquad x_j \leqq g_j \qquad j \in G$$

$$(1.5) \qquad x_j \geqq 0 \qquad j \in J$$

x_j Anzahl der Investitions- bzw. Finanzierungsprojekte

a_{tj} dem Projekt j zum Zeitpunkt t zugeordnete Auszahlung[3]

---

1) Siehe Hax (1964), S. 442 f.

2) Vgl. Hax (1976a), S. 87; Hax (1976b), S. 126.

3) Einzahlungen werden als negative Auszahlungen aufgefaßt.

d_t Entnahme zum Zeitpunkt t

b_t zum Zeitpunkt t erfolgende, von den Entscheidungsvariablen x_t unabhängige Einzahlung (also
aus Projekten, die schon zum Planungszeitpunkt
vorhanden sind und auch im Unternehmen bleiben
werden, sowie aus Projekten, die zwar erst in
Zukunft, aber unabhängig vom Ergebnis des Modells,
realisiert werden)

g_j Obergrenze für Projekt j

T Planungshorizont

G Indexmenge der Projekte, für die Obergrenzen
bestehen

J Indexmenge aller Projekte

$\overline{K}_t$ Indexmenge der Projekte, über deren Realisierung
in einem der Zeitpunkte $t' \leqslant t$ entschieden werden
muß

$$\overline{K}_t := \overline{J}_0 \cup \overline{J}_1 \cup \ldots \cup \overline{J}_t$$

$\overline{J}_t$ Indexmenge der Projekte, über deren Realisierung
im Zeitpunkt t entschieden werden muß. (Dieses
Abstellen·auf den Entscheidungszeitpunkt und nicht
auf den Zeitpunkt der 1. Zahlung erfolgt schon
hier aus Gründen der besseren Vergleichbarkeit
mit mehrstufigen stochastischen Modellen.)

Der Planungshorizont T ist dann "richtig" gewählt, wenn
sich bei einer Vergrößerung des Planungszeitraums keine Änderung des Optimalwerts der Variablen x_j (j $\in \overline{J}_0$) ergibt.[1]
Beantwortbar wäre die Frage nach der richtigen Wahl von T
allerdings erst nach Lösung des Modells mit parametrischer
Variation von T. Es liegt daher nahe, eine Begrenzung des
Planungszeitraums durch die Beschaffbarkeit von Information
anzunehmen.[2] Diese Überlegung zielt naturgemäß auf die

---

1) So auch Albach (1962), S. 226.
2) Vgl. dazu Rosenberg (1975), S. 10.

Entscheidung unter Unsicherheit. Hier sind jedoch zwei
Aspekte zu beachten. Erstens ist im allgemeinen zusätzliche Information mit zusätzlichen Kosten beschaffbar. Eine
Berücksichtigung dieses Sachverhalts im Entscheidungsmodell
erhöht seine Komplexität beträchtlich. Zweitens ist zu
berücksichtigen, daß Entscheidung unter Unsicherheit immer auch Entscheidung auf Grund von Annahmen ist: Annahmen über den zukünftigen Aktionsraum und über die zukünftige Umweltentwicklung. Es ergibt sich die Frage nach der
Größe des Zeitraums, für den man sich um solche Annahmen
bemühen soll. Dies erfordert wieder ein Abschätzen der
Auswirkungen auf die Variablen $x_j (j \in \bar{J}_O)$.

1.2 Zur Frage des Optimalitätskriteriums

Als Zielfunktion seien mehrere Varianten zur Diskussion
gestellt. Man kann z.B. die Entnahmen d_t (t = O, 1,...,T-1)
vorgeben und das Vermögen zum Zeitpunkt T maximieren:[1]

$$(1.6) \qquad V_T := d_T + \sum_{j \in J} v_j x_j \longrightarrow \max.$$

v_j bezeichnet dabei den Wert des Projekts j im Zeitpunkt
T. Es ergibt sich also ein Bewertungsproblem.[2] Wird das
Unternehmen liquidiert, bezeichnet v_j die Liquidations-
erlöse. In der Regel wird man aber vom Fortbestand der
Unternehmung ausgehen; dann bietet sich an, v_j als Kapitalwert der zukünftigen Einzahlungsüberschüsse, bezogen
auf den Zeitpunkt T, zu definieren.[3] Da bei Zielfunktion
(1.6) die Entnahmen zu allen Zeitpunkten mit Ausnahme des
Zeitpunkts T vorzugeben sind, sind Höhe und Verwendung
dieser Mittel für dieses Modell nicht Entscheidungsgegen-

---

1) Vgl. Hax (1964), S. 436.
2) Vgl. dazu Hax (1967).
3) Hax (1964), S. 438 f.

stand. Optimiert wird nur die Entscheidung im Unternehmensbereich, wobei der Aktionsraum durch die Annahmen über d_t bestimmt wird.

Eine andere Möglichkeit wäre die Maximierung des Niveaus eines in seiner Struktur vorgegebenen Dividenden-, bzw. Entnahmestroms bei Einhaltung eines Mindestbetrags für das Vermögen am Planungshorizont.[1] Den Nebenbedingungen (1.3) bis (1.5) wäre dann hinzuzufügen:

$$(1.7) \qquad d \longrightarrow \max$$

$$(1.8) \qquad d_t = h_t d \qquad (t = 0, 1, \ldots, T-1)$$

$$(1.9) \qquad d_T + \sum_{j \in J} v_j x_j \geqq V$$

Die Größen h_t (t = 0, 1,..., T-1) und V sind vorzugebende Konstanten; Entscheidungsvariablen sind d, d_T und x_j. Man beachte, daß sich die Nebenbedingungen (1.3 - 5) zwar formal nicht geändert haben, wohl aber ihre Wirkung, weil nun anders als bei Zielfunktion (1.6) die Größen d_t variabel sind. Zielfunktion (1.7) wird für diese Untersuchung aber nicht als vernünftig angesehen. Sie wäre nur dann sinnvoll, wenn (1.9) als Gleichung erfüllt ist, da das Vermögen im Zeitpunkt T, soweit es V übersteigt, in der Zielfunktion überhaupt nicht berücksichtigt wird.[2] (1.9) wäre zwar mit Sicherheit als Gleichung erfüllt, wenn zu allen Zeitpunkten Kredite unbeschränkt und beliebig teilbar aufgenommen werden könnten;[3] dies soll hier aber nicht vorausgesetzt werden.

Ein durchaus sinnvolles Modell ergibt sich dagegen bei Maximierung des Kapitalwerts der Entnahmen.[4] Zu (1.3) bis (1.5) tritt dann

---

1) Vgl. Hax (1964), S. 437 und Laux/Franke (1970), S. 36.

2) Vgl. Laux/Franke (1970), S. 41 ff.

3) Bitz (1976), S. 487.

4) Dies ist z.B. der Vorschlag von Albach (1962). Zur Kritik siehe Hax (1964), S. 434.

$$(1.10) \qquad \sum_{t=0}^{T-1} d_t q^{-t} + (d_T + \sum_{j \in J} v_j x_j) q^{-T} \longrightarrow \max.$$

Ein Unterschied zu (1.3 - 6), also dem Modell mit Maximierung des Vermögens am Planungshorizont, tritt natürlich nur dann auf, wenn die Entnahmen d_t (t = 0,1,...,T-1)
Variablen sind. Wäre nämlich in beiden Modellen nur mehr
in T eine entscheidungsabhängige Entnahme berücksichtigt,
so entspräche offensichtlich die Maximierung des Kapitalwerts (1.10) der Maximierung des Endvermögens (1.6).[1]

Der Aufzinsfaktor q kann interpretiert werden als Ausdruck
der subjektiven Zeitpräferenz. Natürlich ist - setzt man
keinen vollkommenen Kapitalmarkt voraus - die lineare und
zeitliche Unabhängigkeit voraussetzende Struktur der Präferenzen eine sehr einfache Annahme. Verfeinerungen sind
möglich. So kann man statt (1.10) die etwas allgemeinere
Zielfunktion[2]

$$(1.10a) \qquad \sum_{t=0}^{T-1} d_t \prod_{t'=0}^{t} q_{t'}^{-1} + (d_T + \sum_{j \in J} v_j x_j) \prod_{t'=0}^{T} q_{t'}^{-1} \longrightarrow \max$$

verwenden und die Linearität der Präferenzen einschränken
durch Vorgabe von Mindestentnahmen d_t^{min}:[3]

$$(1.11) \qquad d_t \geqslant d_t^{min} \qquad (t = 0,..., T).$$

Im Modell der Kapitalwertmaximierung wird die Substitutionsmöglichkeit zwischen den Entnahmen zu verschiedenen
Zeitpunkten zwar nur recht mangelhaft, aber immerhin doch
berücksichtigt!

Hat die Unternehmung mehrere Eigentümer, so werden im allgemeinen Konflikte bei der Bestimmung des Aufzinsungsfak-
tors q auftreten. Besteht aber für die Unternehmensanteile

---

1) Vgl. Hax/Laux (1969), S. 246.
2) Es gelte $q_0 = 1$.
3) Vgl. Laux (1971), S. 92.

ein Markt, kann der Kapitalwert als Marktwert interpretiert werden.[1] Das bedeutet, daß man zwar einerseits nicht auf die subjektiven Präferenzen zurückgreifen muß, da diese im Marktzinsfuß abgebildet sein sollten, daß man aber andererseits diesen Marktzinsfuß empirisch ermitteln muß, wobei sich große Schwierigkeiten ergeben.[2] Die theoretischen Probleme dabei liegen vor allem auch in der Theorie des Kapitalmarktgleichgewichts.[3] Im allgemeinen kann man nicht erwarten, daß die Maximierung des Marktwerts der Anteile im Interesse aller Anteilseigner liegt.[4]

Allen diesen Modellen ist gemeinsam, daß die Zahlungen im Unternehmensbereich so gesteuert werden sollen, daß der Nutzen der Entnahmen für den (die) Eigentümer maximiert wird:[5]

$$(1.12) \qquad U(d_O, d_1, \ldots, d_T, d_{T+1}, \ldots) \longrightarrow max.$$

Die besprochenen Zielfunktionen suchen sich an dieses Ziel mehr oder weniger genau anzunähern. Eine direkte Rechnung mit (1.12) würde die Ermittlung einer Nutzenfunktion bei mehrfacher Zielsetzung erfordern. Versuche einer praktischen Ermittlung derartiger Funktionen setzen meist eine Reihe von Unabhängigkeitsannahmen, betreffend den Nutzen der einzelnen Zielkomponenten, voraus.[6]

---

1) Laux (1969a); Hax (1976a), S. 89.

2) Vgl. dazu z.B. Bolenz (1978), S. 103 ff.

3) Vgl. Franke (1977), S. 366 ff.

4) Siehe z.B. Laux (1969a), S. 27. Zum Modell mit unsicheren Erwartungen siehe Laux (1975a, 1975b) und Franke (1975).

5) Vgl. Laux/Franke (1970), S. 35.

6) Keeney/Raiffa (1976), S. 108 ff. Zum Problem bei unsicheren Erwartungen siehe Abschnitt 2.1.3.

Der Kern des Problems liegt aber in der Abgrenzung des
Entscheidungsfeldes: Der Entnahmestrom ist noch nicht
der Konsumstrom; dazwischen liegen vom Modell nicht erfaßte Transformationsmaßnahmen,[1] die von der Höhe der
Entnahmen in den einzelnen Zeitpunkten abhängig sind.
Jedem Entnahmestrom D entspricht ein optimaler Konsumstrom D', dem wiederum ein Nutzenindex U zuzuordnen ist,
wobei die erste Zuordnung (D $\mapsto$ D') natürlich schon die
Kenntnis der 2. Zuordnungsvorschrift (D' $\mapsto$ U) voraussetzt.
Diese beiden Zuordnungen müßten sich in der auf den Entnahmen definierten Nutzenfunktion (also D $\mapsto$ U) niederschlagen.[2] Hier sind - sieht man vom vollkommenen Kapitalmarkt ab - nur sehr grobe Schätzungen möglich.

Außerdem ist zu beachten, daß die Maximierung der Zielfunktion unter Nebenbedingungen verlangt wird. Die in
(1.3) steckende Annahme des vollständigen Ausschlusses
der Illiquidität ist eine gewiß sehr einschränkende Vorentscheidung, die durch noch so ausgeklügelte Konstruktion der Zielfunktion nicht mehr zu ändern ist. (Auf
dieses Problem wird noch näher einzugehen sein, wobei
die Strenge dieses Modells abgeschwächt wird.) Wichtiger
als das Streben nach äußerster Verfeinerung der Zielfunktion erscheinen daher Überlegungen, die die Einschränkung
des Entscheidungsfeldes durch Vorentscheidungen betreffen,
wie die Auswahl der Entscheidungsvariablen und die Formulierung der Nebenbedingungen. Man könnte sagen, daß
die Nebenbedingungen die "Qualität" der Zielfunktionsvariablen bestimmen, somit Bestandteil des Bewertungs-
problems bei der Formulierung von Zielfunktionen sind.

---

1) Vgl. zu dieser Konzeption Hallsten (1966), S. 23 f.,
   87 f.

2) Das Problem ist analog dem von Hax (1967) diskutierten (durch die unvollständige Erfassung des Entscheidungsfeldes verursachten) Bewertungsproblem bei der
   Formulierung von Zielfunktionen. Die Trennung zwischen Entnahme- und Konsumstrom ist insbesondere entscheidend für die Konzeption der Marktwertmaximierung
   (siehe dazu auch 2.1.4).

Allgemein kann das Problem als Entscheidungsproblem bei mehrfacher Zielsetzung aufgefaßt werden.[1]

1.3 Konsequenzen aus der sequentiellen Struktur des Entscheidungsproblems bei Unsicherheit

Sind einige der Parameter c_j, a_{ij}, b_i des Entscheidungsmodells (1.1) unsichere Größen, so können diese aufgefaßt werden als Komponenten eines Zufallsvektors, definiert auf einem Stichprobenraum Z. Jedem Element $z \in Z$ wird somit eine bestimmte Ausprägung jeder unsicheren Größe des Modells zugeordnet. Da die einzelnen Größen unterschiedlichen Zeitpunkten zugeordnet sind, kann man an Stelle eines einzigen, alle unsicheren Größen zusammenfassenden Zufallsvektors auch eine Familie von Zufallsvektoren betrachten, wobei jeweils alle einem bestimmten Zeitpunkt zugeordneten stochastischen Parameter die Komponenten eines diesem Zeitpunkt zugeordneten Zufallsvektors bilden. Diese Familie von Zufallsvektoren bildet einen stochastischen Prozeß und Z kann als Menge der möglichen Pfade dieses stochastischen Prozesses aufgefaßt werden.[2]

Da die durch Z beschriebene Umweltentwicklung als unabhängig von den Aktionen des Entscheidenden konzipiert ist, kann jeder möglichen Umweltentwicklung (jedem Pfad des stochastischen Prozesses) $z \in Z$ eine Entscheidungsfolge (ein Entscheidungsvektor) x_z zugeordnet werden; in (1.2) tritt also an die Stelle des Entscheidungsvektors x die vektorielle Entscheidungsfunktion $\tilde{x}$, das ist

---

1) Vgl. dazu z.B. Abschnitt 2.2.3.1.b) (3).

2) Eine ausführliche Beschreibung erfolgt in Abschnitt 2.2.2.2.

die Zuordnungsvorschrift[1]

$$(1.13) \qquad \tilde{x} : \qquad Z \longrightarrow \left\{ x_z \mid z \in Z \right\}$$

$$z \longmapsto x_z$$

Da die einzelnen Entscheidungsvariablen x_j verschiedenen Zeitpunkten zuzuordnen sind, kann ihr Niveau nur
von der im jeweiligen Zeitpunkt gegebenen Entscheidungssituation abhängig gemacht werden. (1.13) ist also so zu
interpretieren, daß im Zeitpunkt t die den einzelnen
Entscheidungsvariablen x_j ($j \in \bar{J}_t$) entsprechenden Entscheidungsfunktionen $\tilde{x}_j$ ($j \in \bar{J}_t$) im allgemeinen nicht
allen Elementen $z \in Z$ verschiedene Werte zuordnen, sondern auf einer gröberen Menge, auf einer Partition Z_t
definiert werden können:[2]

$$(1.14) \qquad \tilde{x}_j : \qquad z_t \longmapsto x_{jz} \qquad (j \in \bar{J}_t).$$

---

1) Die Zuordnungsvorschrift (1.13) ist Ausgangspunkt
für die in dieser Arbeit diskutierten Entscheidungsmodelle. Zu der entscheidenden (für das Grundmodell
der Entscheidungstheorie charakteristischen) Annahme
der Unabhängigkeit der Umweltentwicklung von den Aktionen siehe Schneeweiß (1967), S. 14 - 17. Diese Annahme schränkt die Allgemeinheit der Überlegungen aber
nicht ein! Es ist bekannt, daß es andere Verfahren der
sequentiellen Planung gibt, die mit einer anderen Zuordnungsvorschrift arbeiten, wobei die Aktionen eines
bestimmten Zeitpunkts nicht nur in Abhängigkeit vom
Umweltzustand, sondern auch in expliziter Abhängigkeit
von den vorangegangenen Aktionen dargestellt werden,
wobei die Entwicklung der Umwelt aktionsabhängig sein
darf; dazu zählt die Entscheidungsbaumanalyse (siehe
z.B. Schlaifer, 1969; Raiffa, 1970). Eine Beurteilung
dieser Verfahren und ein Vergleich mit den auf der
Zuordnungsvorschrift (1.13) beruhenden Verfahren steht
hier nicht zur Diskussion.

2) Die im Zeitpunkt t beobachtete Umwelt kann beschrieben werden durch eine Einschränkung der Menge Z der
möglichen Pfade des stochastischen Prozesses auf eine
Teilmenge $z_t \subseteq Z$. Die Menge Z_t sei die Menge aller
möglichen (einander ausschließenden!) Umwelten (Teilmengen) z_t und somit eine Partition der Menge Z.
Siehe dazu Abschnitt 2.2.2.2.

Die Zuordnungsvorschrift (1.13) beschreibt also ein voll-
ständiges System von Eventualplänen und wird als <u>fle-
xibler Plan</u>[1] bezeichnet. (Ebenso könnte man von Entscheidungsfunktion[2] oder von Strategie[3] sprechen.)
Ein Planungsverfahren, das derartige bedingte Entscheidungen berücksichtigt, wird als <u>flexible Planung</u> bezeichnet; legt man hingegen alle zukünftigen Entscheidungen schon im Planungszeitpunkt unbedingt (unabhängig
von den später unterscheidbaren Umweltzuständen) fest,
setzt man also für alle Entscheidungsvariablen
$x_{jz} = x_j$, so sei von <u>starrer Planung</u> gesprochen.[4]

Entscheidend für die Zuordnungsvorschrift (1.13) bzw.
(1.14) ist nicht etwa eine tatsächliche, dem Entscheidenden aber unbekannte, Umweltentwicklung, sondern die von
ihm beobachtete Umweltentwicklung; es kommt also auf die
<u>Information</u> über die Umweltentwicklung[5] an, da die Zu-

---

1) Hax (1976a), S. 166.

2) Vgl. Ferschl (1975), S. 101.

3) Vgl. Bühlmann/Loeffel/Nievergelt (1975), S. 23.

4) Hax/Laux (1972a), S. 320.

5) Insofern entspricht es besser dem allgemeinen Sprach-
   gebrauch, wenn man nicht von Zustand der Umwelt, sondern von gegebener (verfügbarer) Information spricht,
   wie dies z.B. Theil (1957, S. 347; 1968, S. 130 f.)
   tut. Die oben gemachte Annahme der Unabhängigkeit der
   Umweltentwicklung von den Aktionen des Entscheidenden
   scheint Informationsbeschaffungsmaßnahmen (allgemeiner:
   Maßnahmen, welche Einfluß auf die Einschätzung der
   gegebenen Umwelt, auf die Einschätzung der zukünftigen Umweltentwicklung haben) auszuschließen. Dies ist
   aber nicht der Fall. Zwar schlägt Laux (1971, S. 83-85)
   vor, zur Beurteilung von Informationsbeschaffungsmaßnahmen das Modell für jedes mögliche Informationser-
   gebnis zu lösen, doch sind auch andere, ebenso auf
   der Zuordnungsvorschrift (1.14) basierende Methoden
   denkbar, die dieses Problem lösen können. Man kann den
   Raum Z (mit dem dazugehörigen System von Partitionen
   und der Wahrscheinlichkeitszuordnung) so allgemein
   konstruieren, daß alle möglichen (von den Informations-
   ergebnissen abhängigen) Erwartungsstrukturen abgebildet werden können; zusätzlich zu der Zuordnungsvorschrift (1.14) ist dann zu fordern, daß sich die Niveaus bestimmter Entscheidungsvariablen für bestimmte
   Ereignisse (Teilmengen von Z) nur dann voneinander

(Fortsetzung nächste Seite)

ordnungsvorschrift ja ein Reagieren des Entscheidenden
auf seine Einschätzung der Umwelt beschreiben soll.
Durch die Eingrenzung der möglichen Umweltentwicklungen
von der Menge Z auf die Menge $z_t \subset Z$ im Zeitpunkt t[1]
wird eine fortlaufende Veränderung des Informationsstandes abgebildet.[2] Dennoch beschreibt die Partition Z_t
nicht etwa die im Zeitpunkt t (nach entsprechender "Vor-
geschichte") tatsächlich gegebenen (alternativ möglichen)
Informationsmengen; vielmehr handelt es sich um eine im
Planungszeitpunkt vorgenommene Schätzung der für den
Zeitpunkt t erwarteten Informationen.[3]

Daraus folgt, daß die Zuordnungsvorschrift (1.13) nicht
etwa ein System von bedingten Teilplänen beschreibt,
von denen einer in Zukunft tatsächlich realisiert wird;
die Strategie $\tilde{x}$ enthält nur <u>Schätzungen</u> dieser zukünftigen Aktionen. Daraus folgt nun weiter, daß auch vollständige Flexibilität der Planung nichts an der Notwendigkeit ändert, die geplanten Aktionen (das gesamte System bedingter Teilpläne) laufend zu revidieren, da an-

---

(Fortsetzung Fn. 5) der Vorseite)

    unterscheiden, wenn bestimmte Informationsmaßnahmen
ergriffen wurden. (Man kann dies formal als gegensei-
tige Abhängigkeit von Projekten, zu steuern durch
Ganzzahligkeitsbedingungen, betrachten.) Welcher Methode der Vorzug zu geben ist, ist ein spezielles
rechentechnisches Problem.

---

1) Vgl. (1.14).

2) Vgl. auch Laux (1971), S. 18.

3) Es soll nicht angenommen werden, daß ein "Zufalls-
mechanismus" objektiv gegeben sei, vielmehr wird hier
eine subjektivistische Position eingenommen. (Zum
Überblick über diesen Problemkreis siehe z.B. Raiffa,
1970, S. 273 ff.) Dies soll aber nicht ausschließen,
daß bei der Bildung subjektiver Wahrscheinlichkeitsurteile durchaus auch "objektiv" vorhandene Informationen verarbeitet werden (so auch die Position von Hax,
1974, S. 46). Es scheint durchaus plausibel, zu argumentieren, Schätzungen von Wahrscheinlichkeitsverteilungen von Zufallsvariablen späterer Perioden seien
"unsicherer" als Schätzungen von Wahrscheinlichkeitsverteilungen von Zufallsvariablen früherer Perioden.

(Fortsetzung der Fn. nächste S.)

zunehmen ist, daß sich die subjektiven Erwartungen laufend ändern.[1] So wird besonders beim Entscheidungsproblem unter Unsicherheit klar, daß es im Planungszeitpunkt nur auf die Bestimmung jener Aktionen ankommt, über deren Realisierung in diesem Zeitpunkt die Entscheidung fallen muß;[2] die simultane "Planung" (Abschätzung) aller späteren Aktionen dient nur der Bewertung der Alternativen, über die sofort zu entscheiden ist. Diese Bewertung beruht nicht auf einer vorweggenommenen Planung (Eventualplanung), sondern auf einer Schätzung der in Zukunft aufgrund zukünftiger Planung zu realisierenden Aktionen.

Unterscheiden sich die Ergebnisse von zwei Entscheidungsmodellen nur hinsichtlich der erst später zu treffenden Entscheidungen, nicht aber hinsichtlich der sofort zu treffenden Entscheidungen, so sind die Ergebnisse dieser beiden Modelle als gleich gut zu betrachten.[3] Die Bedeutung der sofort vorzunehmenden Entscheidungen spricht

---

(Fortsetzung der Fn. 3) der Vorseite)

   Jacob (1974, S. 321) schlägt daher vor, für spätere Perioden eine Art Risikoabschlag einzuführen, nämlich die Gewinne späterer Perioden wegen Unsicherheit der subjektiven Wahrscheinlichkeit geringer zu bewerten. Diese Methode lehne ich ab. Das Problem liegt in der Interpretation der "Wahrscheinlichkeit von Wahrscheinlichkeitsschätzungen". Wenn man mehrere alternativ mögliche subjektive Wahrscheinlichkeitsverteilungen erwägt, so sind diese Verteilungen wiederum mit subjektiven Wahrscheinlichkeiten zu gewichten und zu einer einzigen subjektiven Wahrscheinlichkeitsverteilung zu aggregieren. (Siehe dazu z.B. De Finetti, 1977).

1) So auch Hadley (1964), S. 175; Hax/Laux (1972a), S. 328; Hax (1976a), S. 167.

2) So auch Hadley (1964), S. 175; Hax/Laux (1972a), S. 321; Jacob (1974), S. 439.

3) Hier wird nicht auf Fragen der Planungsorganisation eingegangen. Es wird auch nichts über die Nützlichkeit der Schätzungen zukünftiger Aktionen des Modells für Entscheidungen außerhalb des unmittelbaren Modellbereichs ausgesagt. Dies wird bei der Beurteilung der Kosten eines Modells zu berücksichtigen sein. Der Grundgedanke, daß verbesserte "Voraussicht" in die Zukunft vor allem hinsichtlich der Auswirkungen auf sofortiges Handeln zu beurteilen ist, dürften aber breite Zustimmung finden. (Auch die Bewertung des möglicherweise "ruhigen Schlafs" des die Zukunft Kennenden sehe ich als die Bewertung einer sofort vorzunehmenden Aktion an.)

für eine Vereinfachung des Modells der flexiblen Planung, die aber nur so weit gehen soll, daß diese Entscheidungen nicht erheblich verändert werden. Das Problem liegt natürlich darin, daß ohne Lösung des flexiblen Modells die Auswirkung einer Vereinfachung auf das Niveau der sofort zu realisierenden Entscheidungen nicht exakt festgestellt werden kann, sondern ein außerordentlich schwieriges Schätzproblem ist. Ebenso ist es schwierig, festzustellen, wann eine Änderung der sofort zu treffenden Entscheidung "erheblich" ist, denn die Bewertung einer Differenz bei sofort vorzunehmenden Entscheidungen erfordert natürlich die Berücksichtigung aller weiteren Planrevisionen.[1]

Als Vereinfachungsmöglichkeit kommt insbesondere eine Reduzierung der Flexibilität der Entscheidungsfunktionen in Betracht. Damit ist gemeint, daß im Zeitpunkt t die Entscheidungsfunktionen $\tilde{x}_j$ ($j \in \bar{J}_t$) auf gröberen Mengen als Z_t definiert werden, daß also die in diesem Zeitpunkt gegebene (für diesen Zeitpunkt erwartete) Information durch das Modell nicht voll berücksichtigt wird. Diese gröbere Menge sei mit R_t bezeichnet und umfasse die Elemente $r_t \in R_t$.[2] An die Stelle von (1.14) tritt dann

$$(1.15) \qquad \tilde{x}_j: \qquad r_t \longmapsto x_{jr} \qquad (j \in \bar{J}_t).$$

<u>Flexibilität</u> wird hier also als eine Eigenschaft des Planungsverfahrens (bzw. der Entscheidungsfunktionen) gesehen, die in <u>unterschiedlichem Grade</u> gegeben sein kann. Eine Entscheidungsfunktion (1.14) soll als "fle-

---

1) Siehe dazu Jacob (1974) und Inderfurth (1979), sowie die Überlegungen zu "äquivalenten" Modellen im Abschnitt 2.2.3.2.2.b)(3).

2) Ein Element r_t umfaßt also i.d.R. mehrere Elemente $z_t \in Z_t$, so daß R_t eine Partition von Z_t darstellt. An Stelle von R_t können aber auch projektabhängige Partitionen R_j in analoger Weise definiert werden. Siehe dazu insbesondere Abschnitt 2.2.3.2.1.a.

xibler" als eine Entscheidungsfunktion (1.15) bezeichnet
werden. Der Grad der Flexibilität kann also als Grad der
Informationsverarbeitung interpretiert werden. Im Grenzfall enthält R_t nur mehr ein einziges Element (nämlich
die gesamte Menge Z_t als Element) und die flexible Planung ist zur starren Planung geworden. Im Prinzip davon
unabhängig können weitere Vereinfachungen, wie Vergröberung der Beschreibung der Zufallsvariablen[1] oder Reduzierung der Zahl der berücksichtigten Aktionsmöglichkeiten,[2] vorgenommen werden. Praktisch wird es zwischen
der Konstruktion der Entscheidungsfunktionen und diesen
Vereinfachungen allerdings Zusammenhänge geben.[3]

---

1) Gemäß der Definition des stochastischen Prozesses und
   des Systems von Partitionen Z_t ist jedem Element z_t
   je eine einzige Ausprägung der <u>bis zu diesem Zeitpunkt</u>
   realisierten Zufallsvariablen zuzuordnen (siehe Abschnitt 2.2.2.2). Der mehrere Elemente z_t umfassenden
   Menge r_t ist daher eine Wahrscheinlichkeitsverteilung
   zuzuordnen; diese kann in einem vereinfachten Modell
   z.B. durch einen einzigen Wert (z.B. den Erwartungswert) repräsentiert werden. Natürlich muß die Vereinfachung nicht so weit gehen; stetige Verteilungen können diskretisiert, diskrete Verteilungen noch weiter
   "vergröbert" werden, und zwar im Prinzip völlig unabhängig von R_t.

2) Eine Reduzierung der berücksichtigten Aktionsmöglichkeiten liegt häufig der Anwendung der Methode des
   Chance-Constrained Programming zugrunde, dann nämlich,
   wenn die Formulierung von Wahrscheinlichkeitsrestriktionen durch Vernachlässigung von Anpassungsmöglichkeiten ("Notmaßnahmen") begründet wird. Siehe dazu insbesondere Abschnitt 2.2.3.1.b) (3).

3) Siehe dazu insbesondere die Diskussion der Methode
   des flexiblen Chance-Constrained Programming mit bedingten Wahrscheinlichkeitsrestriktionen.

Jede Vereinfachung begründet die Notwendigkeit von späteren Planrevisionen. Daneben darf aber nicht vergessen werden, daß solche Revisionen bereits durch Erwartungsänderungen notwendig werden. Die Unterscheidung dieser beiden Begründungen sollte beachtet werden! Insoweit Planrevisionen durch Vereinfachung, Vergröberung des Modells notwendig werden, wären sie theoretisch vermeidbar. Ein vollständig flexibles Modell kann nur einer Sequenz von unvollständig flexiblen (vereinfachten) Modellen gegenübergestellt werden; der Unterschied dieser beiden Planungsmethoden hinsichtlich des Zielerreichungsgrades ist theoretisch quantitativ faßbar. Insoweit jedoch Planrevisionen durch Erwartungsänderungen notwendig werden, sind sie theoretisch nicht faßbar, nicht bewertbar; bei konsequenter Anwendung eines auf subjektiven Erwartungen basierenden Modells ergibt sich aber auch, daß eine explizite Erfassung derartiger Planrevisionen widersprüchlich wäre.[1]

---

1) Subjektive Erwartungen über Wahrscheinlichkeitsverteilungen späterer Zeitpunkte sind interpretierbar als "Erwartungen von Erwartungen". Sind "Erwartungsänderungen" vorhersehbar, so muß dies in der Konstruktion des Systems der subjektiven Wahrscheinlichkeitsverteilungen abgebildet sein. (Vgl. dazu oben die Bemerkung zur Interpretation der dem Zeitpunkt t zugeordneten Partition des Stichprobenraums des stochastischen Prozesses als Schätzung möglicher Informationsstände dieses Zeitpunkts und De Finetti, 1977). Man kann die zukünftigen Aktionen nur aufgrund der gegenwärtigen Erwartungen abschätzen, auch wenn man weiß, daß man diese Entscheidungen später "fast sicher" revidieren wird. Der Vorschlag von Hax/Laux (1972a, S. 332), eine Entscheidungsfunktion gemäß (1.13) bzw. (1.14) auf "allen vorhersehbare(n), d.h. als möglich erkannte(n) Umweltentwicklungen" zu definieren und zugleich der "Möglichkeit unvorhergesehener Entwicklungen" durch zusätzliche Nebenbedingungen (minimale Liquiditätshaltung im Investitionsmodell) Rechnung zu tragen, ist daher methodisch unklar. Befürwortet man generell die Bildung subjektiver Wahrscheinlichkeitsurteile (dies ist die Position von Hax, 1974, S. 46 u. 57), so müßte auch eine "nicht vorhersehbare Umweltentwicklung" (wenn man damit rechnen möchte, daß eben auch Unvorhersehbares passieren kann) einem Wahrscheinlichkeitsurteil unterworfen werden (so auch Wenzel, 1975, S. 126 f.). Der Vorschlag von Hax/Laux läuft daher entweder darauf hinaus, das Konzept der Entscheidung auf Basis subjektiver Wahrscheinlichkeitsurteile nicht bis zur letzten

(Fortsetzung s. nächste Seite)

- 21 -

Die Vereinfachung des Modells (der Entscheidungsvariablen)
hat aber nicht nur die Konsequenz, daß der Einfluß der
mehr oder weniger groben Schätzungen _späterer_ Entscheidungen zu beurteilen ist; daneben (und davon untrennbar)
ist zu berücksichtigen, daß Änderungen der Entscheidungsvariablen auch die Gestalt der Zielfunktion ändern[1] und
daß auch die später zu treffenden Entscheidungen im Modell auf Basis der _Schätzungen_ früherer Entscheidungen
bestimmt (geschätzt) werden. Diese in beide Richtungen
wirkende zeitliche Interdependenz bringt besonders bei
der Methode des Chance-Constrained Programming erhebliche
Probleme mit sich.

Die Struktur des sequentiellen Problems bei Unsicherheit
ermöglicht aber nicht nur eine Abhängigkeit der _Entschei-_
dungsfunktionen vom gegebenen Informationsstand, sondern wirft auch die Frage nach einer Differenzierung der
Zielvorstellungen nach Umweltzuständen auf. Dies betrifft
einerseits die Problematik der Zielfunktion,[2] andererseits die durch die Konstruktion der Nebenbedingungen
gestellten Anforderungen[3] an das Modell. Flexible Kon-

(Fortsetzung der Fn. 1) der Vorseite)

    Konsequenz anzuwenden, oder den berücksichtigten Zu-
standsraum (die berücksichtigten Umweltentwicklungen)
bzw. die Flexibilität der Entscheidungsfunktion aus
Vereinfachungsgründen bewußt einzuschränken.

---

1) Daraus könnte die Notwendigkeit einer entsprechenden
Änderung der Zielfunktionskoeffizienten (also der
Bewertung der Zielfunktionsvariablen) abgeleitet werden, oder auch die Modifikation von nicht in der Zielfunktion berücksichtigten Zielvorstellungen durch Änderung von gegebenen oder Einführung neuer Nebenbedingungen. In diesem Sinne kann z.B. die Forderung nach
einer Abhängigkeit der Sicherheitsniveaus von der
Flexibilität der Entscheidungsfunktionen interpretiert werden.

2) Vgl. dazu insbesondere die Abschnitte 2.1.2 und 2.1.3.

3) Das betrifft insbesondere die Frage nach bedingten
oder unbedingten Wahrscheinlichkeitsrestriktionen.
Siehe dazu Abschnitt 2.2.3.2.

struktion der Entscheidungsfunktionen gemäß (1.13) bzw.
(1.14) ist also noch nicht ausreichend, um dem Entscheidungsproblem gerecht zu werden; es muß auch gewährleistet werden, daß das Modell die zustandsabhängigen Entscheidungen auch tatsächlich auf Basis der im betreffenden Zustand gegebenen Entscheidungssituation bestimmt.
Das Gesamtmodell für den Zeitpunkt O ist nur dann sinnvoll, wenn sich daraus Teilmodelle für spätere Zustände
(Informationsstände) isolieren lassen, deren Ergebnisse
nicht in Widerspruch zu den Ergebnissen des Gesamtmodells
stehen. Die Betrachtung der Teilmodelle erfordert notwendigerweise die Zustandsdifferenzierung der Zielvorstellungen. Hinsichtlich der Strenge der Anforderungen an
eine zulässige Lösung des Gesamtmodells ist das Problem
aber komplizierter. Der Frage wird später nachgegangen
werden, wobei sich allerdings herausstellen wird, daß die
Methode des Chance-Constrained Programming den hier formulierten Anforderungen an sequentielle Modelle nicht
voll gerecht werden kann.[1]

---

1) Siehe dazu insbesondere Abschnitt 2.2.3.2.2(b).

2. Stochastische Programmierung

2.1 Stochastische Zielfunktionen

2.1.1 Zielfunktionen im starren Modell

In diesem Abschnitt wird davon ausgegangen, daß nur die Zielfunktion Zufallsvariablen enthält. Der einfachste Ansatz der stochastischen Programmierung übernimmt die Nebenbedingungen unverändert aus dem deterministischen Modell (1.2.). An die Stelle der eindimensionalen Zielgröße c'x tritt nun aber die Größe[1]

$$\tilde{C} := \tilde{c}'x.$$

$\tilde{C}$ ist eine lineare Funktion der vektoriellen Zufallsvariablen $\tilde{c}$ und somit selbst eine eindimensionale Zufallsvariable.[2] Da Zufallsvariablen mehrwertige Größen darstellen, ist die Maximierungs-Vorschrift zu präzisieren. Der Wertebereich der Zufallsvariablen $\tilde{C}$ sei bezeichnet mit[3]

---

1) Alle Zufallsvariablen werden durch eine Tilde $\sim$ gekennzeichnet.

2) Die einzelnen Elemente des Vektors $\tilde{c}$ sind die eindimensionalen Zufallsvariablen $\tilde{c}_j$ (j = 1,...,n). Diese sind im allgemeinen stochastisch voneinander abhängig. Die Bestimmung der Verteilung von $\tilde{C}$ erfordert daher die Kenntnis der gemeinsamen Verteilung der $\tilde{c}_j$. Siehe dazu Anhang 1.

3) Gemäß (2.1.1) ist Z der Stichprobenraum der eindimensionalen Zufallsvariablen $\tilde{C}$. Betrachtet man den Zufallsvektor (die mehrdimensionale Zufallsvariable) $\tilde{c}$, dann entspricht jedem Element $z \in Z$ eine Kombination von Ausprägungen der Variablen $\tilde{c}_j$ (j = 1,...,n):

$$\tilde{C} : \quad z \longrightarrow W(\tilde{C}) \subseteq \mathbb{R}$$
$$z \longmapsto c_z \in \mathbb{R}$$

oder

$$z \longmapsto c_z' := (c_{1z},...,c_{nz}) \in \mathbb{R}^n$$

Die einzelnen Zufallsvariablen können dabei durchaus verschiedenen Zeitpunkten zugeordnet sein. Dann charakterisiert jedes Element $z \in Z$ eine (zeitliche) Folge von Ausprägungen von Zufallsvariablen. Eine genauere Charakterisierung des stochastischen Prozesses erfolgt in Abschnitt 2.2.2.2.

$$(2.1.1) \quad W(\tilde{C}) := \left\{ C_z := c_z'x \mid z \in Z \right\}.$$

Die Zielfunktion in ihrer allgemeinsten Form kann geschrieben werden als

$$(2.1.2) \quad G(\tilde{C}) := G(\left\{ C_z, w_z \mid z \in Z \right\}) \rightarrow \max$$

wobei die w_z die den einzelnen Elementen z zugeordneten
Wahrscheinlichkeiten sind, für die somit gilt $\sum_{z \in Z} w_z = 1$.

Die Spezialisierungen der Funktion $G(\tilde{C})$ können sehr
vielfältig sein. Hier sei hingewiesen auf[1]

$$(2.1.3) \quad G(\tilde{C}) := U(\tilde{C}) := \sum_{z \in Z} w_z U_z(C_z) \rightarrow \max$$

$$(2.1.4) \quad G(\tilde{C}) := E(\tilde{C}) = E(\tilde{c}'x) \rightarrow \max$$

$$(2.1.5) \quad G(\tilde{C}) := G\left[E(\tilde{c}'x), V(\tilde{c}'x) \right] \rightarrow \max.$$

Formulierung (2.1.3) geht davon aus, daß Bernoulli-Nutzenfunktionen U_z bestimmt werden können, deren (zustandsabhängige) Schätzung allerdings spezifische Normierungspro-
bleme mit sich bringt.[2] Zielfunktionen, welche nur bestimmte Parameter der Verteilung berücksichtigen, können
zwar nutzentheoretisch nicht so befriedigen, umgehen aber
natürlich das Problem der Bestimmung von Nutzenfunktionen
und haben den Vorteil, daß nicht die vollständige gemeinsame Wahrscheinlichkeitsverteilung der Variablen $\tilde{c}_j$ bekannt sein muß. Doch auch der verbleibende Informations-
bedarf ist noch sehr groß, da bereits die Ermittlung

---

1) Weitere Vorschläge finden sich z.B. bei Charnes/
   Cooper (1963), Haegert (1970), Wenzel (1975).

2) Die Konzeption zustandsabhängiger Nutzenfunktionen kann
   als Sonderfall der Anwendung mehrdimensionaler Nutzenfunktionen betrachtet werden. Vgl. zu dieser Problematik Keeney/Raiffa (1976), S. 214 ff.

der Varianz $V(\tilde{c}'x)$ die Kenntnis aller Kovarianzen $Cov(\tilde{c}_i, \tilde{c}_j) = \sigma_{ij}$ voraussetzt.[1] Bezeichnet man mit M die Kovarianzmatrix, so kann geschrieben werden

$$(2.1.6) \qquad V(\tilde{c}'x) = x'Mx = \sum_{i=1}^{n} \sum_{j=1}^{n} x_i x_j \, \sigma_{ij}.$$

Eine auch die Varianz enthaltende Zielfunktion wird also quadratisch.[2] Es ist bekannt, daß es Schwierigkeiten bereitet, nur bestimmte Parameter berücksichtigende Funktionen im Rahmen der Bernoulli-Nutzentheorie zu rechtfertigen. Von der Zielfunktion der Maximierung des Erwartungswerts (2.1.4) kann man sagen, sie setze "Risikoneutralität" voraus. Hinter der Zielfunktion (2.1.5) steht die Vorstellung, daß "Risiko" durch die Varianz (bzw. Standardabweichung) gemessen werden kann und sich auf den beiden konkurrierenden Zielgrößen E(.) und V(.) ein Indifferenzkurvenfeld errichten läßt. Dieses (μ, σ)-Prinzip bedarf zu seiner Beurteilung noch einer Präzisierung der Funktion G(E,V). Nur unter sehr speziellen Voraussetzungen (quadratische Nutzenfunktionen oder Vorliegen von Normalverteilungen z.B.) läßt es sich mit dem Bernoulli-Prinzip in Einklang bringen. Die sehr umfangreiche nutzentheoretische Diskussion zu diesem Thema soll hier nicht wiedergegeben werden.[3] Ein Problem möge hier allerdings ange-

---

1) Zur Berechnung der Parameter der Verteilung einer linearen Funktion von Zufallsvariablen siehe Anhang 1.

2) Dies ist rechentechnisch zwar entschieden unangenehmer als die Erwartungswertmaximierung (2.1.4), aber in der Regel durchaus noch zu bewältigen, da die Varianz x'Mx eine konvexe Funktion von x ist (siehe z.B. Dantzig, 1966, S. 556 f.). Enthält daher eine zu maximierende Zielfunktion die Varianz mit negativem Vorzeichen, so ist sie (bei entsprechenden Voraussetzungen hinsichtlich der anderen Elemente der Zielfunktion) konkav und das Problem kann mit linearen oder konvexen Nebenbedingungen im allgemeinen gelöst werden, da dieses Problem dann einem konvexen Minimierungsproblem äquivalent ist. Vgl. hierzu Dantzig (1966), S. 534 ff. und Collatz/ Wetterling (1966), S. 72 ff.

3) Siehe Schneeweiß (1967) und zu einer Kritik dieser Position Hieronimus (1979).

schnitten werden, die Frage nämlich, ob bestimmte Typen
von Zielfunktionen im Rahmen <u>sequentieller</u> Entscheidungsmodelle auch die Entscheidungssituationen auf späteren
Entscheidungsstufen sinnvoll beschreiben können.[1]

2.1.2 <u>Zielfunktionen im flexiblen Modell</u>

Auch wenn in den Nebenbedingungen keine Zufallsvariablen
auftreten, ist es sinnvoll, die Entscheidungen von dem
im Entscheidungszeitpunkt gegebenen Informationsstand
abhängig zu machen. Die Beschreibung der Zielgröße durch
(2.1.1.) stellt sich somit als zu eng heraus. Es kann
vielmehr definiert werden[2]

$$(2.1.7) \qquad W(\tilde{C}) := \left\{ C_z := c_z' x_z \mid z \in Z \right\}.$$

Da die Entscheidungsvariablen jedem Zustand $z \in Z$ einen
Wert zuordnen können, sind sie selbst als Zufallsvariablen
$\tilde{x}_j$, zusammengefaßt im Vektor $\tilde{x}$, aufzufassen.[3]

---

1) Dieses Problem steht im Zusammenhang mit dem Problem
   der Zerlegbarkeit der Zielfunktion im Rahmen der dynamischen Programmierung (vgl. Schneeweiß, 1974, S. 54 ff.
   und Nemhauser, 1966, S. 34 ff.).

2) Zur Erläuterung von (2.1.7) sei auf (2.1.1) verwiesen.
   Definiert man $y_{jz} := c_{jz} x_{jz}$, so kann geschrieben werden

$$C_z := \sum_{j=1}^{n} y_{jz}$$

   und $\qquad z \longmapsto (y_{1z}, \ldots, y_{nz}) \in \mathbb{R}^n$

3) Diese Beschreibung ist sehr allgemein. Bestimmte Entscheidungsvariablen $\tilde{x}_j$ werden die Eigenschaft haben,
   daß einige x_{jz} den gleichen Wert annehmen werden müssen.
   Dies hängt von den speziellen Modellannahmen über die
   in den einzelnen Entscheidungszeitpunkten gegebene Information ab. Die Größen x_{jz} können daher nicht als
   Variablen eines bestimmten flexiblen Modells aufgefaßt
   werden; dazu muß entsprechend den konkreten Annahmen
   über die in den einzelnen Entscheidungszeitpunkten gege-

(Fortsetzung der Fußnote nächste
Seite)

Zielfunktionen, die Erwartungswert und Varianz berücksichtigen, können nun nicht mehr so einfach wie in (2.1.4) und (2.1.5) formuliert werden, da $\tilde{C}$ nicht mehr eine lineare Funktion von Zufallsvariablen, sondern eine Summe von Produkten von Zufallsvariablen darstellt.[1]

Die Formulierung der Nebenbedingungen ist Gegenstand des Abschnitts 2.2. Es soll jedoch betont werden, daß bereits das Vorliegen von Zufallsvariablen allein in der als

$$(2.1.8) \qquad G(\tilde{C}) := G(\{ w_z, c_z'x_z \mid z \in Z \}) \longrightarrow \max$$

zu formulierenden Zielfunktion bei zeitlich aufeinanderfolgenden Entscheidungen Flexibilität der Planung erstrebenswert macht (somit auch entsprechende Formulierung der Nebenbedingungen erfordert) und von da her bestimmte Anforderungen an die Funktion $G(.)$ gestellt werden sollten. Entscheidend für die folgenden Überlegungen ist die Zustandsabhängigkeit der Entscheidungsvariablen; unerheblich ist, ob diese Zustandsabhängigkeit durch Zufallsvariablen der Zielfunktion oder Zufallsvariablen der Nebenbedingungen verursacht wird.

(Fortsetzung Fn. 3) der Seite 26
bene Information die Indizierung geändert werden (oder es müssen zusätzliche Nebenbedingungen eingeführt werden). Diese exakte Formulierung der Modellvariablen wird in Abschnitt 2.2 erfolgen. Die Formulierung (2.1.7) ist allerdings ausreichend für die nutzentheoretische Analyse der Zielfunktion, da sich in _jedem_ flexiblen Modell _einige_ Größen x_{jz} voneinander unterscheiden werden. (Jedes mögliche Aktionsprogramm kann durch eine Familie $\{ x_z \mid z \in Z \}$ beschrieben werden.) Für die folgende Analyse der Zielfunktion beschreibt daher $\tilde{x}_j$ eine Zufallsvariable, die auf bestimmten Teilmengen des Stichprobenraums Z konstant ist.

---

1) Für $E(\tilde{c}'\tilde{x})$ erhält man den Ausdruck $\sum_j \sum_z w_z c_{jz} x_{jz}.$

Für die Varianz gilt $V(\tilde{c}'\tilde{x}) = E(\tilde{c}'\tilde{x}\tilde{x}'\tilde{c}) - \left[E(\tilde{c}'\tilde{x}) \right]^2$
mit $E(\tilde{c}'\tilde{x}\tilde{x}'\tilde{c}) = \sum_i \sum_j \sum_z w_z c_{iz} c_{jz} x_{iz} x_{jz}.$

Für einen beliebigen Entscheidungszeitpunkt (eine beliebige Entscheidungsstufe) kann eine Partition R des Stichprobenraums Z definiert werden.[1] Dies bedeutet, daß der
Entscheidungsträger auf der betreffenden Entscheidungsstufe zwar noch nicht weiß, welcher Zustand $z \in Z$ eintreten wird, daß er aber den Bereich der möglichen Zustände
$z \in Z$ auf eine bestimmte Teilmenge $r \subset Z$ einschränken
kann. Man kann auch davon sprechen, daß im betrachteten
Entscheidungszeitpunkt einer der Zustände $r \in R$ gegeben
sein wird.[2] Nimmt man nun an, daß $x^* := \left\{ x_z^* := (x_{1z}^*, \ldots, x_{nz}^*) \mid z \in Z \right\}$ die optimale Lösung des Problems ist, also
(2.1.8) bei gegebenen Beschränkungen maximiert, so sei
verlangt, daß für jeden Zustand r ein <u>Teil</u>problem mit der
Zielfunktion[3]

$$(2.1.8,r) \qquad G_r(\tilde{C}_r) := G_r(\{ w_{rz}, c_z'x_z \mid z \in r \}) \longrightarrow \max$$

existiert, wobei die auf dieser Entscheidungsstufe bereits realisierten Entscheidungsvariablen

---

1) Die Menge Z wird dadurch in <u>einander ausschließende</u>
   Teilmengen $r \subset Z$ zerlegt, die ihrerseits zu der Menge
   R zusammengefaßt werden (also $r \in R$). Die Anzahl der Elemente der Menge R sei mit n(R) bezeichnet, die Anzahl
   der Elemente $z \in Z$ mit n(Z). Die explizite Betrachtung
   nur einer einzigen Partition R schränkt die Gültigkeit
   der Überlegungen keineswegs nur auf zweistufige Modelle
   ein!

2) Das Wort "Zustand" möge in dieser Arbeit ganz allgemein ein "Ereignis" im Sinne der mathematischen Statistik bezeichnen. Alle Teilmengen des Stichprobenraums
   heißen dort Ereignisse.

3) Die (bedingte) Zufallsvariable $\tilde{C}_r$ ist definiert als

$$\tilde{C}_r : \qquad r \longrightarrow W(\tilde{C}_r)$$

$$z \longmapsto C_z \qquad (z \in r)$$

$$W(\tilde{C}_r) = \left\{ C_z := c_z'x_z \mid z \in r \right\}$$

   (Hier wird r nicht als Element $r \in R$, sondern als
   <u>Menge</u> $r \subset Z$ aufgefaßt.) Mit w_{rz} sei die bedingte
   Wahrscheinlichkeit bezeichnet, daß Zustand z eintritt,
   falls r gegeben ist. Es gilt $w_{rz} = w_z/w_r$ mit
   $$w_r = \sum_{z \in r} w_z .$$

$\bar{x}(r) := \left\{ x_{jz} \mid z \in r, j \in \bar{K} \right\}$[1], die also hinsichtlich
dieses Teilproblems nicht Variablen, sondern Parameter
sind, aus der Optimallösung x^* des ungeteilten Problems
genommen werden: $\bar{x}(r) = \bar{x}^*(r) \subset x^*$. (2.1.8,r) sei also
immer so aufzufassen, daß nach Realisation eines _Teiles_
der _optimalen_ Lösung des Gesamtproblems das Problem hinsichtlich der verbleibenden, noch nicht realisierten
Entscheidungsvariablen gelöst wird. Die entscheidende Anforderung an das System der Zielfunktionen sei nun, daß
in der mit $x^*(r)$ bezeichneten Optimallösung des Teilproblems für Zustand r die Entscheidungsvariablen genau jene
Ausprägung annehmen, die sie auch in der Optimallösung
x^* des ungeteilten Problems annehmen:
$x^*(r) = \left\{ x^*_{jz} \mid x^*_{jz} \in x^*, z \in r, j \notin \bar{K} \right\}$.[2] Die Lösungen
$x^*(r)$ der Teilprobleme müssen also (unter Hinzunahme der
ihnen vorgegebenen Parameter $\bar{x}^*(r)$) zusammengenommen die
Lösung x^* des ungeteilten Problems ergeben:[3]

$$(2.1.9) \qquad \bigcup_{r \in R} \left[\bar{x}^*(r) \cup x^*(r) \right] = x^*.$$

---

1) $\bar{K}$ bezeichnet hier die Indexmenge jener Variablen, die
   auf der betrachteten Entscheidungsstufe schon realisiert sein müssen, enthält aber noch nicht die Variablen,
   deren Niveau erst auf dieser Entscheidungsstufe oder
   später festzulegen ist. Vgl. dazu die Indizierung der
   Variablen der Nebenbedingung (1.3). Analog zu $\bar{K}$ weist
   auch bei $\bar{x}(r)$ der Querstrich darauf hin, daß es sich
   um die Menge der im Zustand r bereits realisierten
   Entscheidungsvariablen handelt. Die Menge der in r
   oder später zu realisierenden Entscheidungsvariablen
   wird mit x(r) bezeichnet.

2) Dies entspricht dem auf Bellmann (1957) zurückgehenden
   Optimalitätsprinzip der dynamischen Programmierung.
   Vgl. z.B. Nemhauser (1966), S. 33.

3) Man beachte, daß bei $\bar{x}^*(r)$ und x^* der Stern * andeutet, daß es sich um die Optimallösung des Gesamtproblems handelt, während bei $x^*(r)$ der Stern * die Optimalität hinsichtlich des Teilproblems r andeutet. Daß
   die Menge $x^*(r)$ nur Variablen aus der Menge x^* enthält, ist die entscheidende Forderung, die (2.1.9)
   ausdrückt.

In diesem Sinne der Übereinstimmung der optimalen Lösungen sollen also die Zielfunktionen $\{G_r(\tilde{C}_r) \mid r \in R\}$ der Zielfunktion $G(\tilde{C})$ entsprechen.

Die Zielfunktion der Erwartungswertmaximierung

$$(2.1.10) \qquad G(\tilde{C}) = E(\tilde{c}'\tilde{x}) = E\left(\sum_{j \in \bar{K}} \tilde{c}_j \tilde{x}_j + \sum_{j \notin \bar{K}} \tilde{c}_j \tilde{x}_j\right)$$

$$= \sum_{z \in Z} w_z \left[\sum_{j \in \bar{K}} c_{jz} x_{jz} + \sum_{j \notin \bar{K}} c_{jz} x_{jz}\right] \rightarrow \max$$

ist z.B. zerlegbar in die n(R) Zielfunktionen[1]

$$(2.1.10,r) \qquad G_r(\tilde{C}_r) = \sum_{z \in r} w_z \left[\sum_{j \in \bar{K}} c_{jz} x^*_{jz} + \sum_{j \notin \bar{K}} c_{jz} x_{jz}\right] \rightarrow \max$$

die äquivalent sind mit

$$(2.1.11,r) \qquad \sum_{z \in r} \left[w_{rz} \sum_{j \notin \bar{K}} c_{jz} x_{jz}\right] \rightarrow \max.$$

Da für jedes Aktionsprogramm $x \in \mathcal{X}$, also auch für das optimale Aktionsprogramm x^* gilt[2]

$$(2.1.12) \qquad G(\tilde{C}(x)) = \sum_{r \in R} G_r(\tilde{C}_r(x))$$

---

1) Diese Zielfunktionen entsprechen den in (2.1.8,r) auf den bedingten Wahrscheinlichkeiten w_{rz} definierten Funktionen, weil w_z als $w_z = w_{rz} \cdot w_r = f(w_{rz})$ angesehen werden kann.

2) $G_r(\tilde{C}_r(x))$ ist gemäß (2.1.10,r) definiert, wobei die Entscheidungsvariablen aus $\bar{x}(r)$ mit ihren Optimalwerten x^*_{jz} vorgegeben werden. $\mathcal{X}$ ist somit aufzufassen als die Menge aller jener möglichen Strategien, die mit der optimalen Sequenz $\{x^*_{jz} \mid z \in Z, j \in \bar{K}\}$ beginnen. Die Aktionsprogramme $x \in \mathcal{X}$ unterscheiden sich nur mehr in den Variablen $x_{jz} \in \bigcup_{r \in R} x(r)$.

so muß auch gelten[1]

$$(2.1.13) \quad \max_{x \in \mathfrak{X}} G(\tilde{C}(x)) = \max_{x \in \mathfrak{X}} \sum_{r \in R} G_r(\tilde{C}_r(x))$$

$$= \sum_{r \in R} \max_{x \in \mathfrak{X}} G_r(\tilde{C}_r(x)).$$

Die Teiloptimierungen sind also der Gesamtoptimierung (2.1.10) äquivalent.

Man beachte, daß in (2.1.8,r) nicht eine Zerlegbarkeit der Zielfunktion hinsichtlich der Variablen verschiedener Zeitpunkte gefordert wurde, sondern nur eine Unabhängigkeit der Zielfunktion G_r eines bestimmten Zustandes r von den in diesem Zustand "irrelevanten Variablen" aus $\{x_z \mid z \notin r\}$. Jedem Zustand kann eine Folge von Variablen zugeordnet werden:[2]

$$(2.1.14) \quad z \longmapsto \{x_{jz} \mid j \in \bar{K}\} \cup \{x_{jz} \mid j \notin \bar{K}\} = \{x_{jz} \mid j \in J\}$$

$$r \longmapsto \bar{x}(r) \cup x(r)$$

$$\text{wobei} \quad \bar{x}(r) := \{x_{jz} \mid z \in r, \ j \in \bar{K}\}$$

$$x(r) := \{x_{jz} \mid z \in r, \ j \notin \bar{K}\}$$

---

1) Vgl. dazu das Prinzip der "Maximum-Vertauschbarkeit" im Rahmen der Theorie der dynamischen Programmierung; siehe Schneeweiß (1974), S. 55 f., Nemhauser (1966), S. 35. Bei Formulierung (2.1.13) ist zu beachten, daß die gemäß (2.1.8,r) formulierte Funktion $G_r(\tilde{C}_r(x))$ hinsichtlich der "früheren Entscheidungsstufen" bereits auf den Optimalwerten $\bar{x}^*(r)$ definiert ist und nur mehr hinsichtlich x(r) optimiert wird.

2) Die Menge der Variablen der Zielfunktion $G(\tilde{C})$ wird also nicht in einander ausschließende Teilmengen aufgeteilt. Vielmehr sind einige Variablen $x_{jz} \in \bar{x}(r)$ mehreren Teilproblemen gemeinsam. Es gilt $x(r) \cap x(r') = \emptyset$ und $\bar{x}(r) \cap \bar{x}(r') \neq \emptyset$ für $r \in R, \ r' \in R, \ r \neq r'$. Die mehreren Teilproblemen gemeinsamen Variablen sind aber in bezug auf diese Teilprobleme keine echten Variablen, sondern vorgegebene Parameter.

Die Abhängigkeit des Teilproblems für einen Zustand $r \in R$ von den Parametern $x_{jz}^* \in \bar{x}^*(r)$ beschreibt eine bestimmte Art der Zustandsabhängigkeit der Nutzenfunktion.[1] Dieses Problem wird in 2.1.3 näher betrachtet werden.

Man könnte sich durchaus Zielfunktionen für sequentielle Probleme vorstellen, die nicht so weitgehend wie (2.1.10) zerlegbar sind, aber insofern widerspruchsfrei sind, als die Zielfunktionen (2.1.8) und (2.1.8,r), wobei die Variablen $\left\{ x_{jz} \mid j \in J, z \in Z \right\}$ gemäß (2.1.14) den einzelnen Zuständen zugeordnet werden können, die Bedingung (2.1.9) erfüllen. Von einer sinnvollen Zielfunktion wird man aber nur dann sprechen können, wenn der Typ der Funktionen (2.1.8,r) nicht anders ist als der Typ der Funktion (2.1.8). Wenn für die Teilprobleme der Zustände $r \subset Z$ völlig andere Zielfunktionen gewählt werden müssen als für das ungegliederte Gesamtproblem, so wird man wohl die Berechtigung der Zielfunktion (2.1.8) anzweifeln müssen. An eine sinnvolle Zielfunktion (2.1.8) wird man also zwei Bedingungen stellen:

1. Die Zielfunktionen der Teilprobleme sollten so gebildet werden können, daß sie von "irrelevanten Variablen" unabhängig sind, daß die Variablen also gemäß (2.1.14) zugeordnet werden können.

2. Die Zielfunktionen der Teilprobleme sollten sich im Typ von (2.1.8) nicht unterscheiden.

Von diesem Standpunkt aus ist eine lineare Funktion von Mittelwert und Varianz einer Kritik zu unterziehen.[2] Betrachtet sei die Zielfunktion[3]

---

1) Im speziellen Fall der Erwartungswertmaximierung ist diese Zustandsabhängigkeit allerdings nicht gegeben, wie die Äquivalenz von (2.1.1o,r) und (2.1.11,r) zeigt.

2) Eine Rechtfertigung dieser Zielfunktion beruht auf der Annahme von Normalverteilungen. Vgl. dazu Freund (1956), S. 255 und Schneeweiß (1967), S. 147 ff.

3) Mit Querstrichen über Zufallsvariablen werden hier und im weiteren Verlauf der Arbeit Erwartungswerte bezeichnet, also z.B. $\bar{C} := E(\tilde{C})$.

$$(2.1.15) \quad G(\tilde{C}) = a_1 + a_2\bar{C} + a_3 V(\tilde{C}) \longrightarrow \max$$

mit $a_2 > 0$ und $a_3 < 0$. Für das folgende Beispiel gelte $a_1 = 3$, $a_2 = 2$, $a_3 = -1$.

Beurteilt werden sollen die beiden Zufallsvariablen $\tilde{Y}$ und $\tilde{X}$ mit den Ausprägungen X_z bzw. Y_z:

z	1	2	3	4	5	6	7	8
X_z	12	10	8	6	0	2	4	6
Y_z	6	5	4	3	0	2	4	6

Es seien alle Zustände z gleich wahrscheinlich, also $w_z = 1/8$. Faßt man $z = 1,\ldots,4$ zum Zustand $r = 1$ und $z = 5,\ldots,8$ zum Zustand $r = 2$ zusammen (es gilt also $w_r = 1/2$), so können die bedingten Variablen $\tilde{X}_1$, $\tilde{X}_2$, $\tilde{Y}_1$ und $\tilde{Y}_2$ betrachtet werden.

Dies läßt folgende Interpretationsmöglichkeit zu: Es gebe zwei Aktionsprogramme (Mengen von Entscheidungsvariablen) $x^{(1)}$ und $x^{(2)}$, denen die beiden Zufallsvariablen $\tilde{C}^{(1)} = \tilde{X}$ und $\tilde{C}^{(2)} = \tilde{Y}$ entsprechen. $\tilde{X}$ und $\tilde{Y}$ seien also zwei mögliche (aktionsabhängige) Ausprägungen der mittels (2.1.15) zu bewertenden Zufallsvariablen $\tilde{C}$. Die Aktionsprogramme sind im Verlauf eines mehrstufigen Prozesses zu bestimmen, so daß die Variablenmengen $x^{(i)}$ aufgegliedert werden können in die beiden einander ausschließenden Teilmengen[1]

$$\bigcup_{r \in R} \tilde{x}^{(i)}(r) \quad \text{und} \quad \bigcup_{r \in R} x^{(i)}(r).$$

Die erste Menge umfaßt die Variablen, die vor jenem Entscheidungszeitpunkt festzulegen sind, in dem man schon die Zustände $r \in R$ unterscheiden kann, aber noch nicht weiß, welcher Zustand $z \in Z$ eingetreten ist; die zweite

---

1) Die Indizierung folgt (2.1.9) bzw. (2.1.14). Hinzugefügt wird nur der hochgestellte Index (i) zur Unterscheidung der beiden Aktionsprogramme i = 1,2.

Menge umfaßt die Variablen, die in diesem Zeitpunkt oder später festzulegen sind. Die beiden Aktionsprogramme (Variablenmengen) $x^{(i)}$ mögen hinsichtlich der Variablen der 1. Gruppe identisch sein und sich hinsichtlich der Variablen der 2. Gruppe nur im Zustand $r = 1$ voneinander unterscheiden. Definiert man $\hat{x}^{(i)}(r) := \bar{x}^{(i)}(r) \cup x^{(i)}(r)$, so kann geschrieben werden:

$$\bar{x}^{(1)}(r) = \bar{x}^{(2)}(r) \qquad \text{für } r = 1,2$$

$$\hat{x}^{(2)}(r) = \begin{cases} \bar{x}^{(1)}(r) \cup x^{(2)}(r) & \text{für } r = 1 \\ \hat{x}^{(1)}(r) & \text{für } r = 2 \end{cases}$$

Den einem bestimmten Zustand r entsprechenden Aktionsprogrammen $\hat{x}^{(1)}(r)$ und $\hat{x}^{(2)}(r)$ können die bedingten Zufallsvariablen $\tilde{X}_r$ und $\tilde{Y}_r$ zugeordnet werden. $\tilde{X}_r$ und $\tilde{Y}_r$ sind also mögliche (aktionsabhängige) Ausprägungen der bedingten Zufallsvariablen $\tilde{C}_r$. Da im Zustand $r = 2$ die bedingten Zufallsvariablen $\tilde{X}_r$ und $\tilde{Y}_r$ identisch sind und somit für <u>jede beliebige</u> Zielfunktion $G_r(\tilde{C}_r)$ die Beziehung

$$G_2(\tilde{X}_2) = G_2(\tilde{Y}_2)$$

gelten muß, ist die Zielfunktion (2.1.15) nur dann sinnvoll auf das Gesamtproblem <u>und</u> die Teilprobleme anwendbar, wenn gilt

$$G_1(\tilde{X}_1) > G_1(\tilde{Y}_1) \longleftrightarrow G(\tilde{X}) > G(\tilde{Y})$$
$$G_1(\tilde{X}_1) < G_1(\tilde{Y}_1) \longleftrightarrow G(\tilde{X}) < G(\tilde{Y})$$
$$G_1(\tilde{X}_1) = G_1(\tilde{Y}_1) \longleftrightarrow G(\tilde{X}) = G(\tilde{Y}).$$

Diese Bedingung ist nicht erfüllt, wenn man für die Zielfunktionen der Teilprobleme dieselbe Funktion wie in (2.1.15) wählt:[1]

---

1) Es handelt sich hier nicht um eine Zerlegung von (2.1.15), sondern um eine analoge Anwendung von (2.1.15) auf die den einzelnen Zuständen $r \in R$ entsprechenden Teilprobleme. Man könnte daher den Index r auch weglassen und (2.1.15,r) schreiben als $G(\tilde{C}_r) \rightarrow \max$.

$$(2.1.15,r) \qquad G_r(\tilde{C}_r) = 3 + 2\bar{C}_r - V(\tilde{C}_r) \longrightarrow \max.$$

Im Beispiel gilt dann

$$\bar{X}_1 = 9 \qquad V(\tilde{X}_1) = 5 \qquad G_1(\tilde{X}_1) = 16$$
$$\bar{Y}_1 = 4,5 \qquad V(\tilde{Y}_1) = 1,25 \qquad G_1(\tilde{Y}_1) = 10,75$$
$$\bar{X} = 6 \qquad V(\tilde{X}) = 14 \qquad G(\tilde{X}) = 1$$
$$\bar{Y} = 3,75 \qquad V(\tilde{Y}) = 3,69 \qquad G(\tilde{Y}) = 6,81$$

und somit

$$G_1(\tilde{X}_1) > G_1(\tilde{Y}_1) \qquad \text{und } G(\tilde{X}) < G(\tilde{Y}).$$

Obwohl also bei sequentieller Lösung des Problems das Aktionsprogramm $x^{(1)}$ (dem die Zufallsvariable $\tilde{C}^{(1)} = \tilde{X}$ entspricht) vorzuziehen wäre, weist die Lösung des Gesamtproblems mit der Zielfunktion (2.1.15) das Aktionsprogramm $x^{(2)}$ als besser aus. Die Zielfunktion (2.1.15) hat also die Eigenschaft, daß (wendet man sie auch auf die den Zuständen $r \in R$ entsprechenden Teilprobleme an) die Optimallösung x^* des Gesamtmodells nicht von jedem Zustand (jedem Zeitpunkt) aus betrachtet optimal ist, also in diesem Modell die nicht sofort zu realisierenden Entscheidungen nicht "richtig" (nicht den später anzustellenden Optimierungsüberlegungen entsprechend) wiedergegeben werden. Insofern ist diese Zielfunktion widersprüchlich.[1]

Dieser Widerspruch ist nicht möglich, wenn die Zielfunktion (2.1.8) als <u>Erwartungswert</u> der zustandsabhängigen Zielfunktionen (2.1.8,r) aufgefaßt werden kann[2]

$$(2.1.16) \quad G(\tilde{C}) = E_R\left[G_r(\tilde{C}_r)\right] = \sum_{r \in R} w_r G_r(\tilde{C}_r) \longrightarrow \max$$

---

1) Die Unabhängigkeit der Anfangsentscheidungen $\tilde{x}_j (j \in \bar{K})$ von den Folgeentscheidungen $\tilde{x}_j (j \notin \bar{K})$ ist in den speziellen Annahmen des Beispiels begründet. Im allgemeinen wird der gezeigte Widerspruch bewirken, daß die Anfangsentscheidungen anders hätten ausfallen müssen, wenn man mit den "richtigen" Folgeentscheidungen gerechnet hätte. Dies wäre aber nur nach einer Änderung der Zielfunktion (2.1.15) möglich.

denn dann gilt[1]

$$(2.1.17) \quad \max_{x \in \mathfrak{X}} G(\tilde{C}) = \max_{x \in \mathfrak{X}} E_R\left[G_r(\tilde{C}_r(x))\right] = E_R\left[\max_{x \in \mathfrak{X}} G_r(\tilde{C}_r(x))\right] .$$

Zielfunktionen $G_r(\tilde{C}_r)$, die (2.1.16) erfüllen, können als Erwartungsnutzen interpretiert werden. Dies sagt aber noch nichts über die Nutzenfunktionen $U_z(C_z)$ aus, auf denen die Bestimmung von $G_r(\tilde{C}_r)$, interpretiert als $U_r(\tilde{C}_r)$, beruht.

Unterstellt man jedoch eine zustandsunabhängige Nutzenfunktion $U(\tilde{C}_r)$ und verlangt man, daß die Forderung (2.1.16) für beliebige Partitionen R gelten soll, so ist dies nur möglich, wenn sie auch für R = Z gilt. Allgemeiner:

$$(2.1.16a) \quad G(\tilde{C}) = E_R\left[G(\tilde{C}_r)\right] = \sum_{r \in R}\left[w_r \sum_{z \in r} w_{rz}\, G(C_z)\right]$$

$$= \sum_{z \in Z} w_z\, G(C_z)$$

für beliebige Partitionen R!

Kern dieser Überlegungen ist die Funktion G(.), eine Funktion einer Wahrscheinlichkeitsverteilung (also eine Funktion von $\{w_{rz},\ c_z'x_{.z} \mid z \in r\}$), wobei die Koeffizienten dieser Funktion aber unabhängig von dieser Wahrscheinlichkeitsverteilung (also unabhängig von r) sind. Im Fall r = z ist die Zufallsvariable $\tilde{C}_z$ eine Konstante C_z.[2] (Ist z.B. G(.) konstruiert als Funktion von Parametern einer

---

2) der Vorseite:

   Zur Schreibweise siehe Anhang 1, Formel (1b).

---

1) Siehe auch die Bemerkung zu (2.1.13).

2) In analoger Weise könnte man auch eine auf der Partition R konstante Zufallsgröße $\tilde{C}$ betrachten, also eine Zufallsgröße $\tilde{C}$ mit $\tilde{C}_r = C_r$ (r ∈ R). $G_r(C_r)$ könnte dann als zustandsabhängige Nutzenfunktion $U_r(C_r)$ interpretiert werden, jedoch würde dies keinen Rückschluß auf $U_z(C_z)$ (z ∈ r) erlauben.

Wahrscheinlichkeitsverteilung, so werden in $G(C_z)$ die
Streuungsmaße Null.) Gilt (2.1.16a), so kann die Funktion $G(C_z)$ als Bernoulli-Nutzenfunktion $U(C_z)$ interpretiert werden und (2.1.16) kann geschrieben werden als[1]

$$(2.1.16b) \qquad U(\tilde{C}) = E_z[U(C_z)] = \sum_{z \in Z} w_z U(C_z) \longrightarrow \max.$$

Diese Überlegungen erinnern an die Theorie quadratischer
Nutzenfunktionen, und zwar an den Versuch der Konstruk-
tion eines mit dem Bernoulli-Prinzip kompatiblen (μ, σ)-
Prinzips:[2] Im Gegensatz zur Funktion (2.1.15) hat das
System von Zielfunktionen

$$(2.1.18,r) \qquad G(C_r) = a\, E(\tilde{C}_r^2) + b E(\tilde{C}_r) \longrightarrow \max$$

$$(2.1.18) \qquad G(\tilde{C}) = a\, E(\tilde{C}^2) + b E(\tilde{C}) \longrightarrow \max$$

die Eigenschaft (2.1.16) bzw. (2.1.17)[3] und führt, wen-

---

1) In Anlehnung an Luce/Raiffa (1957), S. 29 f., bezeichnet U(.) sowohl den Nutzen einer Zufallsvariablen
   (Wahrscheinlichkeitsverteilung, Lotterie) als auch
   den Nutzen eines einzelnen Ergebnisses. $U(C_z)$ bedeutet also in (2.1.16a) genaugenommen den Nutzen einer
   Wahrscheinlichkeitsverteilung, die mit Wahrscheinlichkeit 1 das Ergebnis C_z bringt. Vgl. dazu Ferschl

   (1975, S. 45-47). Die Gestalt der auf das Ergebnis C_z
   anzuwendenden Funktion U(.) erhält man durch Anwendung der Funktion $U(\tilde{C})$ auf eine derartige (ausgear-
   tete) Wahrscheinlichkeitsverteilung. Für die durch die
   Abbildung

   $$z \longrightarrow \mathbb{R}$$
   $$z \longmapsto U(C_z)$$

   charakterisierte Zufallsvariable wurde kein Symbol
   definiert. $U(\tilde{C})$ ist der dieser Zufallsvariablen zugeordnete Nutzenindex. Diese Auffassung macht die spezielle Schreibweise des Erwartungswerts in (2.1.16b)
   notwendig. Vgl. auch Anhang 1a.

2) Vgl. dazu Schneeweiß (1967), S. 89 ff.

3) Man sieht dies deutlich, wenn man (2.1.18) anders
   schreibt:

   $$(2.1.18') \quad G(\tilde{C}) = E(a\, \tilde{C}^2 + b\, \tilde{C}) =$$
   $$= \sum_{r \in R} w_r\, E(a\, \tilde{C}_r^2 + b\, \tilde{C}_r) =$$
   $$= \sum_{r \in R} w_r\, G(\tilde{C}_r).$$

det man diese Zielfunktion gemäß (2.1.16a) auf beliebige
Partitionen R an, direkt zu der quadratischen Nutzenfunktion

$$(2.1.19) \qquad U(C_z) = aC_z^2 + bC_z$$

die für $a < 0$, $b > 0$ eine monoton steigende Funktion von
C_z ist, solange $C_z \leqslant -b/2a$ gilt. Insofern begründen
quadratische Nutzenfunktionen eine Kompatibilität von
Bernoulli-Prinzip und (μ, σ)-Prinzip, da Zielfunktion
(2.1.18) auch als

$$(2.1.20) \qquad U(\tilde{C}) = a\left[V(\tilde{C}) + \bar{C}^2\right] + b\bar{C} \longrightarrow \max$$

geschrieben werden kann.[1] Nun haben aber quadratische
Nutzenfunktionen immer die Eigenschaft "steigender
(lokaler) Risikoscheu"[2] und scheinen deswegen ziemlich
unplausibel zu sein. Folgt man dieser Auffassung, so bedeutet dies im allgemeinen Fall (für beliebige Verteilungen) eine Ablehnung von Zielfunktionen, welche die Varianz
berücksichtigen, da lineare Funktionen des Typs (2.1.15)
zu Widersprüchen bei der sequentiellen Betrachtung des
Problems führen, Zielfunktionen des Typs (2.1.18) aber
auf unplausiblen Nutzenfunktionen beruhen.

Beschränkt man die Betrachtung auf Verteilungen, die
durch die beiden Parameter μ und σ vollständig bestimmt
sind, so ist eher die Funktion des Typs (2.1.15) vorzuziehen, da sie für Normalverteilungen mit dem Bernoulli-

---

1) Vgl. Anhang 1, Formel (2).

2) Vgl. Pratt (1964), S. 130 ff. An dieser Eigenschaft
   kann auch die Wahl der Parameter der Nutzenfunktion
   nichts ändern. Vielmehr ist darauf hinzuweisen, daß
   die hinsichtlich der Maximierung unschädliche Divi-
   sion von (2.1.19) durch b (b > 0!) zeigt, daß quadratische Nutzenfunktionen durch einen einzigen Parameter, nämlich a/b, determiniert sind. Der Variation
   dieses Parameters ist aber durch die Bedingung $C_z \leqslant -b/2a$
   eine strikte Grenze gesetzt.

Prinzip kompatibel ist[1] und die ihr zugrunde liegende exponentielle Nutzenfunktion nicht die Nachteile quadratischer Nutzenfunktionen hat, sondern die eher plausible Eigenschaft "konstanter Risikoscheu"[2] aufweist.[3]

Diese Überlegungen weisen auf die grundsätzliche Problematik der Messung des "Risikos" durch die Varianz hin. Während Bernoulli-Nutzenfunktionen die Eigenschaft (2.1.16) bzw. (2.1.17) haben und daher im sequentiellen Entscheidungsproblem nicht zu Widersprüchen führen können,[4] erweist sich die Berücksichtigung der Varianz im allgemeinen als eine Quelle von Widersprüchen. Die Eigenschaft des Bernoulli-Prinzips, daß die Nutzenbewertung der einzelnen Ergebnisse unabhängig von der Wahrscheinlichkeitsverteilung, in deren Zusammenhang diese Ergebnisse auftreten, vorgenommen wird, wird zwar öfter als Nachteil dieser Theorie angesehen,[5] rechtfertigt aber m.E. erst die Verwendung solcher Funktionen im Rahmen sequentieller Entscheidungsprobleme. Forderte man die Abhängigkeit der Nutzenbewertung nicht nur vom einzelnen Ergebnis, sondern von der ganzen Wahrscheinlichkeitsverteilung (wie dies z.B. in der Berücksichtigung der Varianz zum Ausdruck kommt), so würde dies bei sequentiellen Entscheidungsproblemen deswegen zu Widersprüchen führen, da sich bei Betrachtung eines einem bestimmten Zeitpunkt zuzuordnenden Ergebnisses im Zeitablauf durch Informationszunahme die Wahrscheinlichkeitsverteilung, in deren Kontext dieses Ergebnis steht, ändert. Hängt nun der Nutzen eines Ergebnisses von der jeweils betrachteten Wahrscheinlichkeitsverteilung ab, so führt dies zu einer Veränderung

---

1) Freund (1956), S. 255; Schneeweiß (1967), S. 147 ff.

2) Siehe Freund (1956), S. 255 und Pratt (1964), S. 130.

3) Einen Überblick über Nutzenfunktionen mit "abnehmender Risikoscheu" geben Keeney/Raiffa (1976), S. 173.

4) Siehe die dem Optimalitätsprinzip der dynamischen Programmierung entsprechende Forderung (2.1.9).

5) Z.B. Hieronimus (1979), S. 180 ff., 243 f.

der Entscheidungen im Zeitablauf, d.h. die Entscheidungsvariablen eines bestimmten Zeitpunktes t würden unterschiedlich festzusetzen sein, je nachdem, von welchem Zeitpunkt t' (t' $\leq$ t) aus man das Optimierungsproblem dieses Zeitpunkts t betrachtet. Im allgemeinen wird es daher nicht möglich sein, mit solchen im Zeitablauf sich verändernden Nutzenfunktionen zu Entscheidungsfolgen zu kommen, die dem Optimalitätsprinzip der dynamischen Programmierung entsprechen.[1] Insofern kann gesagt werden,

---

1) Legt man im Zeitpunkt O alle Entscheidungen (auch die späterer Zeitpunkte) so fest, daß sie die Funktion $G(\tilde{C})$ maximieren, dann wird man in den Zuständen $r \in R$ im allgemeinen anders entscheiden, als im Zeitpunkt O geplant wurde, wenn wegen der Abhängigkeit der Funktion $G(.)$ von den sich im Zeitablauf ändernden Wahrscheinlichkeitsverteilungen die Maximierung der Funktionen $G(\tilde{C}_r)$ zu einem anderen Ergebnis führt als die Maximierung der Funktion $G(C)$.

Man könnte nun argumentieren, daß man bei derartigen, die Bedingung (2.1.9) verletzenden Systemen von Zielfunktionen eben anders vorgehen müsse: Die Zielfunktion $G(\tilde{C})$ sei nur relevant für die Entscheidungsvariablen $\{x_j\} := \{x_j \mid j \in \bar{J}_O\}$, die tatsächlich im Zeitpunkt O endgültig festgelegt werden müssen. Jeder möglichen Ausprägung $\{x_j\}^O$ dieser Menge von Entscheidungsvariablen werde eine Folge von Ausprägungen von Entscheidungsfunktionen $\{\tilde{x}_j^O \mid j \notin \bar{J}_O\}$ zugeordnet, wobei die in $\tilde{x}_j^O$ zusammengefaßten Ausprägungen x_{jz}^O die Optimallösungen der Teilprobleme jenes Zeitpunkts sind, in dem die jeweilige Entscheidung j endgültig zu treffen ist. (Das Teilproblem des Zustands r maximiere dabei die Funktion $G(\tilde{C}_r)$.) Das Problem im Zeitpunkt O umfasse also nur die $\{x_j \mid j \in \bar{J}_O\}$ als Variablen; alle später zu realisierenden Entscheidungsvariablen werden als Parameter vorgegeben, den einzelnen Ausprägungen $\{x_j\}^O$ zugeordnet. Analoges gelte für die Teilprobleme aller folgenden Zustände; diese umfassen als echte Variablen nur jene Entscheidungsvariablen, die in diesem Zustand zu realisieren sind. Diese Konzeption ist zwar der sequentiellen Struktur des Entscheidungspro-

(Fortsetzung s. nächste Seite)

daß eine Ablehnung des Unabhängigkeitsaxioms zu einer Ablehnung des Optimalitätsprinzips der dynamischen Programmierung führen muß.[1] Die Ablehnung von Zielfunktionen, die Streuungsmaße der Wahrscheinlichkeitsverteilung berücksichtigen, ist also eine Folge der Anerkennung
des Unabhängigkeitsaxioms bzw. des Optimalitätsprinzips
der dynamischen Programmierung.

Nach dieser Skizze der Inkompatibilität von Streuungsmaßen
mit dem Bernoulli-Prinzip ist es nicht überraschend, daß
gezeigt werden kann, daß die Abhängigkeit der auf der
quadratischen Nutzenfunktion (2.1.19) beruhenden, mit dem
Bernoulli-Prinzip kompatiblen Zielfunktion (2.1.20)[2] von
der Varianz $V(\tilde{C})$ nur eine "scheinbare" ist. Während
(2.1.18) sehr klar auf die zugrunde liegende Nutzenfunktion (2.1.19) hinweist, bergen die Formulierung (2.1.20)
und die Bezeichnung als (μ, σ)-Prinzip eher die Gefahr

(Fortsetzung Fn. 1) der Vorseite)

blems durchaus angemessen; da aber hier gar kein Gesamtproblem, das im Zeitpunkt O alle (also auch alle
zukünftigen) Entscheidungen als Variablen betrachtet,
formuliert wird, wird das Problem der intertemporalen
Widersprüchlichkeit einer Zielfunktion, die (2.1.9)
nicht erfüllt, nicht gelöst, sondern unter den Tep-
pich gekehrt. Es bleibt höchst unbefriedigend, daß
vom Zeitpunkt O aus betrachtet der Nutzen der Wahrscheinlichkeitsverteilung $C(x^*)$, basierend auf der
mit x^* bezeichneten optimalen Strategie (ermittelt
aus dem beschriebenen sequentiellen Modell), kleiner
sein kann als der Nutzen einer auf einem bestimmten
anderen Aktionsprogramm x' beruhenden Wahrscheinlichkeitsverteilung $\tilde{C}(x')$.

---

1) Es sei darauf hingewiesen, daß ein auf Schlaifer zurückgehendes, bei Raiffa (1970), S. 82 f. dargelegtes
   Argument zur Verteidigung dieses Axioms ein sequentielles Entscheidungsproblem zur Grundlage hat.

2) Zur entsprechenden Kritik der Funktion des Typs
   (2.1.15) siehe Hieronimus (1979), S. 234 f.

von Fehlinterpretationen.[1]

---

1) Daß die Formulierung (2.1.18) viel besser als die "varianzabhängige" Formulierung (2.1.20) die tatsächlichen Einflußgrößen wiedergibt, zeigt folgendes Beispiel (siehe Hieronimus, 1979, S. 229): Von den beiden Zufallsvariablen $\tilde{x}$ und $\tilde{y}$ sei $\tilde{x}$ vorzuziehen ($\tilde{x} \succ \tilde{y}$). Addiert man nun zu jeder Zufallsvariablen eine Konstante k, so sollte man auch für die neuen Zufallsvariablen $\tilde{x}' = \tilde{x} + k$ und $\tilde{y}' = \tilde{y} + k$ die Relation $\tilde{x}' \succ \tilde{y}'$ erwarten, wenn die der Präferenzrelation $\succ$ zugrunde liegende Nutzenfunktion tatsächlich nur von Mittelwert und Varianz abhängen soll, da sich durch die Addition von k die Varianzen der zu vergleichenden Alternativen nicht ändern und auch die Rangfolge der Mittelwerte unverändert bleibt. Es läßt sich aber zeigen (Hieronimus, 1979, S. 232), daß die quadratische Nutzenfunktion (2.1.19) sehr wohl zu dem Ergebnis $\tilde{x} \succ \tilde{y}$ und $\tilde{x}' \prec \tilde{y}'$ führen kann. Wenn gesagt wird, (2.1.20) zeige, daß quadratische Nutzenfunktionen zu einer Abhängigkeit des Nutzens von Mittelwert und Varianz führen, so ist dies insofern irreführend, als die "zusätzliche Abhängigkeit" vom Quadrat des Mittelwerts leicht übersehen werden kann. Zwar ist im relevanten Bereich die partielle Ableitung der gemäß (2.1.20) definierten Nutzenfunktion nach der Varianz negativ, nach dem Mittelwert positiv (worauf z.B. Hax, 1974, S. 66, hinweist) doch sagt diese Marginalbetrachtung noch nichts über den Alternativenvergleich aus. Wegen der Nichtlinearität der Abhängigkeit des Nutzens vom Mittelwert $\bar{C}$ ist $\partial U / \partial \bar{C}$ wiederum eine Funktion von $\bar{C}$ und nimmt somit für verschiedene Alternativen im allgemeinen auch verschiedene Werte an. Die Interpretationsprobleme werden also durch die Nichtlinearität der Funktion

$$(a) \qquad U(\tilde{C}) = f\left[V(\tilde{C}), \bar{C}\right]$$

verursacht. Es wäre daher zweckmäßiger, die in (2.1.20) dargestellte Nutzenfunktion als <u>lineare</u> Funktion von drei Parametern

$$(b) \quad U(\tilde{C}) = f\left[V(\tilde{C}), \bar{C}, \bar{C}^2\right]$$

zu interpretieren, oder bei der (2.1.18) zugrunde liegenden Auffassung von $U(\tilde{C})$ als

$$(c) \quad U(\tilde{C}) = f\left[E(\tilde{C}^2), \bar{C}\right]$$

zu bleiben. Die Auffassung (c) der quadratischen Nutzenfunktion zeigt, daß aus (2.1.20) die Varianz eliminiert werden kann und somit alle Probleme, die varianzabhängige Zielfunktionen in sequentiellen Entscheidungsmodellen verursachen, wegfallen! Eine auf die Auffassung (a) gestützte Interpretation der Varianz als Risikomaß halte ich daher für höchst unzweckmäßig. Umgekehrt sollte eine Beurteilung quadratischer Nutzenfunktionen nicht auf der Varianz beruhen.

2.1.3 Zum Problem intertemporaler Nutzenfunktionen

Aus den bisherigen Überlegungen folgt, daß als Präzisierung der Zielfunktion (2.1.8) eine Funktion des Typs
(2.1.16b) vorzuschlagen ist, um Widersprüche bei sequentieller Betrachtung des Problems zu vermeiden. Schwierig
ist die Bestimmung der Funktion $U(C_z)$. Sie wurde in
(2.1.16b) als zustandsunabhängig angenommen.[1] Im sequentiellen Entscheidungsmodell kann jedoch auch die Funktion $U(C_z)$ in gewissem Sinne als "zustandsabhängig" interpretiert werden, wenn man spätere Entscheidungsstufen
betrachtet: Die Funktion $U(.)$ ist auf der Größe

$$C_z := c_z' x_z = \sum_{j=1}^{n} c_{jz} x_{jz}$$

definiert, also auf einer Funktion der Entscheidungsvariablen $\{x_{jz} \mid j \in J\}$. Betrachtet man nun eine Entscheidungsstufe, deren Informationsstand durch die Partition
R charakterisiert werden kann, so sind[2] die Variablen
$\{x_{jz} \mid j \in \bar{R}\}$ bereits realisiert; die Nutzenfunktion $U(C_z)$
kann dann aufgefaßt werden als Funktion der verbleiben-
den Entscheidungsvariablen $\{x_{jz} \mid j \notin \bar{R}\}$, während die bereits realisierten Variablen als Parameter der Funktion
betrachtet werden. Im Teilproblem des Zustands r, für
das gemäß (2.1.16) und (2.1.16b) die Zielfunktion als

$$(2.1.16,r) \qquad G_r(\tilde{C}_r) = \sum_{z \in r} w_{rz} U(C_z) \longrightarrow \max$$

geschrieben werden kann, können auf der r entsprechenden
Entscheidungsstufe die Nutzenfunktionen $U(C_z)$ $(z \in r)$ in

---

1) Insofern wurde gegenüber der für das starre Modell in
   (2.1.3) zur Diskussion gestellten Nutzenfunktion
   $U_z(C_z)$ eine Vereinfachung vorgenommen.
2) Vgl. (2.1.14).

diesem Sinne als abhängig vom Zustand r interpretiert werden. Mit dieser Interpretation geht man aber von der Betrachtung der Funktion U(.) als Funktion der Größe C_z ab; man betrachtet vielmehr eine Funktion, definiert auf der Größe

$$(2.1.21) \qquad C_z(r) := \sum_{j \notin R} c_{jz} x_{jz} = C_z - \sum_{j \in R} c_{jz} x_{jz}$$

Von der Zielgröße C_z wird also jener Teil, der den bereits realisierten Entscheidungen zuzurechnen ist, abgezogen. Folglich ist die Nutzenfunktion U(.) zu ändern in $U_r(.)$, wobei die Gestalt dieser Funktion abhängt von den Größen $y_{jz} := c_{jz} x_{jz}$ ($j \in \tilde{R}$). (2.1.16) kann interpretiert werden als

$$(2.1.22) \qquad G(\tilde{C}) = \sum_{r \in R} w_r G_r(\tilde{C}_r) = \sum_{z \in Z} w_z U(C_z)$$

$$= \sum_{r \in R} \sum_{z \in r} w_z U_r(C_z(r)) \longrightarrow \max.$$

Die Abhängigkeit der im Zustand r relevanten Nutzenfunktion von den bisher realisierten Entscheidungen ist durchaus plausibel. Es muß aber auf zwei Probleme hingewiesen werden:

(1) Im allgemeinen wird unbeschadet der Abhängigkeit vom bisher realisierten Aktionsprogramm noch eine darüber hinausgehende Zustandsabhängigkeit der Nutzenfunktion gegeben sein.

(2) Die Art der Abhängigkeit, die Gestalt der zustandsabhängigen Nutzenfunktion, ist hinsichtlich der Entscheidungssituation im Zustand $r \in R$ zu rechtfertigen.

Ad (1): Dieser Forderung kann durch Abhängigkeit der Parameter der Funktion $U(C_z)$ vom Zustand z Rechnung getragen werden. Die entsprechende allgemeine Zielfunktion kann daher geschrieben werden als

$$(2.1.16c) \qquad U(\tilde{C}) = E_z\left[U_z(C_z)\right] = \sum_{z \in Z} w_z U_z(C_z) \longrightarrow \max.$$

Die "Ableitung" der Nutzenfunktion $U_z(C_z)$ kann dann allerdings nicht so einfach aus der Forderung (2.1.16) erfolgen, weil eine Änderung der Partition R auch die Funktionen $G_r(.)$ ändert. Hier wird aber nur deutlich, was auch für (2.1.16b) gilt: Ob eine bestimmte Funktion $G(.)$ eine Bernoulli-Nutzenfunktion ist, kann nicht durch Analyse des Funktionstyps festgestellt werden. Es kann nur geprüft werden, ob eine solche Funktion mit den Axiomen der Bernoulli-Nutzentheorie in Einklang stehen <u>kann</u>. Die Existenz einer Funktion, die mit diesen Axiomen kompatibel ist, enthebt nicht der Notwendigkeit der empirischen Ermittlung der subjektiven Nutzenfunktion; sie erleichtert nur die mathematische Approximation einer empirisch ermittelten Nutzenfunktion. Geht man daher von einem bestimmten Funktionstyp aus, so muß im Rahmen eines Schätzprozesses überprüft werden, ob die Bedingung (2.1.16b) bzw. (2.1.16c) erfüllt ist. Die empirische Ermittlung zustandsabhängiger Nutzenfunktionen ist aber noch erheblich komplizierter, als die Ermittlung zustandsunabhängiger Nutzenfunktionen, da es wegen der Eindeutigkeit der Nutzenfunktionen nur bis auf eine lineare Transformation nicht genügt, für alle Zustände isolierte Schätzungen der Nutzenfunktionen vorzunehmen. Es sind auch die Substitutionen zwischen einzelnen Zuständen explizit im Schätzprozeß zu berücksichtigen.[1]

<u>Ad (2)</u>: Hier liegt das für sequentielle Entscheidungsmodelle entscheidende Problem. Unbestreitbar ist, daß für Entscheidungen, die erst im Zustand r zu treffen sind, die dann relevanten Nutzenfunktionen im allgemeinen auch vom bisher realisierten Aktionsprogramm abhängen können. Die Schwierigkeit liegt in der Bestimmung der Art der Abhängigkeit.

Einfach ist das Problem, wenn alle Zielfunktionskoeffizienten c_{jz} ($j \in J$, $z \in Z$) Größen sind, die erst am Ende

---

1) Vgl. dazu Keeney/Raiffa (1976), S. 214 ff.

des Planungszeitraums (wenn bereits der Zustand z bekannt
ist) anfallen.[1] Dann interessiert von jedem Zeitpunkt
aus betrachtet für jeden Zustand z die Größe C_z und es
ist auch in späteren Zeitpunkten (also auch in Zustand r)
völlig belanglos, daß diese Größe durch bereits realisierte Entscheidungen beeinflußt wird. Dies ist in In-
vestitionsmodellen der Fall bei Anwendung der Zielfunktion (1.6), der Maximierung des Vermögens am Planungshorizont. Ihr entspricht bei Anwendung zustandsabhängiger Nutzenfunktionen die stochastische Zielfunktion[2]

$$(2.1.23) \qquad \sum_{z \, \in \, Z} w_z U_z \left[d_{Tz} + \sum_{j \, \in \, J} v_{jz} x_{jz} \right] \longrightarrow \max.$$

Dies ist eine Zielfunktion des Typs (2.1.16c),[3] wobei

---

1) Gemeint ist hier, daß die tatsächliche "Realisation",
   z.B. das Anfallen der entsprechenden Zahlungen, erst
   am Ende des Planungszeitraums erfolgt. Das schließt
   keineswegs aus, daß die Information über Wahrscheinlichkeitsverteilungen sich im Zeitablauf ändert.

2) Vgl. Laux (1971), S. 46.

3) Da die Entnahme d_{Tz} eine lineare Funktion der Entscheidungsvariablen x_{jz} ist (definiert durch die Liquiditätsnebenbedingung für Zustand z und Zeitpunkt
   T - vgl. die deterministische Nebenbedingung (1.3)),
   ist auch der in (2.1.23) in eckigen Klammern stehende
   Ausdruck eine lineare Funktion C_z der Variablen x_{jz} (j $\in$ J).
   Kann man im Modell des Chance-Constrained Programming
   die Liquiditätsnebenbedingungen des Zeitpunkts T nicht
   als Definitionsgleichungen der Entnahmen d_{Tz} (z $\in$ Z)
   interpretieren, dann können die d_{Tz} entweder als vorzugebende Konstanten oder als zusätzliche Entscheidungsvariablen interpretiert werden; das vom Modell erfaßte
   Vermögen am Planungshorizont (im Zustand z) bleibt
   jedenfalls eine lineare Funktion der Entscheidungsvariablen des Modells. Das entscheidende Problem liegt
   dann allerdings darin, daß die (als Endvermögen bei
   Zustand z interpretierbaren) Größen C_z nur fiktive Größen sind, da die Formulierung der Nebenbedingungen als
   Wahrscheinlichkeitsrestriktionen bewirkt, daß tatsächlich (auch bei unveränderter Präferenz- und Erwar-

(Fortsetzung nächste Seite)

die Interpretation analog zu (2.1.22) möglich ist,[1]
aber nicht sehr viel bringt, da aus dem Grundgedanken
von (1.6) folgt, daß auch im Zustand r (in einem Zeitpunkt
t $>$ O) die Zielgrößen C_z (z $\in$ r) interessieren (den Nutzen bestimmen).[2] An dieser unmittelbar einleuchtenden
Relevanz von C_z ändert auch die Tatsache nichts, daß ein
"Teil" dieser Zielgröße bereits durch realisierte Entscheidungen determiniert ist.

(Fortsetzung der Fn. 3) der Vorseite)
   tungsstruktur) Planrevisionen vorgenommen werden, die
   im Modell explizit keine Berücksichtigung finden.
   Diese Problematik ist Gegenstand von Kapitel 2.2.3.

---

1) Wegen der Zustandsabhängigkeit von $U_z(.)$ muß die Funktion $U_r(.)$ anders als in (2.1.22) auch vom Zustand z
   abhängig sein. Es muß gelten $U_z(C_z) = U_{rz}(C_z(r))$.

2) Das Konzept der Maximierung des Vermögens am Planungshorizont T eliminiert aus dem Modell das Problem der
   Zeitpräferenz durch Vorgabe der Entnahmen
   d_{tz} (t $<$ T, z $\in$ Z). Die Aufspaltung in Teilprobleme
   darf an dieser Annahme nichts ändern. Nur dann gilt
   die Entscheidungsrelevanz der Größen C_z sowohl im Zeitpunkt O (für das gesamte Problem) als auch in den Zuständen r $\in$ R (für die Teilprobleme), gilt die Identität $U_z(C_z) = U_{rz}(C_z(r))$. Berücksichtigt man, daß
   diese Behandlung des Problems der Zeitpräferenz nur
   eine aus Praktikabilitätsgründen vorgenommene Vereinfachung darstellt (Hax, 1976a, S. 90) und betrachtet man
   die Teilprobleme der Zustände r als Elemente eines
   Systems rollierender Planung, wobei Planrevisionen vorgenommen werden, die starre Vorgabe der Entnahmen also
   durchbrochen wird, dann wird natürlich gelten
   $U_{rz}(C_z(r) \neq U_z(C_z)$, wenn $U_z(.)$ dem (ungeteilten) Problem des Zeitpunkts O zugeordnet wird und $U_{rz}(.)$ dem
   "Teilproblem" des Zustands r. Die hier diskutierte
   Aufspaltung in Teilprobleme hat aber nichts mit dem
   praxisbezogenen Konzept des Änderungen von Erwartungen
   und Präferenzen berücksichtigenden Systems der rollie-
   renden Planung zu tun, sondern dient nur der Analyse
   des Gesamtproblems unter der Annahme zeitlicher Kon-

(Fortsetzung s. nächste Seite)

Schwierig ist das Problem, wenn die Koeffizienten c_{jz} ($j \in J$, $z \in Z$) zu verschiedenen Zeitpunkten anfallen. Für die Nutzenfunktionen, auf deren Basis im Zustand r die Entscheidungen zu treffen sind, können dann nur jene Größen $y_{jz} := c_{jz}x_{jz}$ von unmittelbarer Bedeutung sein, die erst in Zukunft anfallen werden. Die anderen Größen, die bereits realisiert sind, sind nicht mehr von unmittelbarer Bedeutung: sie beeinflussen aber insofern die im Zustand r gegebene Entscheidungssituation[1], als der Nutzen der sich erst in Zukunft realisierenden Zielgrößen durchaus von den in der Vergangenheit realisierten Zielgrößen abhängen kann. Die Nutzenfunktion ist dann also nur auf den Zielgrößen zu definieren, deren Realisation noch aussteht; die bereits realisierten Zielgrößen können aber die Parameter dieser Funktion bestimmen. Das Problem läßt sich folgendermaßen charakterisieren:

Im Zeitpunkt O sind die auf C_z definierten Nutzenfunktionen $U_z(.)$ relevant. Zu maximieren ist (2.1.16c). Im Zustand r sind jedoch die Nutzenfunktionen $U_{rz}(.)$, definiert auf der Zielgröße $C_z(r)$, relevant und es muß neben (2.1.16c) auch die (2.1.8) entsprechende Zielfunktion[2]

(Fortsetzung der Fn. 2) der Vorseite)

    stanz der Modellannahmen hinsichtlich Erwartungs- und Präferenzstruktur. (Vgl. zu dieser Problematik der Planrevisionen auch Hax, 1976a, S. 167).

---

1) Die Entscheidungssituation hängt neben dem vom Entscheidenden nicht beeinflußbaren Zustand auch von allen vorangegangenen Entscheidungen ab. In der Theorie der dynamischen Programmierung spricht man statt von "Situation" meist von "Zustand" ("state"). Vgl. z.B. Nemhauser (1966), S. 17. Hier wird jedoch, Hax (1974, S. 70) folgend, von "Situation" gesprochen, da mit "Zustand" ein entscheidungsunabhängiges Ereignis (ein "Umweltzustand", die vom Entscheidenden nicht beeinflußbare Datenkonstellation) bezeichnet wird. (Vgl. auch die nähere Beschreibung des Zustandsraums für flexible Modelle in 2.2.2.2).

2) Die bedingte Zufallsvariable $\widetilde{C}(r)$ ist definiert als

$$\widetilde{C}(r): r \rightarrow W(\widetilde{C}(r))$$
$$z \mapsto C_z(r) \qquad (z \in r)$$
$$W(\widetilde{C}(r)) = \left\{ C_z(r) \mid z \in r \right\}$$

$C_z(r)$ definiert gemäß (2.1.21).

$$(2.1.24,r) \quad U(\tilde{C}(r)) := E_r\left[U_{rz}(C_z(r))\right] =$$

$$= \sum_{z \in r} w_{rz} U_{rz}(C_z(r)) \longrightarrow \max.$$

gelten. Nun gibt es aus dem Zustand r heraus kein zwingendes Argument dafür, die Nutzenfunktion $U_{rz}(.)$ so zu wählen, daß

$$(2.1.25) \qquad U_{rz}(C_z(r)) = U_z(C_z)$$

gilt; aber um neben (2.1.16c) auch die Beziehung

$$(2.1.26) \qquad U(\tilde{C}) = E_R\left[U(\tilde{C}(r))\right] = \sum_{r \in z} w_r U(\tilde{C}(r))$$

zu erfüllen[1] (um die Geltung des Optimalitätsprinzips der dynamischen Programmierung zu gewährleisten), ist es zweckmäßig, bei gegebenen Nutzenfunktionen $U_{rz}(.)$ des Zustands r die für den Zeitpunkt O relevanten Nutzenfunktionen $U_z(.)$ gemäß (2.1.25) zu definieren. Der Kern dieser Überlegung ist also, daß nicht von den Nutzenfunktionen, die im Zeitpunkt O gelten, auf die Nutzenfunktionen, welche in den Zuständen $r \in R$ relevant sind, geschlossen wird, sondern umgekehrt aus den Nutzenfunktionen der Zustände $r \in R$ die Nutzenfunktionen für den Zeitpunkt O abgeleitet werden.[2] Aus (2.1.24-26) folgt

---

1) (2.1.26) faßt die n(R) Zielfunktionen (2.1.24,r) zusammen und entspricht der Beziehung (2.1.16).

2) Dies setzt voraus, daß in $U(\tilde{C}(r))$ alle Größen y_{jz} ($j \in J$, $z \in r$) eingehen. Da $C_z(r)$ gemäß (2.1.21) nur von y_{jz} ($j \notin \bar{K}$) abhängt, müssen die Größen y_{jz} ($j \in \bar{K}$) in den Parametern der Funktion $U_{rz}(.)$ zum Ausdruck kommen. Dies ist zwingend, wenn die Entscheidungssituation im Zustand r tatsächlich von den y_{jz} ($j \in \bar{K}$, $z \in r$) abhängt. Im allgemeinen ist diese Abhängigkeit gegeben, doch kann im speziellen Fall (etwa bei Erwartungswert-Maximierung, vgl. (2.1.10-13)) auch Unabhängigkeit gegeben sein. Dann kann im Zustand r statt (2.1.24,r) eine einfachere Zielfunktion verwen-

(Fortsetzung nächste Seite)

$$- 50 -$$

$$(2.1.16d) \qquad U(\tilde{C}) = \sum_{r \in R} w_r U(\tilde{C}(r)) = \sum_{z \in Z} w_z U_z(C_z) \longrightarrow \max.$$

Im Endergebnis entspricht dies zwar der Zielfunktion
(2.1.16c), doch ist die Interpretation komplizierter:
Während (2.1.16c) nur die Schätzungen von Nutzenfunktionen für die Zielgröße C_z zugrunde liegen, und zwar unabhängig davon, ob man von der Betrachtung des Gesamtproblems oder der Teilprobleme der Zustände $r \in R$ ausgeht,
stecken in (2.1.16d) zwei Typen von Nutzenfunktionen, da
die Nutzenfunktionen für die Teilprobleme von den Zielgrößen $C_z(r)$, die für das Gesamtproblem relevanten Nut-
tenfunktionen aber von den Zielgrößen C_z abhängen. Das
entscheidende Bindeglied ist die Forderung (2.1.25).

Bisher wurde, ausgehend von (2.1.8), angenommen, daß die
Nutzenfunktionen auf einer einzigen Zielgröße, nämlich
C_z bzw. $C_z(r)$, definiert sind. Da aber bei der Bildung
dieser Zielgrößen bereits eine sehr spezielle Aggregation
(nämlich die Summierung der im allgemeinen verschiedenen
Zeitpunkten zugeordneten Größen $y_{jz} := c_{jz} x_{jz}$) vorgenommen
wurde, impliziert dies sehr spezielle Annahmen hinsichtlich der Zeitpräferenz. Diese kann hier nicht in der
Gestalt der Nutzenfunktionen $U_z(.)$ bzw. $U_{rz}(.)$ berücksichtigt werden, sondern muß sich in den Größen c_{jz}
widerspiegeln. Diese c_{jz} können durchaus zeitabhängige
Bewertungsfaktoren (bzw. mit zeitabhängigen Bewertungsfaktoren bewertete Größen, z.B. abgezinste Zahlungen)
darstellen, jedoch ist die Bewertung der Ergebnisse eines
bestimmten Zeitpunkts hier notwendigerweise unabhängig
von den in den anderen Zeitpunkten erzielten Ergebnis-

(Fortsetzung Fn. 2) der Vorseite)

    det werden. Am Grundgedanken der Forderung (2.1.25)
    ändert sich dadurch nichts. Die Funktion $U_{rz}(C_z(r))$
    ist dann zu interpretieren als entsprechende Erwei-
    terung der im Zustand r verwendeten vereinfachten
    Nutzenfunktion U'_{rz}. Die Forderung (2.1.25) kann dann
    so gelesen werden: Der Wert der Nutzenfunktion $U_z(C_z)$
    soll gleich sein dem Wert einer der Nutzenfunktion
    U'_{rz} strategisch äquivalenten Nutzenfunktion.

sen.[1]

Dieser Konzeption entspricht z.B. die Interpretation von $\tilde{C} := \tilde{c}'\tilde{x}$ als Kapitalwert. Die separierbare Zielfunktion (2.1.10) ist also interpretierbar als Maximierung des _erwarteten_ Kapitalwerts. Diese Zielfunktion ist nicht unproblematisch, und zwar sowohl bei Interpretation der Abzinsungsfaktoren als subjektive Bewertungsfaktoren,[2] als auch bei Interpretation des Kapitalwerts als Marktwert.[3] Allgemeinere Funktionen $U_z(.)$ des Kapitalwerts[4] scheinen noch mehr Probleme aufzuwerfen, vor allem hinsichtlich der Begründung der Abhängigkeit der in den Zuständen $r \in R$ relevanten Funktionen $U_{rz}(.)$ von den bereits früher realisierten Zahlungen.

Eine befriedigende Berücksichtigung der subjektiven Zeitpräferenz verlangt daher eine Verallgemeinerung der auf der aggregierten Größe $\tilde{C} := \tilde{c}'\tilde{x}$ definierten Zielfunktion (2.1.8) zu

$$(2.1.27) \quad G(\tilde{y}_1,\ldots,\tilde{y}_n) := G\left[\left\{w_z, (y_{1z},\ldots,y_{nz})|z \in Z\right\}\right] \rightarrow \max.$$

Diese Funktion ist nicht mehr auf einer einzigen Zielgröße $\tilde{C}$, sondern auf einem Vektor von Zielgrößen definiert. Die einzelnen Elemente dieses Vektors, die einzelnen Zielgrößen $\tilde{y}_j := \tilde{c}_j\tilde{x}_j$ $(j \in J = \{1,\ldots,n\})$, sind dabei im allgemeinen verschiedenen Zeitpunkten zugeordnet. (2.1.27) ist also interpretierbar als stochastische Version der Zielfunktion (1.12).[5]

---

1) Zur Kritik vgl. Laux (1971), S. 91 f., und Laux/Franke (1970).

2) Vgl. die Diskussion von (1.10).

3) Hier liegt das Problem u.a. in der Abhängigkeit des Zinsfußes von der Wahrscheinlichkeitsverteilung der Zahlungen. Vgl. dazu z.B. Bolenz (1978), S. 46 - 62 und 101 - 118.

4) Siehe z.B. Mao (1968), S. 21 ff.

5) Vgl. Laux (1971), S. 89 ff.

Die Grundstruktur der Überlegung (2.1.24-26) bleibt unverändert. An die Stelle von $U_z(.)$ tritt nun die mehrdimensionale (intertemporale) Nutzenfunktion $U_z(y_{1z}, \ldots, y_{nz})$ und an die Stelle von $U_{rz}(.)$ tritt die Funktion $U_{rz}(\{y_{jz} | j \notin \bar{K}\})$. Entsprechend der Forderung (2.1.25) soll gelten:

$$(2.1.28) \qquad U_{rz}(\{y_{jz} \mid j \notin \bar{K}\}) = U_z(y^O_{1z}, \ldots, y^O_{nz})$$

$$y^O_{jz} = \begin{cases} y_{jz} := c_{jz}x_{jz} & \text{falls } j \notin \bar{K} \\ y^*_{jz} := c_{jz}x^*_{jz} & \text{falls } j \in \bar{K} \end{cases}$$

Daß die Gestalt der Funktion $U_{rz}(\{y_{jz}|j \notin \bar{K})^{1)}$ der Gestalt der Funktion $U_z(y_{1z}, \ldots, y_{nz})$ entsprechen soll, ist wie bei (2.1.25) zu begründen! An die Stelle von (2.1.16d) tritt nun

$$(2.1.16e) \quad U(\tilde{y}_1, \ldots, \tilde{y}_n) = \sum_{r \in R} w_r U(\{y_j(r)|j \notin \bar{K}\})$$

$$= \sum_{z \in Z} w_r U_z(y_{1z}, \ldots, y_{nz}) \longrightarrow \max$$

wobei $\tilde{y}_j(r)$ definiert ist durch

$$\tilde{y}_j(r) : \qquad z \longrightarrow y_{jz} \qquad (z \in r)$$

---

1) Diese Funktion ist gemäß (2.1.28) eine von den variablen Zielgrößen $y_{jz}(j \notin \bar{K})$ abhängige mehrdimensionale Nutzenfunktion, wobei die Größen y^O_{jz} $(j \in \bar{K})$ als Parameter vorzugeben sind. Die Gestalt der Nutzenfunktion hängt von der Konstellation dieser Parameter (hier $y^O_{jz} = y^*_{jz}$) ab. Es handelt sich somit um eine bedingte Nutzenfunktion (vgl. zur Terminologie Keeney/Raiffa, 1976, S. 221 f.), wobei diese durch den Index r angedeutete Bedingung das Festhalten der Werte von $y_{jz}(j \in \bar{K})$ in der Funktion $U_z(y_{1z}, \ldots, y_{nz})$ meint. (Annahmegemäß wurden die Optimalwerte y^*_{jz} realisiert.) Zu dieser Abhängigkeit kommt bei beiden Funktionstypen die Zustandsabhängigkeit, ausgedrückt durch den Index z.

und die Zielfunktion des Zustands r durch

$$(2.1.29,r) \quad U(\{\tilde{y}_j(r) \mid j \notin \bar{K}\}) := \sum_{z \in r} w_{rz} U_{rz}(\{y_{jz} \mid j \notin \bar{K}\}) \to \max$$

gegeben ist.

Die Bestimmung derartiger mehrdimensionaler Nutzenfunktionen $U_z(y_{1z}, \ldots, y_{nz})$ ist allerdings ausgesprochen schwierig und es besteht die Gefahr, daß die Unsinnigkeit einer bestimmten Nutzenfunktion nicht erkannt wird, weil der Entscheidende wegen der Komplexität des Problems nicht erkennt, daß eine bestimmte, von ihm gewählte Gestalt dieser Funktion Annahmen impliziert, die von ihm nicht als sinnvoll angesehen werden. Sinnvoll erscheint daher die Ermittlung solcher Nutzenfunktionen auf Basis der Vorgabe bestimmter Abhängigkeitsstrukturen: Die bedingte Nutzenfunktion

$$(2.1.30) \quad U^o_{jz}(y_{jz}) := U_z(y^o_{1z}, \ldots, y^o_{j-1,z}, y_{jz}, y^o_{j+1,z}, \ldots, y^o_{nz})$$

$$y^o_{kz} := \text{bestimmtes vorgegebenes Niveau der Ziel-}$$

$$\text{größe } y_{kz} (k \in J)$$

kann z.B. als $U^o_{jz}(y_{jz}) = U_{jz}(y_{jz})$, also als unabhängig von den Niveaus $y^o_{kz} (k \neq j)$, angenommen werden.[1] Dann

---

1) Unter dieser, als "utility independence" bezeichneten Voraussetzung erhält man "multiplikative Nutzenfunktionen". Siehe Keeney/Raiffa (1976), S. 491 und Keeney (1974). Man beachte, daß diese Funktionen allgemeiner sind als additive Nutzenfunktionen (das sind solche mit der Gestalt

$$U_z = \sum_{j \in J} \alpha_j U_{jz}),$$

die sie als Sonderfall mitumfassen, und daß die dieser Konzeption entsprechenden Zielfunktionen die für die Anwendung der dynamischen Programmierung vorauszusetzende Eigenschaft der Zerlegbarkeit (Schneeweiß, 1974, S. 54 ff.; Nemhauser, 1966, S. 34 ff.) besitzen. Ähnliche Bedingungen lassen sich auch noch unter schwächeren Voraussetzungen erfüllen. Siehe dazu Keeney/Raiffa (1976), S. 493 ff., S. 501 ff.

kann im Zustand r die Zielfunktion (2.1.29,r) vereinfacht werden.[1]

(2.1.30) kann aber auch angenommen werden als abhängig
nur von den Niveaus des unmittelbar vorhergehenden Zeitpunkts oder als abhängig von einer bestimmten Teilmenge
der Menge $\{y^o_{kz} | k \in J,\ k \neq j\}$ oder als abhängig von be-
stimmten Funktionen[2] dieser Menge. Einen Überblick über

---

1) Dies hat aber nur rechentechnische Gründe und ändert
   nichts an der Bedeutung der Funktion (2.1.28), die in
   ihrer Gestalt der intertemporalen Nutzenfunktion
   $U_z(y_{1z}, \ldots, y_{nz})$ entspricht, wobei die Größen $y_{jz}(j \in \bar{K})$
   konstant gehalten werden. Verwendet man im Teilpro-
   blem des Zustands r eine vereinfachte Nutzenfunktion
   U'_{rz} , so ist die entscheidende Forderung, daß im Zeitpunkt O die Funktion U_z einer der Funktion U'_{rz} stra-
   tegisch äquivalenten Funktion entsprechen muß, wenn
   Widersprüche vermieden werden sollen.

2) Keeney/Raiffa (1976, S. 501 ff.) sprechen von "state
   descriptors", wobei mit "state" nicht ein "Zustand"
   im Sinne dieser Arbeit gemeint ist, sondern eine
   "Situation" i.S. von Hax (1974, S. 70). Keeney/
   Raiffa wollen damit auch auf einfachere als die durch
   die allgemeine Formulierung (2.1.30) erfaßten Abhängigkeiten hinweisen. Häufig führt erst die Einführung von solchen, die Entscheidungssituation be-
   schreibenden "Zustands"-Variablen ("state descriptors") zu zerlegbaren Zielfunktionen. (Nur in diesem
   Sinne verlangt auch die dynamische Programmierung
   zerlegbare Zielfunktionen. Vgl. z.B. Nemhauser,
   1966, S. 34 ff.) Nur in Sonderfällen gelangt man
   schon vor Definition von solchen "Zustands"-Variablen
   zu zerlegbaren Zielfunktionen.

dieses Problem mit weiteren Literaturhinweisen geben
Keeney/Raiffa.[1] Eine Analyse dieser Nutzenfunktionen
zeigt, daß es auch nichtlineare Nutzenfunktionen gibt,
welche die zur Anwendung der dynamischen Programmierung
erforderlichen Zerlegbarkeitseigenschaften aufweisen.[2]

2.1.4 Zur Maximierung des Marktwerts unsicherer Zahlungsströme

Obwohl also die Zielfunktion (2.1.27) auf relativ allgemeinen Abhängigkeitsstrukturen zwischen den einzelnen
Zielgrößen $\tilde{y}_j$ beruhen kann, allgemeinere Präferenzstrukturen als z.B. bei Maximierung einer Funktion des (zufälligen) Kapitalwerts abgebildet werden können, die
dennoch den Ansprüchen eines sequentiellen Modells hinsichtlich Widerspruchsfreiheit und Zerlegbarkeit der
Zielfunktion genügen, bleibt das Problem der Ermittlung
solcher subjektiver Präferenzen außerordentlich schwierig. Subjektive Präferenzstrukturen sind jedoch irrelevant, wenn man von der Zielfunktion der Marktwertmaximierung ausgehen kann.[3] Dann kommt es darauf an, ein
Bewertungsmodell zu finden, das die Abhängigkeit des
Marktwerts der Unternehmung von den Niveaus der Entscheidungsvariablen erfaßt. Auf die Probleme, die diesbezüg-
lich das Kapitalwertmodell verursacht, wurde bereits hin-

---

1) Keeney/Raiffa (1976), insbesondere S. 491 - 503.

2) Die Aussage von Inderfurth (1979, S. 462), nur lineare
   (also "Risikoneutralität" voraussetzende) Nutzenfunktionen führten zu zerlegbaren Zielfunktionen, ist
   falsch. Vgl. dazu die Diskussion zerlegbarer Funktionen bei Nemhauser (1966, S. 36 ff.). Zur "Risikoscheu"
   zerlegbarer Zielfunktionen siehe Keeney/Raiffa (1976,
   S. 490 und 508).

3) Die Maximierung des Marktwerts der Unternehmung muß
   zwar nicht notwendigerweise im Interesse der Anteilseigner liegen, jedoch lassen sich dafür sehr allgemeine Bedingungen angeben. Siehe dazu Franke (1975);
   vgl. auch den Literaturüberblick bei Bolenz (1978,
   S. 46 - 62).

gewiesen. Ein anderer, sehr vielversprechender Ansatz
zur Ermittlung des Marktwerts von Zahlungsströmen auf
Basis des Zustands-Präferenz-Modells[1] wurde von Banz/
Miller (1978) vorgeschlagen.

Der Grundgedanke ist, daß einperiodische zustandsbezogene
Preise ("prices for state-contingent claims") existieren;
das sind Preise, die im Zeitpunkt t-1 bezahlt werden für
den Anspruch auf Erhalt einer Geldeinheit in einem bestimmten Zustand des Zeitpunkts t. Diese Preise sind
Marktpreise, die entweder direkt empirisch zu ermitteln
sind oder mit Hilfe eines Bewertungsmodells aus anderen
Marktdaten zu gewinnen sind; sie reflektieren somit die
subjektiven Erwartungen (Wahrscheinlichkeiten) und Präferenzen aller Marktteilnehmer.[2] Bewertet man z.B. im Zeit-

---

1) Dies ist ein auf Arrow und Debreu zurückgehendes
   Gleichgewichtsmodell, das auf einer von (wohldefinier-
   ten, einander ausschließenden) Umweltzuständen abhängigen Beschreibung der Ausstattung des Marktes mit Gü-
   tern beruht. Das Gleichgewicht wird erreicht (unter
   bestimmten Voraussetzungen) durch individuelle Nutzenmaximierung aller Marktteilnehmer. Siehe Arrow/Debreu
   (1954), Arrow (1964), Debreu (1959), Hirshleifer
   (1965, 1970); zum Überblick über die Anwendung dieses
   Gleichgewichtsmodells auf die Kapitalmarkttheorie siehe
   Haley/Schall (1979) und Hax (1980).

2) Die Abhängigkeit der Preise von den individuell unterschiedlichen Wahrscheinlichkeitsschätzungen und Nutzenfunktionen der Marktteilnehmer wird in einem Marktmo-
   dell deutlich, wo, ausgehend von diesen Daten (und der
   Güterausstattung des Marktes), die optimale Allokation
   und die Gleichgewichtspreise errechnet werden. Siehe
   z.B. Hirshleifer (1970). Für die Anwendung der Theorie
   ist allerdings wichtig, daß ohne direkten Rückgriff
   auf subjektive Erwartungen und Präferenzen das Verhältnis der Preise verschiedener unsicherer Zahlungsströme
   zueinander aufgrund von Arbitrage-Überlegungen festgestellt werden kann. Siehe dazu z.B. Haley/Schall
   (1979), S. 230 ff. Entscheidend sind dabei die Voraussetzungen hinsichtlich der Vollkommenheit bzw.
   Vollständigkeit des Kapitalmarkts. Siehe Haley/Schall
   (1979), S. 221 ff.

punkt T-1 im "Zustand r"[1] einen Anspruch auf den unsicheren Geldbetrag $\tilde{d}_T|r$ (das sei der Anspruch auf Erhalt der Geldbeträge d_{Tz} im Zeitpunkt T in den Zuständen $z \in r$), so kann dieser Anspruch aufgefaßt werden als die Summe der in den einzelnen Zuständen $z \in r$ gegebenen Ansprüche auf Erhalt des Geldbetrages d_{Tz} im Zeitpunkt T und kann im Zeitpunkt T-1 bewertet werden mit der Summe der Preise dieser bedingten Ansprüche.[2] Bezeichnet man den Wert, den Preis dieses Anspruchs mit $p_{T-1}(\tilde{d}_T|r)$ und die entsprechenden zustandsbezogenen Preise für die bedingten Ansprüche auf eine Geldeinheit mit p_{Tz} ($z \in r$), so kann geschrieben werden

$$(2.1.31) \qquad p_{T-1}(\tilde{d}_T|r) = \sum_{z \in r} p_{Tz} d_{Tz}.$$

Analog dazu kann im Zeitpunkt T-2 ein Geldbetrag in Höhe des Preises $p_{T-1}(\tilde{d}_T|r)$, zu zahlen im Zustand r im Zeitpunkt T-1, bewertet werden mit

$$(2.1.32) \qquad p_{T-2}(\tilde{d}_T|r) = p_{T-1,r} p_{T-1}(\tilde{d}_T|r) = \sum_{z \in r} p_{T-1,r} p_{Tz} d_{Tz}.$$

Das Produkt $\hat{p}_{Tz} := p_{T-1,r} p_{Tz}$ kann daher auch interpretiert werden als Preis, der im Zeitpunkt T-2 zu zahlen ist für einen Anspruch auf den Erhalt einer Geldeinheit im Zeitpunkt T im Zustand z.[3] Man kann schreiben

---

1) Die Partition R möge hier die Informationsstruktur des Zeitpunkts T-1 beschreiben, d.h. man kann in T-1 die möglichen Zustände $z \in Z$ auf eine der Teilmengen $r \subset Z$ einschränken.

2) Dies ist eine allgemeine Fassung des "Wertadditionstheorems". Siehe dazu Haley/Schall (1979), S. 230 ff.

3) Zu beachten ist, daß es zwar Preise $p_{T-1,r}$ ($r \in R$), zu bezahlen im Zeitpunkt T-2 für den Anspruch auf Erhalt einer Geldeinheit im Zeitpunkt T-1 im Zustand r geben kann, daß es aber keine Preise $p_{T-1,z}$ geben kann, da die entsprechenden bedingten Ansprüche auf Erhalt einer Geldeinheit im Zeitpunkt T-1 im Zustand z nicht existieren können (weil im Zeitpunkt T-1 zwar annahmegemäß

(Fortsetzung nächste S.)

- 58 -

$$(2.1.32') \qquad p_{T-2}(\tilde{d}_T \,|\, r) = \sum_{z \,\in\, r} \hat{p}_{Tz} d_{Tz}.$$

Für die Verallgemeinerung der Überlegungen auf den Zahlungen in den Zeitpunkten $t = 0, 1, \ldots, T$ umfassenden Fall
ist es notwendig, für jeden Zeitpunkt t eine die Information in diesem Zeitpunkt charakterisierende Partition
Z_t zu formulieren, deren Elemente $z_t \in Z_t$ also einander
ausschließende Teilmengen $z_t \subseteq Z$ sind.[1] Dann kann definiert werden

d_{tz} Geldbetrag, fällig im Zeitpunkt t, falls Zustand $z_t \in Z_t$ gegeben ist

$\tilde{d}_t$ Zufallsvariable, definiert durch

$$\tilde{d}_t: \qquad z_t \longrightarrow \mathbb{R}$$
$$z_t \longmapsto d_{tz}$$

$\tilde{d}_t|z_{t'}$ Zufallsvariable, definiert auf dem Stichprobenraum $z_{t'}$ $(z_{t'} \subset Z;\; z_{t'} \in Z_{t'};\; t' < t)$

$$\tilde{d}_t|z_{t'}: \qquad z_{t'} \longrightarrow \mathbb{R}$$
$$z_t \longmapsto d_{tz}$$

p_{tz} Preis, zu bezahlen im Zeitpunkt $t-1$ für den
Anspruch auf Erhalt einer Geldeinheit im Zeitpunkt t, falls Zustand z_t gegeben ist.
$$p_{0r} := 1$$

(Fortsetzung Fn. 3 der Vorseite)

     bekannt ist, welcher Zustand $r \in R (r \subset Z)$ gegeben ist,
aber nicht bekannt sein kann, welcher Zustand $z \in Z$
gegeben ist).

---

1) Die Partitionen Z_t $(t=0,\ldots,T)$ haben genau jene Funktion,
welche die früher für einen beliebigen Zeitpunkt t
$(0 < t < T)$ formulierte Partition R hatte. Es soll angenommen werden, daß im Zeitpunkt T die Realisationen
aller Zufallsvariablen bekannt sind, während im Zeitpunkt 0 die Menge der möglichen Zustände $z \in Z$ noch
überhaupt nicht eingeschränkt werden kann. Die "Partition" Z_0 enthält also nur ein einziges Element, näm-

(Fortsetzung nächste Seite)

$\hat{p}_{tz}$ Preis, zu bezahlen im Zeitpunkt O für den Anspruch auf Erhalt einer Geldeinheit im Zeitpunkt t, falls Zustand z_t gegeben ist.

$p_t(.)$ Preis, zu bezahlen im Zeitpunkt t für den in (.) angegebenen Anspruch

$p(.)$ Preis, zu bezahlen im Zeitpunkt O für den in (.) angegebenen Anspruch

Dem Grundgedanken folgend, daß jeder einem Zustand $z_{t-1} \subseteq Z$ zugeordnete Anspruch auf den zufälligen Geldbetrag $\tilde{d}_t | z_{t-1}$ aufgefaßt werden kann als die Summe der Ansprüche $d_{tz} (z_t \in z_{t-1})$, erhält man analog zu (2.1.32)

$$(2.1.33) \qquad p_{t-1}(\tilde{d}_t | z_{t-1}) = \sum_{z_t \in z_{t-1}} p_{tz} d_{tz}$$

$$(2.1.34) \qquad p(\tilde{d}_t) = \sum_{z_t \in Z_t} \left(\prod_{t'=0}^{t} p_{t'z} d_{tz} \right)$$

Dem äquivalent ist

$$(2.1.34') \qquad p(\tilde{d}_t) = \sum_{z_t \in Z_t} \hat{p}_{tz} d_{tz}$$

da gilt

$$\hat{p}_{tz} = \prod_{t'=0}^{t} p_{t'z}.$$

Ein zufälliger Zahlungsstrom $(d_O, \tilde{d}_1, \ldots, \tilde{d}_T)$ ist daher zu bewerten durch

---

(Fortsetzung der Fn. 1) der Vorseite)

lich Z; die "Partition" Z_T ist identisch mit Z, ihre Elemente z_T sind die Elemente z der Menge Z. Die Elemente z_t der Partitionen Z_t ($o < t < T$) sind im allgemeinen echte Teilmengen der Menge Z. Diese Elemente z_t können aber auch betrachtet werden als Mengen, bestehend aus jenen Teilmengen $z_{t'} \subseteq Z$, welche Elemente der Partitionen $Z_{t'}$ (t' > t) sind; in diesem Sinne ist die bei Summierungen angewandte Formulierung $z_{t'} \in z_t$ zu verstehen.

$$(2.1.35) \quad p(d_0, \tilde{d}_1, \ldots, \tilde{d}_T) = \sum_{t=0}^{T} p(\tilde{d}_t) =$$

$$= \sum_{t=0}^{T} \sum_{z_t \in Z_t} \hat{p}_{tz} d_{tz}.$$

Die Zielfunktion der Maximierung des Marktwerts eines Entnahmestroms $(d_0, \tilde{d}_1, \ldots, \tilde{d}_T)$ kann daher durch Maximierung von (2.1.35) dargestellt werden; sie hat der Bedingung (2.1.12) bzw. (2.1.13) analoge Eigenschaften. Für das Teilproblem eines beliebigen Zustands z_t des Zeitpunkts t kann sofort die Zielfunktion

$$(2.1.36) \quad p(d_{tz}, \tilde{d}_{t+1} | z_t, \ldots, \tilde{d}_T | z_t) =$$

$$= \sum_{t'=t}^{T} \sum_{z_{t'} \in Z_t} \hat{\hat{p}}_{t'z} d_{t'z} \longrightarrow \max$$

$$\hat{\hat{p}}_{t'z} := \prod_{t'=t}^{T} p_{t'z}$$

formuliert werden. (2.1.35) kann also bei sequentieller Betrachtung des Problems (bei Betrachtung der Teilprobleme beliebiger Zustände $r \subset Z$) nicht zu Widersprüchen führen.

Rein formal kann (2.1.35) aufgefaßt werden als eine spezielle Form der Funktion $G(\tilde{y}_1, \ldots, \tilde{y}_n)$ aus (2.1.27), da jedem Strom $(\tilde{y}_1, \ldots, \tilde{y}_n)$ ein bestimmter Entnahmestrom $(d_0, \tilde{d}_1, \ldots, \tilde{d}_T)$ entspricht. Die Besonderheit der Funktion (2.1.35) liegt zum einen darin, daß die einzelnen Zahlungen d_{tz} isoliert bewertet werden können,[1] zum anderen

---

1) Der Wert einer Zahlung ist also unabhängig von der Höhe der Zahlungen (der Entnahmen) in anderen Zuständen und in anderen Zeitpunkten. Dies kommt auch in (2.1.36) zum Ausdruck.

darin, daß keine Abhängigkeit von den subjektiven Wahrscheinlichkeitsschätzungen des Entscheidungsträgers besteht. Beides ist dadurch bedingt und wird nur dadurch plausibel, daß es sich nicht um eine subjektive Bewertung, sondern um Marktwerte handelt.

Während eine additive, lineare Funktion zur subjektiven Bewertung eines Entnahmestroms, der keinen weiteren Transformationen mehr unterliegt, im allgemeinen ungeeignet wäre,[1] ist im Modell der Marktwertmaximierung zu berücksichtigen, daß auf dem Kapitalmarkt ein beliebiger Entnahmestrom noch Transformationen unterworfen werden kann, daß Substitutionen zwischen den Entnahmen verschiedener Zeitpunkte und Zustände zu Marktpreisen vorgenommen werden können. Genau dieses Substitutionsverhältnis kommt in (2.1.35) zum Ausdruck. Entscheidend ist also nicht die Bewertung eines vorgegebenen Konsumstroms, sondern die Unabhängigkeit der "Investitionsentscheidungen", die zu dem Entnahmestrom $(d_O, \tilde{d}_1, \ldots, \tilde{d}_T)$ führen, von den Entscheidungen über die Transformation dieses Entnahmestroms in einen (subjektiv) optimalen Konsumstrom.

Ebenso leuchtet es ein, daß Marktwerte nicht von Wahrscheinlichkeitsschätzungen eines einzigen Marktteilnehmers (des betrachteten Entscheidungsträgers) abhängen, sondern nur von den Wahrscheinlichkeitsschätzungen "des Marktes", also den Wahrscheinlichkeitsschätzungen <u>aller</u> Marktteilnehmer (die durchaus unterschiedlich sein können); diese jedoch kommen in den Marktpreisen zum Ausdruck, müssen also gar nicht explizit ermittelt werden.

An die Stelle des Problems der Ermittlung subjektiver Wahrscheinlichkeiten tritt bei der Marktwertmaximierung auf Basis eines Zustands-Präferenz-Modells das Problem der Zuordnung der Zahlungen zu den Zuständen $z \in Z$.

---

1) Vgl. zur Kritik derartiger linearer Funktionen auch Laux (1971), S. 89 - 92.

Hinsichtlich der allgemeinen Charakterisierung des Zustandsraums Z, hinsichtlich der Zuordnung aller Zahlungen auf die einzelnen Zustände $z \in Z$ (bzw. $z_t \in Z_t$) müssen alle Marktteilnehmer übereinstimmen.[1] Trotz der Möglichkeit unterschiedlicher subjektiver Schätzungen für die Eintrittswahrscheinlichkeit der Zustände ist diese Voraussetzung des objektiv gegebenen Zustandsraums Z mit der eindeutigen Zuordnungsvorschrift $z_t \longmapsto d_{tz}$ sehr restriktiv.[2]

Die Art der Konstruktion des Zustandsraums ist natürlich von entscheidender Bedeutung für die Ermittlung der Preise p_{tz}. Banz/Miller (1978) gehen davon aus, daß der Zustandsraum beschrieben wird durch die Entwicklung des Marktwerts eines repräsentativen Portefeuilles.[3] Ein

---

1) Haley/Schall (1979), S. 219.

2) Haley/Schall (1979, S. 219 f.) argumentieren zwar, daß diese Bedingung nicht restriktiv sei, da sich immer eine solche Zustandsgliederung finden lasse. Es müsse, wenn einem bestimmten ("objektiv" gegebenen) Zustand zwei Individuen Zahlungen (eines bestimmten Projekts) in verschiedener Höhe zuordnen, dieser Zustand in zwei Zustände aufgespalten werden, wobei das Individuum jeweils jenem Zustand, dem die Zahlung in der von ihm nicht erwarteten Höhe entspricht, die subjektive Wahrscheinlichkeit O zuordnet. Haley/ Schall weisen allerdings nicht nach, daß unter diesen Voraussetzungen ein Marktgleichgewicht existiert. Es ist zu erwarten, daß unter diesen Voraussetzungen kein vollständiger Kapitalmarkt existiert. (Hax, 1980, S. 434). Man beachte auch die Konsequenz der Existenz subjektiver Zustandswahrscheinlichkeiten von O: Wenn die Zustandspreise ("prices for state-contingent claims"), die im Gleichgewicht für alle Individuen gleich sein müssen, sich darstellen lassen als Produkt der subjektiven Zustandswahrscheinlichkeit und einer subjektiven " Nutzengröße" (dies ist der Fall im Modell von Myers, 1968, und bei Hax, 1980), sind diese Preise O.

3) Dies ist eine durchaus praxisnahe und plausible Konzeption, die jedoch auch deutlich macht, daß die Eindeutigkeit der Zuordnung von Zahlungen zu diesen Zuständen nicht gegeben sein wird.

Zustand z_t ist charakterisiert durch ein bestimmtes
Intervall für den Marktwert dieses Portefeuilles im
Zeitpunkt t. Der Wert eines bedingten Anspruchs auf eine
Geldeinheit im Zustand z_t läßt sich ermitteln als Wert
einer Kombination von Optionen, die wegen der speziellen
Annahmen über den stochastischen Prozeß[1] mit Hilfe des
Modells von Black/Scholes (1973) bewertet werden können.[2]
(Der Vorteil der Ermittlung einperiodischer Preise p_{tz}
an Stelle von mehrperiodischen Preisen $\hat{p}_{tz}$ liegt darin,
daß die genaue Charakterisierung des dem Optionsbewer-
tungsmodell zugrunde liegenden stochastischen Prozesses
von Periode zu Periode variiert werden kann.[3])

Die hier skizzierte Konzeption des Bewertungsmodells für
unsichere Zahlungsströme hat also, grob gesagt, zur Konsequenz, daß an Stelle der Ermittlung der gemeinsamen
Wahrscheinlichkeitsverteilung der (verschiedenen Zeitpunkten zuzuordnenden) stochastischen Parameter des Modells die Charakterisierung des Typs des stochastischen
Prozesses einer (diskreten) "Indikatorvariablen" (hier
Marktwert eines repräsentativen Portefeuilles) tritt.
Z ist dann der Stichprobenraum (die Menge aller möglichen Pfade) dieses stochastischen Prozesses und jeder
beliebige stochastische Parameter des Modells, jede Zufallsvariable $\tilde{y}$[4] ist durch die Zuordnung $z \mapsto y_z$ charakterisiert. Da der diskrete Stichprobenraum Z bereits durch
eine bewußte Vereinfachung (durch eine Einteilung des
Wertebereichs des Marktwerts des repräsentativen Portefeuilles in Klassen) gewonnen wurde, ist auch y_z nicht
mehr im strengen Sinn als eine bestimmte, genau definierte

---

1) Für die Ermittlung des Marktwerts dieses Portefeuilles
   wird ein log-normaler Prozeß angenommen.

2) Breeden/Litzenberger (1978).

3) Banz/Miller (1978) berücksichtigen die Abhängigkeit
   des Zinsfußes für risikolose Anlagen vom Zustand z_t.

4) $\tilde{y}$ steht hier für eine beliebige Zufallsvariable des
   Modells.

Ausprägung der Zufallsvariablen $\tilde{y}$ zu interpretieren, sondern als Repräsentant jener Ausprägungen, die der durch z repräsentierten Klasse zuzuordnen sind.[1]

Problematisch erscheint jedoch nicht diese durch Klasseneinteilung erzielte Vergröberung des Modells, sondern die Frage, ob generell ein quasi-deterministischer Zusammenhang zwischen jedem stochastischen Parameter $\tilde{y}$ des Modells und der Entwicklung des Marktwerts des repräsentativen Portefeuilles angenommen werden kann. Wenn dies nicht der Fall ist - und das dürfte die Regel sein - ist zu fragen, ob der Marktwert der dem Zustand z zugeordneten Ausprägungen von d_{tz}[2] tatsächlich primär von diesem Zustand z_t (vom Martkwert des repräsentativen Portefeuilles) abhängt. Hier könnte ein entscheidender Einwand gegen diese Konzeption liegen. Die entscheidende Rechtfertigung des Marktwertmaximierungs-Modells ist ja die Annahme, daß tatsächlich zukünftige Zahlungen zu den im Modell verwendeten zustandsbezogenen Preisen in gegenwärtige sichere Zahlungen transformiert werden können.

Die sehr verlockende Eigenschaft der Unabhängigkeit der Zielfunktion von Wahrscheinlichkeitsschätzungen darf nicht überbewertet werden. Die von Banz/Miller vorgeschlagene Konstruktion des Zustandsraums Z impliziert sehr konkrete Wahrscheinlichkeitsaussagen! Obwohl die Eintrittswahrscheinlichkeiten der Zustände irrelevant sind, stecken sehr spezielle Verteilungsannahmen über den stochastischen Prozeß der "Indikatorvariablen" in den zustandsbezogenen Preisen. Dies ist eine Folge der Tatsache, daß diese Preise nicht direkt empirisch ermittelt, sondern aus anderen Marktdaten mit Hilfe eines Bewer-

---

1) Banz/Miller (1978) schlagen den Ansatz von Erwartungswerten vor.

2) Die Entnahme d_{tz} ist eine Funktion der Ausprägungen y_z der stochastischen Parameter $\tilde{y}$ des Modells.

tungsmodells errechnet werden.[1] Allerdings lassen sich
diese Verteilungsannahmen relativ gut empirisch fundie-
ren. Durch die Zuordnung $z \mapsto y_z$ (bzw. $z_t \mapsto d_{tz}$) werden die Wahrscheinlichkeitsaussagen auf die stochasti-
schen Parameter des Modells übertragen. Zwar sollte hier
theoretisch kein subjektives Element einfließen, doch
wird in der Praxis gerade hier das Modell in erheblichem
Maße von subjektiven Schätzungen abhängen.

Die praktische Anwendung des Zustandspräferenzmodells
führt also (folgt man dem Vorschlag von Banz/Miller) zu
einer erstaunlich einfachen Zielfunktion, setzt aber
durchaus problematische vereinfachende Annahmen über den
Kapitalmarkt voraus. Das entscheidende Problem scheint
in der Wahl der "Indikatorvariablen" zu liegen, die den
Zustandsraum Z determiniert, da einerseits eine sinnvolle Zuordnung $z \mapsto y_z$, andererseits eine einfache Ermittlung der Zustandspreise möglich sein soll.[2] Dennoch ist
zu berücksichtigen, daß auch dann, wenn die im Modell angenommenen Transformationsmöglichkeiten für Zahlungsströme nicht den tatsächlichen Transformationsmöglichkeiten
entsprechen, doch diese Methode als Approximationskon-
zept wahrscheinlich sehr gut brauchbar ist. Es kann vermutet werden, daß die Maximierung des Wertes des Entnahmestroms mittels intertemporaler Nutzenfunktionen
oder die Vorgabe der Entnahmen d_{tz} ($t < T$) bei der Maxi-

---

1) Das von Black/Scholes (1973) entwickelte Bewertungsmodell für Optionen läßt sich zwar, wie Cox/Ross/
   Rubinstein (1979) gezeigt haben, auch ohne direkten
   Bezug zu Wahrscheinlichkeiten ableiten und als reines
   Zustands-Präferenz-Modell deuten. Die "Wahrscheinlichkeitsverteilungen" lassen sich als bloße Funktionen
   der Zustandspreise deuten (die ihrerseits natürlich
   durch nicht explizit berücksichtigte Wahrscheinlichkeitsschätzungen determiniert sind). Tatsächlich geht
   man bei der Anwendung des Modells aber so vor, daß
   man von den empirisch ermittelten Verteilungen (wobei
   der Typ der Verteilungen aufgrund theoretischer Überlegungen vorgegeben wird) auf die Zustandspreise
   schließt.

2) Die Anwendung des Bewertungsmodells von Black/Scholes
   war ja an die spezielle Form des stochastischen Prozesses gebunden!

mierung des (Nutzens des) Endvermögens (2.1.23) noch
problematischere,vor allem schlechter empirisch fundierte Annahmen voraussetzen.

Ein Problem <u>aller</u> Zielfunktionen ist jedoch, daß durchaus auch in den Nebenbedingungen "Nutzenvorstellungen"
stecken. Besonders deutlich wird dies bei der Methode
des Chance-Constrained Programming.[1] Eine Beurteilung
des Modells muß also die Nebenbedingungen miteinbeziehen.
Dies wird z.B. sichtbar, wenn in der Zielfunktion neben
Zahlungsgrößen auch Variablen aufgenommen werden, die
der Bewertung der "Strenge" der Nebenbedingungen dienen.
Hier wird klar, wie schwer es ist, das Denken in reinen
Marktgrößen durchzuhalten. Die Zahlungen, die mittels
der Zielfunktion bewertet werden, sind (durch die Konstruktion der Nebenbedingungen beeinflußte) Schätzungen.
Auf die Konsequenzen der Marktbezogenheit der Investi-
tions- und Finanzierungsentscheidungen für die Konstruktion der Nebenbedingungen wird hier nicht eingegangen.

---

1) Siehe dazu 2.2.3

- 67 -

2.2 <u>Zufallsvariablen in den Nebenbedingungen</u>

Sind einige Elemente der Matrix A und/oder des Be-
schränkungsvektors b Zufallsvariablen, so ist durch
(1.1) bzw. (1.2) das Entscheidungsproblem noch nicht
hinreichend formuliert (selbst, wenn man davon ausgin-
ge, daß der Vektor der Zielfunktionskoeffizienten c
mit Sicherheit bekannt ist). Dies liegt daran, daß der
Lösungsraum, also die Menge der zulässigen Vektoren x,
erst durch die jeweilige Ausprägung der Zufallsvariablen
bestimmt wird und somit selbst zufällig variiert. Es muß
gesagt werden, ob die Nebenbedingung für jede mögliche
Ausprägung der Zufallsvariablen erfüllt sein soll, oder
ob eine Verletzung mit bestimmter Wahrscheinlichkeit zulässig ist. Ferner ist festzulegen, ob die Entscheidungsvariablen des Vektors c von bereits bekannten Realisie-
rungen der Zufallsvariablen $\tilde{A}$ und $\tilde{b}$ abhängig gemacht
werden können bzw. sollen. Die in 2.2 darzustellenden
Ansätze der stochastischen Programmierung stellen verschiedene Methoden dar, das Problem exakt zu formulieren. Es sind nicht bloß unterschiedliche Rechenmethoden,
sondern grundlegend verschiedene Problemstellungen. Das
gilt auch dann, wenn sich äquivalente Probleme formulieren lassen, wenn also z.B. ein zweistufiges Programm
aus Abschnitt 2.2.2 und ein Chance-Constrained Programm
so formuliert werden können, daß sich die Werte der Entscheidungsvariablen im Optimum nicht voneinander unterscheiden. Allerdings wird es häufig so sein, daß ein
anderes als das ursprünglich formulierte Problem rechentechnisch leichter zu handhaben ist; dann möchte man
natürlich die Bedingungen für die Äquivalenz der beiden
Probleme kennen. Leider ist es im allgemeinen nicht möglich, diese Bedingungen vor (parametrischer) Lösung
beider Probleme anzugeben. Methodische Schwierigkeiten
dieser Art werden sich z.B. bei der Diskussion der Sicherheitsniveaus beim Chance-Constrained Programming
ergeben.

2.2.1 Passive und aktive stochastische Programmierung

Ein sehr einfacher Ansatz, der allerdings noch gar
nicht zum eigentlichen Entscheidungsproblem vordringt,
verlangt die Lösung des linearen Programms für jeden
möglicherweise eintretenden Zustand.[1] Das Programm
(1.2) wird modifiziert zu

$$C_z := c_z'x_z \longrightarrow \max$$

$$(2.2.1) \quad A_z x_z = b_z$$

$$x_z \geqslant 0$$

und für jeden Zustand $z \in Z_1$ gelöst. Z_1 sei die Menge
aller Zustände, die zu einem bestimmten Zeitpunkt $t = 1$
auftreten können. Betrachtet wird, welche Ausprägungen
die mehrdimensionale Zufallsvariable $(\tilde{A}, \tilde{b}, \tilde{c})$ im Zeitpunkt 1 annehmen kann. Z_1 ist also der Stichproben-,
bzw. Ereignisraum dieser mehrdimensionalen Zufallsvariablen. Der Wertebereich dieser Variablen ist gegeben
durch

$$W(\tilde{A}, \tilde{b}, \tilde{c}) := \left\{ (A_z, b_z, c_z) \mid z \in Z_1 \right\} .$$

Löst man (2.2.1) für alle z, so kennt man die gesamte
Wahrscheinlichkeitsverteilung der Zufallsvariablen $\tilde{C}$, denn
die C_z bilden deren Wertebereich

$$W(\tilde{C}) := \left\{ C_z \mid z \in Z_1 \right\}$$

und die Wahrscheinlichkeiten

$$P(\tilde{C} = C_z) = P \left[(A, b, c) = (A_z, b_z, c_z) \right]$$

sind annahmegemäß für alle z bekannt.

---

1) Vgl. Tintner (1972), S. 219

Da dieses Modell unterstellt, daß die Entscheidung erst
zu treffen ist, wenn der Umweltzustand bekannt ist, handelt es sich um kein Entscheidungsproblem unter Unsicherheit. Tintner spricht daher von "passive approach".
Auch die Bezeichnungen "wait-and-see problem" (z.B.
Kall 1976, S. 12) und "Verteilungsproblem" (z.B. Tintner 1972, S. 218; Bühler/Dick 1972) sind gebräuchlich.
Es handelt sich um die sofort (t=0) vorzunehmende Bewertung einer in Zukunft (t=1) zu treffenden Entscheidung.
Diese Bewertung verlangt die Antizipation der Ergebnisse des zukünftigen Optimierungsmodells. Das ist nun keineswegs eine überflüssige Sache, benötigt man doch diese
Bewertung für die sofort zu treffenden Entscheidungen.
Hier tritt aber das Problem der zeitlichen Interdependenz der Entscheidungen auf, dadurch verursacht, daß
die sofort zu treffenden Entscheidungen den Entscheidungsspielraum für die später zu treffenden Entscheidungen
beeinflussen. Tintner verlangt nun, daß für mehrere (alle) Ausprägungen der sofort festzulegenden Entscheidungsvariablen die Bewertung der Entscheidung zum Zeitpunkt 1
wie oben durchzuführen ist und nennt dieses Vorgehen
"active approach" (Tintner 1960, S. 492; Tintner 1972,
S. 219). In (2.2.1) sind die Variablen x_z enthalten, die
bedingte (zustandsabhängige) Entscheidungen repräsentieren. Dieses System ist also um die sofort festzulegenden Entscheidungsvariablen zu erweitern.[1] Man erhält
dann nach Enumeration einiger (aller) Aktionsmöglichkeiten im Zeitpunkt t=0 eine Anzahl von "passiven" Programm-
mierungsproblemen, deren Lösungen Wahrscheinlichkeitsverteilungen der Zielfunktion darstellen, in denen die bedingten und die unbedingten Entscheidungen berücksichtigt
sind. Diese Wahrscheinlichkeitsverteilungen sind, gegebenenfalls unter Anwendung einer Nutzenfunktion,
zu vergleichen und so die optimale Aktion im Zeitpunkt
t=0 auszuwählen. Damit hat man eine vollständig beschriebene optimale Strategie bestimmt. Das Vorgehen
ist entscheidungstheoretisch einwandfrei und bezüglich

---

1) Beispiele solcher erweiterter Systeme sind weiter unten durch (2.2.2) und (2.2.7-10) gegeben.

der Zielfunktion so allgemein wie möglich gehalten.[1] Es unterscheidet sich von dem auf Dantzig zurückgehenden, im nächsten Kapitel dargestellten zweistufigen Ansatz nur durch das Rechenverfahren, das eben Enumeration der Entscheidungen der 1. Stufe verlangt.

Das von Tintner diskutierte Problem hat allerdings eine sehr spezielle Struktur:[2]

$$G(\tilde{C}) = G(\tilde{c}'\tilde{x}) \longrightarrow \max$$
$$(2.2.2) \qquad \tilde{A}\tilde{X} \leqslant BU$$
$$\tilde{x} \geqslant 0$$

$\tilde{A}$ und $\tilde{c}$ sind wie in (1.2) definiert, jetzt allerdings Zufallsvariablen. Die vereinfachende Schreibweise der Nebenbedingungen soll bedeuten, daß sie für <u>jede</u> Ausprägung der Zufallsvariablen erfüllt sein müssen. Die Entscheidungsvariablen x_j sind in Abhängigkeit von den Ausprägungen der Zufallsvariablen $\tilde{a}_{ij}$ und $\tilde{c}$ zu wählen und somit selbst keine Konstanten, sondern Entscheidungs<u>funktionen</u>. Da der Wert dieser Entscheidungsfunktionen von einer Zufallsgröße abhängt, kann man diese selbst als Zufallsvariablen auffassen. Dies soll durch die Schreibweise $\tilde{x}_j$ ausgedrückt werden. $\tilde{x}$ sei der Vektor $(\tilde{x}_1', \ldots, \tilde{x}_n')'$. Wegen der Zufälligkeit von $\tilde{c}$ und $\tilde{x}$ ist auch der Zielfunktionswert $\tilde{C}$ eine Zufallsvariable. Zu maximieren ist eine zu bestimmende Funktion $G(\tilde{C})$ dieser Zufallsvariablen, das könnte etwa der Erwartungswert $\bar{C}$, eine Funktion von Erwartungswert und Varianz von $\tilde{C}$ oder eine beliebige Nutzenfunktion von $\tilde{C}$ sein. (Vgl. hierzu Abschnitt 2.1).

---

1) Es fällt auf, daß Tintner (1960, S. 492) die Betrachtung des Modells als "Entscheidungsproblem" besonders betont.

2) Siehe Tintner (1960) S. 492 und Tintner (1972), S. 219. Die symbolische Darstellung wurde etwas abgeändert.

X   Diagonalmatrix mit $x_{ij}=0$ $(i{\neq}j)$, $x_{ij} = x_j$ $(i=j)$

B   Diagonalmatrix mit $b_{ij}=0$ $(i{\neq}j)$, $b_{ij} = b_i$ $(i=j)$

U   Matrix (Allokationsmatrix) von <u>vorzugebenden</u> Entscheidungsvariablen u_{ij}, die die Aufgabe haben, die zur Verfügung stehenden Ressourcen b_i aufzuteilen auf die Verwendungsmöglichkeiten $j = 1, \ldots, n$. Die u_{ij} sind so zu wählen, daß gilt:

$$(2.2.3) \qquad \sum_j u_{ij} = 1$$

$$(2.2.4) \qquad u_{ij} \geqslant 0$$

Bezeichnet man die k-te Ausprägung der Allokationsmatrix mit $U_k = \{u_{ijk}\}$ $(k = 1,\ldots,K)$ und berücksichtigt man, daß für jede Wahl k das Problem analog zu (2.2.1) zu behandeln ist, so erhält man (nach der erforderlichen Erweiterung der Indizierung der Variablen) die für jede Kombination von z und k zu lösende Programmierungsaufgabe

$$C_{zk} := \sum_j c_{jz} x_{jzk} \rightarrow \max$$

$$(2.2.5) \qquad \left. \begin{array}{l} a_{ijz} x_{jzk} \leqslant u_{ijk} b_i \\[2ex] x_{jzk} \geqslant 0 \end{array} \right\} \qquad \begin{array}{l} (j=1,\ldots,n) \\[2ex] (i=1,\ldots,m) \end{array}$$

$i = 1,\ldots,m$ Index der Ressourcenart

$j = 1,\ldots,n$ Index der Aktionsvariablen der 2. Stufe

$k = 1,\ldots,K$ Index der Aktionsvariablen der 1. Stufe (Allokationsentscheidung)

$z \in Z_1$ Index der Umweltzustände

Man beachte, daß in (2.2.5) noch nicht die Funktion $G(\tilde{C})$ aufscheint, sondern nur die dem Zustand z zuzuordnende Realisation der Zufallsvariablen $\tilde{C}$! Diese $S \cdot K$ Programmierungsaufgaben (Z_1 enthalte S Elemente) sind separierbar und man erhält $n \cdot S \cdot K$ Probleme der Form:

- 72 -

$$c_{jz}x_{jzk} \longrightarrow \max$$

$$(2.2.6) \qquad a_{ijz}x_{jzk} \leqslant u_{ijk}b_i \qquad (i=1,\ldots,m)$$

$$x_{jzk} \geqslant 0$$

Nach Lösung von $n \cdot S$ Programmen für eine beliebige Allokation, beschrieben durch U_k, ermittelt man die Wahrscheinlichkeitsverteilung der Variablen $\tilde{C}_k$ mit dem Wertebereich

$$W(\tilde{C}_k) = \left\{ \sum_j c_{jz}x_{jzk} \mid z \in Z_1 \right\}.$$

Aus diesen K Wahrscheinlichkeitsverteilungen ermittelt man die "beste", indem man die Funktion $G(\tilde{C})$ maximiert. Definiert man k^* durch $G(\tilde{C}_{k^*}) = \max_k G(\tilde{C}_k)$, so beschreibt U_{k^*} die optimale Allokation zu $t=0$. Ferner kennt man aus den Lösungen der Probleme (2.2.5) bzw. (2.2.6) die Optimalwerte[1] x_{jzk}^*. Damit ist die optimale Strategie, bestehend aus Anfangs- und bedingten Folgeentscheidungen, bestimmt.

Das Problem dieses sehr speziellen Ansatzes liegt offenbar darin, daß in der 1. Stufe grundsätzlich eine Zuteilung der Ressourcen auf alle Aktivitäten zu erfolgen hat. Könnte man diese Zuteilung später revidieren, wären bessere Ergebnisse zu erzielen. In letzter Konsequenz würde dies natürlich dazu führen, daß für $t=0$ keine Variablen übrig bleiben und das Problem wäre seiner Zweistufigkeit beraubt.[2] Es gibt aber Problemstellungen,

---

1) Optimalwerte werden im folgenden immer mit * gekennzeichnet.

2) Falsch ist es hingegen, zu meinen, man könnte das Ergebnis verbessern, wenn man (2.2.3) durch eine Ungleichung $\sum_j u_{ij} \leqslant 1$ ersetzt, wie dies Schweim (1969, S. 150) vorschlägt. Sein Fehler liegt darin, daß er die Ungleichung aus System (2.2.5) durch Gleichungen ersetzt! (S. 148 f.)

wo der durch (2.2.2) bzw. (2.2.5) abgebildete Zuteilungsmechanismus durchaus sinnvoll ist. Tintner verwendet als Demonstrationsbeispiel Produktionsentscheidungen in der Landwirtschaft.

Es spricht theoretisch nichts dagegen, mit der von Tintner vorgeschlagenen Lösungsmethode statt System (2.2.2) das folgende System zu behandeln:

$$(2.2.7) \qquad G(\tilde{c}_0' x_0 + \tilde{c}_1' \tilde{x}_1) \longrightarrow \max$$

$$(2.2.8) \qquad A_{00} x_0 \qquad\qquad = b_0$$

$$(2.2.9) \qquad \tilde{A}_{10} x_0 + \tilde{A}_{11} \tilde{x}_1 \quad = \tilde{b}_1$$

$$(2.2.10) \qquad\qquad x_0, \tilde{x}_1 \quad \geqslant 0$$

Dieses System ist allgemeiner, enthält also (2.2.2) als Spezialfall. x_0 ist der Vektor der Entscheidungsvariablen der 1. Stufe (analog zu u_{ij}) und $\tilde{x}_1$ der Vektor der Entscheidungsfunktionen der 2. Stufe (in (2.2.2) durch $\tilde{x}$ bezeichnet). Es gilt $\tilde{x}_1 = x_1(\tilde{A}_{10}, \tilde{A}_{11}, \tilde{b}_1, \tilde{c}_0, \tilde{c}_1)$. Jedem Zustand $z \in Z_1$ entspricht eine bestimmte Ausprägung der Zufallsvariablen und eine bestimmte Ausprägung des Entscheidungsvektors $\tilde{x}_1$. (Um das System möglichst allgemein interpretieren zu können, sei angenommen, daß die Zufallsvariablen so allgemein definiert sind, daß sie auch den Sonderfall deterministischer Variabler mit umfassen. Diese Interpretation gelte auch im weiteren Verlauf der Arbeit für alle Zufallsvariablen.) Die Nebenbedingungen (2.2.9) sind analog zu (2.2.2) zu interpretieren, sollen also für jeden Zustand $z \in Z_1$, d.h. für jede Ausprägung der mehrdimensionalen Zufallsvariablen $(\tilde{A}_{10}, \tilde{A}_{11}, \tilde{b}_1, \tilde{c}_0, \tilde{c}_1)$, erfüllt sein. Um vollständige Enumeration der Entscheidungsvektoren x_0 zu ermöglichen, sei zusätzlich angenommen, daß x_0 nur K' Ausprägungen annehmen könne:

$$(2.2.8a) \qquad x_0 \in \{x_{01}, \ldots, x_{0k}, \ldots, x_{0K'}\}.$$

Es gelte:

K   Anzahl der Vektoren x_{0k}, die (2.2.8) erfüllen

S   Anzahl der Zustände $z \in Z_1$

(2.2.7 - 10) löst man nun, indem man für jeden Vektor x_{0k}, der (2.2.8) erfüllt, das Problem "passiv" behandelt, also für jedes der S·K Probleme

$$(2.2.11) \qquad c'_{0z} x_{0k} + c'_{1z} x_{1zk} \longrightarrow max$$

$$(2.2.12) \qquad A_{11z} x_{1zk} = b_{1z} - A_{10z} x_{0k}$$

$$(2.2.13) \qquad x_{1zk} \geqslant 0$$

den Wert der Zielfunktion berechnet. Aus den sich so ergebenden K Wahrscheinlichkeitsverteilungen sucht man nach einem bestimmten Entscheidungskriterium die beste.

Dies wäre eine konsequente Anwendung der Methode der "aktiven stochastischen Programmierung". Die Problemstellung ist identisch mit dem in 2.2.2.1 darzustellenden Zweistufen-Ansatz! Der sequentielle Charakter des von Tintner vorgeschlagenen Modells wurde allerdings nicht immer erkannt, wie die Einordnung dieses Ansatzes unter "passive" stochastische Programmierung durch Schneeweiß (1962, S. 137) zeigt. Der Nachteil des hier vorgestellten Lösungsverfahrens liegt in der Enumerationseigenschaft und damit der großen Anzahl der zu lösenden Probleme. Die Nebenbedingung (2.2.8a) wird oft nur eine näherungsweise Beschreibung des Lösungsraumes darstellen. Ein Vorteil könnte sein, daß die spezielle Struktur der Zielfunktion G(.) noch nicht für die eigentliche Rechnung benötigt wird, sondern erst beim endgültigen Vergleich der Handlungsmöglichkeiten der 1. Stufe, daß also die Probleme der Bestimmung einer Nutzenfunktion die Rechnung selbst noch nicht beeinflussen (vgl. Klausmann 1976, S. 26 f.). Berücksichtigt man, daß in praktischen Fällen die Enumeration der Entscheidungsvariablen nur eine teilweise sein wird, so zeigt die Methode der "aktiven stochastischen Programmierung" viele Merkmale eines Simulationsmodells.

2.2.2 Zwei- und mehrstufige stochastische Programmierung mit strengem Zulässigkeitskriterium

2.2.2.1 Zweistufiges Modell

Das Problem (2.2.7 - 10) wird als Modell der zweistufigen stochastischen Programmierung mit strengem Zulässigkeitskriterium bezeichnet und wurde in den Grundzügen von Dantzig (1955, S. 202) vorgestellt. Die wesentlichen Eigenschaften dieses Modells liegen in der Interpretation der Nebenbedingungen: Ihre Erfüllung wird für jede mögliche Realisation der Zufallsvariablen gefordert (deshalb "strenges Zulässigkeitskriterium"); die Entscheidungsvariablen sind zu trennen in solche der 1. Stufe, die vor der Realisation der Zufallsvariablen festzulegen sind, und Entscheidungsvariablen (Entscheidungsfunktionen) der 2. Stufe, die nach Realisation der Zufallsvariablen festgelegt werden. Es werden zwei Lösungsverfahren dargestellt, die im Unterschied zur "aktiven stochastischen Programmierung" die konkrete Form der Zielfunktion G(.) schon früher in den Rechengang miteinbeziehen.

a) Zweistufiges Lösungsverfahren

Für das folgende Lösungsverfahren[1] sei eine separierbare Zielfunktion angenommen und deshalb die Zielfunktion G(.) aus (2.2.7) durch den Erwartungswert E(.) ersetzt:

$$(2.2.7 \text{ a}) \quad E(\tilde{c}_0' x_0 + \tilde{c}_1' \tilde{x}_1) = \bar{c}_0' x_0 + E(\tilde{c}_1' \tilde{x}_1) \longrightarrow \max.$$

Der Kern dieses Lösungsverfahrens ist die Aufspaltung in zwei Stufen. Da die Bestimmung von x_0 auf der 1. Stufe zu erfolgen hat, bleibt auf der 2. Stufe das folgende Problem zu lösen, wobei x_0 parametrisch zu variieren ist.

---

1) Vgl. Dantzig (1955). Die hier dargestellte Version ist eine Verallgemeinerung seines Beispiels.

$$\tilde{c}_1'\tilde{x}_1 \longrightarrow \max$$

$$(2.2.14) \quad \tilde{A}_{11}\tilde{x}_1 = \tilde{b}_1 - \tilde{A}_{10}x_0$$

$$\tilde{x}_1 \geqslant 0$$

Die Schreibweise des Systems in Zufallsvariablen ist
wieder als eine Abkürzung zu verstehen und soll bedeuten, daß (2.2.14) für jede Realisation der mehrdimensio-
nalen Zufallsvariablen $(\tilde{A}_{10},\tilde{A}_{11},\tilde{b}_1,\tilde{c}_1)$ zu lösen ist. Im
Gegensatz etwa zu (2.2.11 - 13) unterbleibt aber eine
fortlaufende Indizierung der einzelnen Realisationen,
da hier keine Einschränkung auf diskrete Zufallsvariablen
gelten möge. Als Optimallösung von (2.2.14) erhält man
eine Entscheidungsfunktion $\tilde{x}_1^* = x_1^*(x_0;\tilde{A}_{10},\tilde{A}_{11},\tilde{b}_1,\tilde{c}_1)$.
Die Realisationen von $(\tilde{A}_{10},\tilde{A}_{11},\tilde{b}_1,\tilde{c}_1)$ müssen also auf
der 2. Stufe bekannt sein. Wäre beispielsweise die Reali-
sation von $\tilde{c}_1$ noch nicht bekannt, so müßte man (2.2.14)
für jede Ausprägung von $(\tilde{A}_{10},\tilde{A}_{11},\tilde{b}_1)$ formulieren und
mit der Zielfunktion $\bar{c}_1'\tilde{x}_1$ arbeiten, wobei $\bar{c}_1$ den bedingten Erwartungswert darstellt. Als Lösung ergäbe sich
dann eine optimale Entscheidungsfunktion
$\tilde{x}_1^* = x_1^*(x_0;\tilde{A}_{10},\tilde{A}_{11},\tilde{b}_1)$. Daß eine Abhängigkeit von $\tilde{c}_0$
nicht auftritt, liegt daran, daß die Zielfunktion
(2.2.7a) in den Variablen x_0 und $\tilde{x}_1$ separierbar ist und
eine Abhängigkeit der Variablen x_0 von $\tilde{c}_0$ ex definitione
ausgeschlossen ist.

Gelingt es, das System (2.2.14) zu lösen, also $\tilde{x}_1^*$ als
Funktion von x_0 und den Zufallsvariablen zu beschreiben,
so bleibt für die 1. Stufe die Lösung des Systems:

$$\bar{c}_0'x_0 + E(\tilde{c}_1'\tilde{x}_1^*) \longrightarrow \max$$

$$(2.2.15) \quad A_{00}x_0 = b_0$$

$$x_0 \geqslant 0$$

Dieses Problem enthält nur mehr die Entscheidungsvariablen des Vektors x_0. Allerdings ist im allgemeinen
der Erwartungswert $E(\tilde{c}_1'\tilde{x}_1^*)$ eine nichtlineare Funktion
von x_0. Man errechnet x_0, anschließend

$\tilde{x}_1^* = x_1^*(x_0^*; \tilde{A}_{10}, \tilde{A}_{11}, \tilde{b}_1, \tilde{c}_1)$, und kennt damit die optimale Strategie.

Dieses Vorgehen entspricht der dynamischen Programmierung. Man sieht die Ähnlichkeit zur "aktiven stochastischen Programmierung", indem man (2.2.14) mit (2.2.11 - 13) vergleicht. Berücksichtigt man, daß in (2.2.11) das Glied $c_{0z}' x_{0k}$ konstant ist und also auch weggelassen werden könnte, unterscheiden sich die beiden Formulierungen nur dadurch, daß jetzt auch stetige Zufallsvariablen zugelassen sind und daß nun x_1^* als allgemeine Funktion zu beschreiben ist, also nicht unbedingt Enumeration verlangt wird. (Damit ist aber nicht gesagt, daß die praktische Berechnung immer ohne Enumeration auskommt.)

Das zweistufige Vorgehen möge noch an einem sehr einfachen Beispiel (vgl. Dantzig, 1955, S. 198) verdeutlicht werden. Seine Struktur ist zwar trivial, läßt aber doch grundlegende Aussagen über Interpretationsprobleme stochastischer Programmierungsaufgaben zu. Die Optimierungsaufgabe

<u>Beispiel 1</u>

$$E(x + 1{,}6\tilde{z}) \longrightarrow \min$$
$$x \leqslant 75$$
$$x + \tilde{z} \geqslant \tilde{b}$$
$$x, \tilde{z} \geqslant 0$$

hat die Struktur der Aufgabe (2.2.7a - 10) und kann z.B. als Formalisierung des folgenden Problems gedeutet werden: Aus Bezugsquelle 1 können höchstens 75 Stück eine Produkts zum Preis von 1,-/St. bezogen werden. Übersteigt die ungewisse Nachfrage $\tilde{b}$ die aus dieser Bezugsquelle bezogene Menge x, so ist zu erwägen, ob aus Bezugsquelle 2 z Einheiten zum Preis von 1,6 beschafft werden sollen. Diese Entscheidung muß erst getroffen werden, wenn die tatsächliche Nachfrage, also die Realisation der Zufallsvariablen $\tilde{b}$, bekannt ist. Ziel sei die Minimierung des Erwartungswerts der Kosten. (Der Einfachheit halber seien die entscheidungsrelevanten Kosten gleich den Bezugspreisen; alle anderen Kosten seien fix. Die Nachfrage übersteigende Bestände seien mit Null zu bewerten.) Die Nachfrage $\tilde{b}$ sei gleichverteilt zwischen 70 und 80.

Auf der zweiten Stufe ist gemäß (2.2.14) für jedes x und jede Realisation von $\tilde{b}$ das folgende Problem zu lösen:

$$1,6\,\tilde{z} \longrightarrow \min$$
$$\tilde{z} \geq \tilde{b} - x$$
$$\tilde{z} \geq 0$$

Natürlich wird nie mehr zum Preis von 1,6 beschafft werden, als benötigt wird; daher erhält man als Lösung:

$$\tilde{z}^* = \begin{cases} \tilde{b} - x & \text{wenn} \quad \tilde{b} \geq x \\ 0 & \text{wenn} \quad \tilde{b} \leq x \end{cases}$$

Das Problem der 1. Stufe lautet gemäß (2.2.15):

$$x + E(1,6\tilde{z}^*) \longrightarrow \min$$
$$0 \leq x \leq 75$$

Selbst bei der einfachen Annahme der Gleichverteilung erhält man für $E(1,6\tilde{z}^*)$ eine nichtlineare Funktion, die wegen der Begrenzung des Wertebereichs von $\tilde{b}$ auf das Intervall $\langle 70,80 \rangle$ stückweise beschrieben werden muß:

$$E(1,6\tilde{z}^*) = \begin{cases} 1,6(\bar{b} - x) = 120 - 1,6x & \text{wenn } x \leq 70 \\ \int\limits_{x}^{80} 1,6(t-x)\frac{1}{10}dt = 0,08(80-x)^2 & \\ & \text{wenn } 70 \leq x \leq 80 \\ 0 \ \ldots \ldots & \text{wenn } 80 \leq x \end{cases}$$

Das Minimum der Funktion $x + E(1,6\tilde{z}^*)$ liegt bei 73,75.
Da dieser Wert die Nebenbedingung erfüllt, erhält man
als Lösung $x^* = 73,75$. Dem entspricht ein Zielfunktions-
wert von 76,875. Mit x^* und $\tilde{z}^* = z^*(x^*,\tilde{b})$ ist die optimale Strategie bestimmt. Für ein Näherungsverfahren
könnte man die nichtlineare Zielfunktion des Problems
der 1. Stufe stückweise linearisieren, was auch als
Approximation der stetigen Verteilung von $\tilde{b}$ durch eine
diskrete Verteilung interpretiert werden kann. Das heißt
also, daß bei diskreter Verteilung die Lösung von Op-
timierungsproblemen mit stückweise linearer Zielfunktion
erforderlich ist, was eine entsprechende Vermehrung
der Variablen bedeutet.

b) Einstufiges Lösungsverfahren

Für den Fall diskreter Verteilungen gibt es auch noch
ein anderes, ebenso schon von Dantzig (1955, S. 206)
vorgeschlagenes Verfahren, das nicht in zwei Stufen
vorgeht, sondern in einem Rechengang die optimale Lö-
sung, bestehend aus x_0^* und $\tilde{x}_1^* = x_1^*(\tilde{A}_{10},\tilde{A}_{11},\tilde{b}_1,\tilde{c}_0,\tilde{c}_1)$
ermittelt. (Da nun die Einschränkung auf die Zielfunk-
tion (2.2.7a) fallengelassen wurde, kann auch eine Abhängigkeit von $\tilde{c}_0$ auftreten.) Die Abhängigkeit der Entscheidungen der 2. Stufe von den Realisationen der mehrdimensionalen Zufallsvariablen berücksichtigt man durch
Formulierung einer (2.2.9) entsprechenden Nebenbedingung
mit den Variablen x_0 und x_{1z} für jede Realisation
$(A_{10z},A_{11z},b_{1z},c_{0z},c_{1z})$, also für jeden Zustand $z \in Z_1$.
Man erhält das folgende Problem:

$$G\left[\left\{(c_{0z}'x_0 + c_{1z}'x_{1z}) \mid z \in Z_1\right\}\right] \longrightarrow \max$$

$$A_{00}x_0 = b_0$$

$$(2.2.16) \quad A_{10z}x_0 + A_{11z}x_{1z} = b_{1z} \quad (z \in Z_1)$$

$$x_{1z} \geqq 0 \quad (z \in Z_1)$$

$$x_0 \geqq 0$$

Hier kommt besonders deutlich der Charakter der optimalen Entscheidungsfunktion $\tilde{x}_1^*$ zum Ausdruck. Jede Funktion $\tilde{x}_1$ ordnet jedem Zustand $z \in Z_1$ einen Wert x_{1z} zu. Anders gesagt stellt $\tilde{x}_1$ eine Abbildung der Menge Z_1 in eine andere Menge dar, die man - da $\tilde{x}_1$ die Eigenschaft einer Zufallsvariablen zukommt - als den Wertebereich $W(\tilde{x}_1)$ dieser Zufallsvariablen bezeichnen kann:

$$\tilde{x}_1 \; : \; Z_1 \longrightarrow W(\tilde{x}_1)$$
$$z \longmapsto x_{1z}$$

Diese Auffassung der direkten Abhängigkeit der Entscheidungsfunktion vom Zustand z ist natürlich äquivalent der Auffassung einer Abhängigkeit der Entscheidungsfunktion $\tilde{x}_1$ von den Zufallsvariablen $\tilde{A}_{10}$ usw., da Z_1 nichts anderes ist als der Ereignisraum (Stichprobenraum), auf dem diese Zufallsvariablen definiert sind ($z.B. \; \tilde{A}_{10} : z \longmapsto A_{10z}$). Die Schreibweise $\tilde{x}_1 = x_1(\tilde{A}_{10},\tilde{A}_{11},\tilde{b}_1,\tilde{c}_0,\tilde{c}_1)$ ist allerdings etwas genauer, da sie auch Auskunft darüber gibt, <u>welche</u> Zufallsvariablen Einfluß auf $\tilde{x}_1$ haben dürfen, denn dies können nur solche sein, deren Realisationen in $t=1$, wenn die Entscheidungen zu treffen sind, bereits bekannt sind. In (2.2.16) steckt also die Annahme, daß die Realisationen aller zufälligen Koeffizienten des Problems (2.2.7 - 10) in $t=1$ vorliegen. Gilt dies nicht für einige (oder alle) Zufallsvariablen aus den Nebenbedingungen, so sind die Voraussetzungen der zweistufigen stochastischen Programmierung verletzt, da dann eine Abhängigkeit der Entscheidungsfunktion $\tilde{x}_1$ von diesen Variablen nicht mehr möglich ist. Dieses Problem wird im folgenden Abschnitt c) diskutiert werden. Liegen in $t=1$ nur die Realisationen der Zufallsvariablen der Zielfunktion noch nicht vor, so führt dies zu Modifikationen, die im vorigen Abschnitt bei System (2.2.14) besprochen wurden.

Wie man sieht, ist die Lösungsmethode (2.2.16) für Problemstellungen sehr allgemeiner Form geeignet, sofern man auftretende stetige Zufallsvariablen hinreichend

genau durch diskrete approximieren kann. Größeren Rechenaufwand bereitet allenfalls eine nichtlineare Zielfunktion, insbesondere aber die große Anzahl der Nebenbedingungen. Für Beispiel 1 ist aber zweifellos die
vorher dargestellte, zweistufig vorgehende Methode vorzuziehen, da die Bestimmung der Entscheidungsfunktion
$\tilde{x}_1^{*}$ keine Schwierigkeiten bereitet, ja geradezu trivial
ist. Dies liegt aber an der speziellen Struktur des
Problems. Es sind Aufgaben des Typs (2.2.17), der im
folgenden Abschnitt näher zu diskutieren ist.

c) <u>Zur Interpretation des zweistufigen Modells</u>

Besonders breiten Raum nimmt in der Literatur zur zweistufigen Programmierung[1] die Diskussion von Aufgaben
ganz spezieller Struktur ein. Obwohl dadurch die Problemstellung sehr eingeengt scheint, lassen sich doch wichtige Eigenschaften bzw. Interpretationsmöglichkeiten des
allgemeinen zweistufigen Modells (2.2.7 - 10) zeigen.
Die Vereinfachung trifft also nicht so sehr den allgemeinen Charakter des Modells, sondern führt vor allem
zu einfachen Lösungsmethoden. Die Diskussion soll daher
auch hier von Aufgaben mit folgender Struktur ausgehen:

$$\bar{c}_0'x - E(\tilde{c}_1'\tilde{y} + \tilde{c}_2'\tilde{z}) \longrightarrow \max$$

$$(2.2.17) \quad \begin{aligned} Ax &= b_0 \\ \tilde{B}x + \tilde{y} - \tilde{z} &= \tilde{b}_1 \\ x,\tilde{y},\tilde{z} &\geqq 0 \end{aligned}$$

x Vektor der Entscheidungsvariablen der 1. Stufe
$\tilde{y},\tilde{z}$ Vektoren der Entscheidungsfunktionen der 2. Stufe
c_{jz} Realisationen der Zufallsvariablen $\tilde{c}_j$ $(z \in Z_1)$
$c_{1z} \geqq 0$, $c_{2z} \geqq 0$ $(z \in Z_1)$

Man kann (2.2.17) nun als "Ersatzprogramm" für das
folgende "ursprüngliche" Problem auffassen:

---

1) Vgl. Dantzig (1955); Madansky (1962), S. 468; Faber
   (1970), S. 68; Vajda (1972), S. 30; Werner (1973),
   S. 120; Kall (1976), S. 56.

$$(2.2.18) \quad \tilde{c}_0' x \longrightarrow \max$$

$$(2.2.19) \quad Ax = b_0$$

$$(2.2.20) \quad \tilde{B}x = \tilde{b}_1$$

$$(2.2.21) \quad x \geqslant 0$$

Da x vor Vorliegen von Informationen über die realisierten Werte der Zufallsvariablen gewählt werden muß, wäre
(2.2.20) sehr restriktiv, wollte man verlangen, daß diese Nebenbedingungen in jedem Fall erfüllt sein müssen.
Das würde bedeuten, daß (2.2.20) für _jede_ Ausprägung
der Zufallsvariablen zu formulieren ist. Das so entstandene Gleichungssystem wird aber sehr oft mehr voneinander linear unabhängige Gleichungen als Variablen aufweisen und daher keine Lösung besitzen. Man erkennt, daß
diese strengste Zulässigkeitsforderung bei Vorliegen von
stetigen Zufallsvariablen offenbar sinnlos ist.

Sinnvoll wäre, statt (2.2.20) eine Ungleichung

$$(2.2.20a) \quad \tilde{B}x \leqslant \tilde{b}_1$$

zu betrachten und die Erfüllung dieser Ungleichung für
jede Ausprägung der Zufallsvariablen zu fordern. Diese
Forderung ist noch immer sehr streng und die ihr entsprechende Lösung wurde daher von Madansky (1962, S. 467)
als "_fat solution_" bezeichnet. Bedenkt man, daß das
Problem auch so gesehen werden kann, daß die Gleichung

$$(2.2.20b) \quad \tilde{B}x + \tilde{y} = \tilde{b}_1$$

für jede Ausprägung der Zufallsvariablen zu formulieren
ist, so sieht man zwar, daß formal ein Sonderfall von
(2.2.17) vorliegt, hat aber trotzdem noch keinen Grund,
von zweistufiger Programmierung zu sprechen. Auf der
"2. Stufe" besteht keine Entscheidungsmöglichkeit, da
durch die Wahl von x auch $\tilde{y}$ eindeutig bestimmt ist.

Läßt man dagegen Verletzung von (2.2.20) nach beiden
Richtungen zu, belegt diese aber mit Strafkosten (pe-
nalty cost) in Höhe von c_1 bzw. c_2, so bedeutet dies Er-

setzung von (2.2.20) durch

$$(2.2.20c) \qquad \tilde{B}x + \tilde{y} - \tilde{z} = \tilde{b}_1$$

und Übergang von Problem (2.2.18 - 21) auf (2.2.17), dessen Lösung von Madansky (1962, S. 468) als "<u>slack solution</u>" bezeichnet wird.

Formal sind $\tilde{y}$ und $\tilde{z}$ Entscheidungsfunktionen. Für (2.2.17) ist aber klar, daß $\tilde{y}$ und $\tilde{z}$ so klein wie möglich zu wählen sind, daß also in jeder beliebigen Gleichung (Index i) nur eine der beiden Variablen $\tilde{y}_i$ oder $\tilde{z}_i$ positiv sein kann:[1]

$$y_i^* = \max \left\{ 0, \tilde{b}_{1i} - \tilde{B}_i'x \right\}$$
$$z_i^* = \max \left\{ 0, \tilde{B}_i'x - \tilde{b}_{1i} \right\}$$
$$y_i^* \geqslant 0 \quad \text{wenn} \quad z_i^* = 0$$
$$z_i^* \geqslant 0 \quad \text{wenn} \quad y_i^* = 0.$$

Wegen der Trivialität dieser Entscheidung ist es durchaus berechtigt, bei Problem (2.2.17) nur den Vektor x als Entscheidungsvektor, $\tilde{y}$ und $\tilde{z}$ aber als Schlupfvektoren zu bezeichnen, wie dies Madansky (1962, S. 469) getan hat. Bei genauerer Betrachtung läßt (2.2.17) aber mehrere Interpretationsmöglichkeiten zu:

(1) Die Vektoren $\tilde{y}$ und $\tilde{z}$ beschreiben wohldefinierte
    Maßnahmen, die zu ergreifen sind, wenn (2.2.20)
    nicht als Gleichung erfüllt werden kann. Das könnte
    z.B. bedeuten: Kauf von Produkten bei anderen Lie-
    feranten (bei Absatznebenbedingungen), Aufnahme von
    Krediten (bei Liquiditätsnebenbedingungen). Die Be-
    rücksichtigung dieser bedingten Entscheidungen stellt
    eine konsequente Anwendung des Prinzips der flexiblen
    Planung dar. Man sieht dies deutlich bei Anwendung
    der Lösungsmethode (2.2.16). Die Flexibilitätseigen-
    schaft des alternativen zweistufigen Verfahrens
    (das hier vorzuziehen ist) ist nicht so augenschein-
    lich, da man leicht die richtige Lösung der 2. Stufe

---

1) Die folgenden Maximum-Bedingungen sind für jede Gleichung getrennt zu formulieren. Der Index i bezeichnet
   dabei die i-te Gleichung, also das jeweils i-te Ele-
   ment der Vektoren $\tilde{y}$, $\tilde{z}$, $\tilde{b}_1$ bzw. den i-ten Zeilenvektor
   der Matrix B.

erkennt und es daher praktisch genügt, nur das Programm (2.2.15) für die erste Stufe wirklich "durch-
zurechnen".

(2) Man weiß zwar nicht genau, welche Maßnahmen zur
"Erfüllung" der Nebenbedingungen (2.2.20) im Zeitpunkt t=1 ergriffen werden können, ist aber davon
überzeugt, daß es solche Maßnahmen geben wird und
kennt die Wahrscheinlichkeitsverteilungen der durch
sie verursachten Kosten. Bedenkt man, daß in den
hier besprochenen Modellen alle Entscheidungen nur
durch die ihnen zugeordneten Zahlungen charakterisiert werden, zeigt sich kein Unterschied zu Fall
(1), gilt also auch hinsichtlich Zweistufigkeit
und Flexibilität des Verfahrens das dort Gesagte.

(3) Es ist aber auch denkbar, daß (2.2.20) nicht durch
Einführung zusätzlicher konkreter "Maßnahmen" er-
weitert wird, sondern $\tilde{y}$ und $\tilde{z}$ nur Hilfsvariablen
zur Messung des Grades der Verletzung von (2.2.20)
darstellen, um eine Bewertung dieser Verletzung in
der Zielfunktion zu ermöglichen. Offenbar stellt
(2.2.17) eine sehr einfache Version eines Programms
mit expliziter Berücksichtigung mehrfacher Zielsetzung dar, wobei jede Nebenbedingung aus (2.2.20)
als Definition eines Zieles und Festlegung des anzu-
strebenden Zielniveaus zu verstehen ist. Diese Interpretationsmöglichkeit gilt formal für alle zweistufigen Programme und ist von theoretischem Interesse beim Vergleich der zweistufigen Programmierung
mit strengem Zulässigkeitskriterium mit dem Ansatz
des Chance-Constrained Programming. (Vgl. Abschnitt
2.2.3.1.b) Es ist natürlich richtig, daß die Festlegung der (zustandsabhängigen) Bewertungsfaktoren
sehr große entscheidungstheoretische Schwierigkeiten
verursacht und daß die Linearität dieser Bewertungs-
funktion problematisch ist (wobei allerdings Ver-
besserungsmöglichkeiten denkbar sind).

Der Aspekt der Bewertung ist auch das Entscheidende
in den Fällen (1) und (2). Dort handelt es sich um
Bewertung der Verletzung von (2.2.20) durch Bewertung
ganz konkreter zukünftiger Handlungen, zukünftiger Entscheidungen. (2.2.17) ist dort Lösungsansatz für einen
echten mehrstufigen Entscheidungsprozeß. (Daran ändert
auch die Trivialität des Entscheidungsproblems der
2. Stufe nichts.) Im Fall (3) aber kann man nicht mehr
von einem mehrstufigen Entscheidungsprozeß sprechen, da
annahmegemäß nur zu _einem_ Zeitpunkt, nämlich t=1, wirklich Handlungen vorzunehmen sind. Auf der 2. Stufe trifft
man keine Entscheidungen mehr. Man nimmt die Verletzung
der Nebenbedingung (2.2.20) hin und bewertet sie.

Diese verschiedenen Interpretationsmöglichkeiten von
(2.2.17) gelten sinngemäß auch für das allgemeine zweistufige Problem (2.2.7 - 10), wobei allerdings das Entscheidungsproblem auf der 2. Stufe in der Regel nicht
mehr trivial sein wird, da gemäß (2.2.9) die Variablen
des Vektors x_1 jeweils in mehreren Nebenbedingungen auftreten können, bzw. mehr als zwei Variablen der 2. Stufe
in _einer_ Nebenbedingung vorkommen können. Die meisten
Fälle praktischer Relevanz solcher Zusammenhänge treten
allerdings erst in den anschließend zu behandelnden Modellen mit mehr als zwei Entscheidungsstufen auf. Im
allgemeinen werden die Interpretationsmöglichkeiten (1),
(2) und (3) nebeneinander auf ein einziges Problem Anwendung finden müssen. Es sollte also beachtet werden,
daß in einem beliebigen zweistufigen (mehrstufigen) Programm die Variablen (Entscheidungsfunktionen) der 2. Stufe
(und der folgenden Stufen) sowohl konkrete bedingte Aktionsmöglichkeiten darstellen können, als auch bloß
abstrakte Bewertungs-Hilfsvariablen. Dieser Aspekt ist
deshalb wichtig, weil es - wie bei Diskussion von
(2.2.20) gesagt - oft nicht sinnvoll und möglich ist,
die Einhaltung von Nebenbedingungen für jeden möglicherweise auftretenden Zustand zu fordern. Auch die Annahme,
daß in jedem Fall noch ausreichende Maßnahmen vorhanden
sein werden, die Nebenbedingungen doch noch zu "erfüllen"
- vgl. Interpretationsmöglichkeiten (1) und (2) - wird

nicht immer zulässig sein.[1] Dann aber bietet die zweistufige stochastische Programmierung mit "strengem" (!)
Zulässigkeitskriterium die Möglichkeit, eine Bewertungs-
funktion auf dem Ereignis "Ausmaß der Verletzung der Nebenbedingung" zu definieren, wobei auch nichtlineare
Bewertungsfunktionen Verwendung finden können, was zu
einer nichtlinearen Zielfunktion führt oder über stückweise Linearisierung zu einer entsprechenden Vermehrung
der Variablen. Ein anderer Ansatz, der diesem Problem
der "Nichterfüllbarkeit" stochastischer Nebenbedingungen
Rechnung trägt, ist das später zu besprechende Chance-
Constrained Programming.

Nun kann auch die Frage beantwortet werden, was geschehen kann, wenn in einem an sich zweistufigen Programm
die Realisationen von Zufallsvariablen aus den Nebenbedingungen im Zeitpunkt t=1 noch nicht vorliegen. Der Einfachheit halber sei dafür angenommen, daß die Zielfunktion keine Zufallsvariablen enthält. Lägen die Realisationen _aller_ Zufallsvariabler erst nach t=1 vor, so
hätte man kein zweistufiges Programm vor sich, sondern
ein Problem des Typs (2.2.18 - 21), für das einer der besprochenen Lösungsansätze gewählt werden könnte, also
strenge Erfüllung der Nebenbedingungen als Gleichung in
jedem möglichen Zustand (wenn überhaupt möglich) oder
"fat formulation" oder "slack formulation" (was formal
wieder zu einem zweistufigen Programm führt!) oder
Chance-Constrained Programming. Liegen die Realisationen
nur _einiger_ Zufallsvariabler zu t=1 noch nicht vor, so
sind die Nebenbedingungen aufzuspalten in solche des
Typs (2.2.9) und solche des Typs (2.2.20). Das Restriktionensystem lautet dann:

---

1) Auf dieses Problem weist auch D. Schneider (1975,
   S. 429) hin, nicht jedoch auf die mögliche Verwendung
   dieser Hilfsvariablen zur Bewertung einer Verletzung
   der Nebenbedingungen. Seiner Auffassung, diese Methode der stochastischen Programmierung mit strengem
   Zulässigkeitskriterium umgehe das Engpaßproblem,
   ist daher nicht zuzustimmen. Das Engpaßproblem wird
   nicht umgangen, sondern einer expliziten Bewertung
   zugeführt.

$$\begin{aligned}
A_{00}x_0 && = b_0 \\
(2.2.22) \quad \tilde{A}_{10}x_0 + \tilde{A}_{11}\tilde{x}_1 &= \tilde{b}_1 \\
\tilde{A}_{20}x_0 + \tilde{A}_{21}\tilde{x}_1 &= \tilde{b}_2 \\
x_0, \tilde{x}_1 &\geqq 0
\end{aligned}$$

Die Koeffizienten dieses Modells seien hier so definiert, daß die Realisationen aller in der zweiten Gruppe von Nebenbedingungen enthaltenen Zufallsvariablen zu $t=1$ vorliegen, jede Nebenbedingung aus der dritten Gruppe aber mindestens eine Zufallsvariable enthält, deren Realisation dann noch nicht vorliegt. Die Koeffizienten der zweiten Gruppe seien zu $\tilde{Y}_1$, jene der dritten Gruppe zu $\tilde{Y}_2$ zusammengefaßt. Für jeden Zustand $z \in Z_1$ erhält man dann eine bestimmte Realisation $Y_1(z)$ der mehrdimensionalen Variablen $\tilde{Y}_1$ und eine (mehrdimensionale) <u>bedingte</u> Zufallsvariable $\tilde{Y}_{2|z}$.[1] Es sei daher definiert:

$$\begin{aligned}
\tilde{Y}_1 &:= (\tilde{A}_{10}, \tilde{A}_{11}, \tilde{b}_1) \\
Y_1(z) &:= (A_{10z}, A_{11z}, b_{1z}) \\
\tilde{Y}_{2|z} &:= (\tilde{A}_{20|z}, \tilde{A}_{21|z}, \tilde{b}_{1|z})
\end{aligned} \Bigg\} \quad \text{für alle } z \in Z_1$$

Nach wie vor gilt aber:

$$\tilde{x}_1 : z \mapsto x_{1z} \qquad (z \in Z_1)$$

Man kann das Problem genauer durch folgende Zuordnung darstellen:

$$z \mapsto \left\{ Y_1(z), \tilde{Y}_{2|z} \right\} \mapsto x_{1z}$$

---

[1] Man beachte, daß hier - wie bereits bei Modell (2.2.7-10) eingeführt - der Begriff der Zufallsvariablen so allgemein gefaßt ist, daß er auch deterministische Größen mit umfaßt.

Das System (2.2.22) wird somit zu:

$$A_{00}x_0 \qquad\qquad = b_0$$

$$(2.2.23) \qquad \left.\begin{array}{l} A_{10z}x_0 + A_{11z}x_{1z} = b_{1z} \\[4pt] \tilde{A}_{20|z}x_0 + \tilde{A}_{21|z}x_{1z} = \tilde{b}_{2|z} \\[4pt] \phantom{\tilde{A}_{20|z}x_0 + \tilde{A}_{21|z}}x_0,\ x_{1z} \geqq 0 \end{array}\right\} (z \in Z_1)$$

Die dritte Gruppe dieser Nebenbedingungen enthält auch nach Formulierung für jeden Zustand $z \in Z_1$ noch Zufallsvariablen, weist also die Struktur von (2.2.20) auf und ist dementsprechend zu behandeln. Entscheidet man sich für die sogenannte "slack formulation", also Zulässigkeit der Verletzung mit Bewertung durch Hilfsvariablen, so hat man formal den Übergang zu dem im folgenden Abschnitt zu behandelnden mehrstufigen Problem vollzogen.

2.2.2.2 Mehrstufiges Modell

Gibt es mehrere Zeitpunkte, zu denen Entscheidungen getroffen werden müssen, ist das Modell (2.2.7 - 10) wie folgt zu erweitern:

$$(2.2.22) \qquad G(\tilde{c}_0'x_0 + \tilde{c}_1'\tilde{x}_1 + \ldots + \tilde{c}_t'\tilde{x}_t + \ldots + \tilde{c}_T'\tilde{x}_T) \longrightarrow \max$$

$$(2.2.23,0) \qquad A_{00}x_0 \qquad\qquad\qquad\qquad\qquad\qquad = b_0$$

$$(2.2.23,1) \qquad \tilde{A}_{10}x_0 + \tilde{A}_{11}\tilde{x}_1 \qquad\qquad\qquad\qquad = \tilde{b}_1$$

$$\vdots$$

$$(2.2.23,t) \qquad \tilde{A}_{t0}x_0 + \tilde{A}_{t1}\tilde{x}_1 + \ldots + \tilde{A}_{tt}\tilde{x}_t \qquad\qquad = \tilde{b}_t$$

$$\vdots$$

$$(2.2.23,T) \qquad \tilde{A}_{T0}x_0 + \tilde{A}_{T1}\tilde{x}_1 + \ldots + \tilde{A}_{Tt}\tilde{x}_t + \ldots + \tilde{A}_{TT}\tilde{x}_T = \tilde{b}_T$$

$$(2.2.24) \qquad\qquad\qquad\qquad\qquad\qquad x_0, \tilde{x}_1, \ldots, \tilde{x}_T \geqq 0$$

In den Grundzügen wurde ein Modell dieser Struktur von Dantzig (1955, S. 204) vorgestellt. Grundlegend ist wieder das strenge Zulässigkeitskriterium, d.h. Erfüllung der Nebenbedingungen in jedem möglicherweise auftretenden Zustand und die Möglichkeit, die Entscheidungen im Zeitpunkt t vom dann gegebenen Informationsstand abhängig zu machen. Analog zu (2.2.16) kann das Problem gelöst werden, indem das Restriktionensystem für jeden Zustand formuliert wird. Allerdings ist nun zu beachten, daß

1. der Zustandsraum feiner definiert werden muß als bisher, da die Realisationen der einzelnen Zufallsvariablen zu unterschiedlichen Zeitpunkten eintreten,

   und

2. die Aktionen im Zeitpunkt t nur von den Zufallsvariablen abhängig sein können, deren Realisationen dann bereits bekannt sind.

Es ist zweckmäßig, alle Zufallsvariablen, deren Realisationen im Zeitpunkt t bekannt werden, zu der mehrdimensionalen Variablen $\tilde{Y}_t$ zusammenzufassen. Es sei angenommen, daß alle in $\tilde{A}_{t0}, \tilde{A}_{t1}, \ldots, \tilde{A}_{tt}$ und $\tilde{b}_t$ enthaltenen Zufallsvariablen zu $\tilde{Y}_t$ gehören.[1] Über den Zeitpunkt der Realisation der Zufallsvariablen der Zielfunktion seien keine besonderen Annahmen gemacht, die Realisationen der Variablen $\tilde{c}_t$ mögen also zu einem beliebigen Zeitpunkt auftreten.

Die Folge der Zufallsvariablen $\left\{ \tilde{Y}_t \mid t = 1, \ldots, T \right\}$ bildet einen diskreten stochastischen Prozeß. Der Stichprobenraum, auf dem dieser Prozeß definiert ist, sei mit Z_T bezeichnet; das heißt, für jede Zufallsvariable $\tilde{Y}_t$ $(t = 1, \ldots, T)$ gelte, daß sie die Ausprägung $Y_t(z_T)$ annimmt, wenn das Ereignis $z_T \in Z_T$ eintritt:

$$z_T \longmapsto Y_t(z_T) \qquad (t = 1, \ldots, T)$$

---

1) Ist diese Voraussetzung für einige Variablen nicht erfüllt, liegen also die Realisationen von Variablen aus Nebenbedingungen des Zeitpunkts t zu diesem Zeitpunkt noch nicht vor, so ist das folgende Modell analog zu (2.2.22) zu modifizieren.

Das heißt also, daß jedem Ereignis $z_T \in Z_T$ eine ganze Folge von Ausprägungen

$$Pf(z_T) \quad := \left\{ Y_t(z_T) \mid t = 1,\ldots,T \right\}$$

zugeordnet wird. Eine derartige Folge von Realisationen sei als <u>Pfad</u> des stochastischen Prozesses bezeichnet.

Aus dieser Konzeption folgt, daß sich die verschiedenen möglichen Pfade erst im Zeitablauf mehr und mehr "verzweigen", daß also in einem Zeitpunkt $t < T$ <u>Gruppen</u> von Pfaden gebildet werden können, wobei alle jene Pfade mit übereinstimmender Folge der ersten t Glieder

$$Pf_t(z_T) \quad := \left\{ Y_{t'}(z_T) \mid t' = 1,\ldots,t \right\}$$

zu einer solchen Gruppe zusammengefaßt werden. Dem entspricht aber auch eine Zusammenfassung aller jener Ereignisse z_T, die einen Pfad aus einer bestimmten Gruppe zur Folge haben, zu einer Teilmenge z_t des Stichprobenraums Z_T. Jedem Zeitpunkt t entspricht somit ein System disjunkter Teilmengen $z_t \subset Z_T$. Dieses System läßt sich auffassen als Menge (bezeichnet mit Z_t), bestehend aus den Elementen z_t (also $z_t \in Z_t$). Das heißt, jedem Zeitpunkt t entspricht eine Zerlegung (Partition) Z_t der Menge Z_T, also des Stichprobenraums des stochastischen Prozesses. Z_t ist dabei jeweils eine Verfeinerung von Z_{t-1} $(t=1,\ldots,T)$.[1]

---

1) Definiert man S_t als die Menge aller möglichen Ausprägungen, die $\tilde{Y}_t$ annehmen kann und Z'_t als die Menge jener Paare $(z_{t-1},s_t) \in Z_{t-1} \times S_t$, denen ein Ereignis entspricht, das mit positiver Wahrscheinlichkeit eintreten kann, dann entspricht jedem Element von Z'_t genau ein Element von Z_t. Es gilt die Beziehung $Z'_t \subseteq Z_{t-1} \times S_t$, da es im allgemeinen von den Realisationen der Variablen $\tilde{Y}_1,\ldots,\tilde{Y}_{t-1}$ abhängt, ob eine bestimmte Ausprägung $s_t \in S_t$ der Zufallsvariablen $\tilde{Y}_t$ eintreten kann. Die daraus folgende Beziehung $Z'_t \subseteq S_1 \times S_2 \times \ldots \times S_t$ macht deutlich, welche ungeheuren Dimensionen das Problem auch dann annimmt, wenn das lineare Programm (2.2.22 - 24) durchweg Zufallsvariablen enthält, die jeweils nur wenige Ausprägungen annehmen können.

Z_0 enthält nur ein Element.

Da definitionsgemäß in der mehrdimensionalen Zufallsvariablen $\tilde{Y}_t$ alle Zufallsvariablen, deren Realisationen
im Zeitpunkt t <u>bekannt werden</u>, zusammengefaßt sind, ist
diese fortlaufende Verfeinerung von Z_1 zu Z_T Ausdruck
der Verbesserung des Informationsstandes im Zeitablauf.
Im Zeitpunkt T sind die Realisationen von $\tilde{Y}_1$ bis $\tilde{Y}_T$
bekannt, das heißt, der Pfad des stochastischen Prozes-
ses ist genau identifiziert; im Zeitpunkt t < T sind
nur die Realisationen von $\tilde{Y}_1$ bis $\tilde{Y}_t$ bekannt, es läßt sich
also nur eine dem Ereignis $z_t \in Z_t$ zugeordnete <u>Menge</u> von
Pfaden identifizieren.

Alle z_T und z_t (t < T) sind Teilmengen des Stichprobenraums und daher (in der Sprache der mathematischen Statistik) "Ereignisse". Der bereits bei Darstellung des
zweistufigen Modells in 2.2.1 und 2.2.2 verwendete Begriff des "Zustands" ist nun in folgender Weise zu präzisieren:

<u>Definition</u>:

Das Ereignis $z_t \in Z_t$ heiße "Zustand des Prozesses
im Zeitpunkt t" (t = 1,....,T).[1] Betrachtet man
den <u>ganzen</u> stochastischen Prozeß von t=1 bis t=T, so
soll unter "Zustand des Prozesses" der "Zustand des
Prozesses im Zeitpunkt T" verstanden werden.

Dies stimmt mit der Verwendung des Begriffs "Zustand"
in 2.2.1 und 2.2.2 überein, wenn man bedenkt, daß die
dort betrachteten stochastischen "Prozesse" auf die
Zufallsvariable $\tilde{Y}_1$ zusammengeschrumpft sind.

---

1) Dies ist äquivalent dem von Laux (1971, S. 19) verwendeten Begriff des Zustands: "Die bis zum Zeitpunkt
   t (t = 2,3,.....,T) eintretende Umweltfolge $W_1, W_2, ..., W_t$
   wird als Umweltzustand (oder kurz als Zustand) im
   Zeitpunkt t bezeichnet."

Diskrete stochastische Prozesse können auch sehr anschaulich in Baumform dargestellt werden:

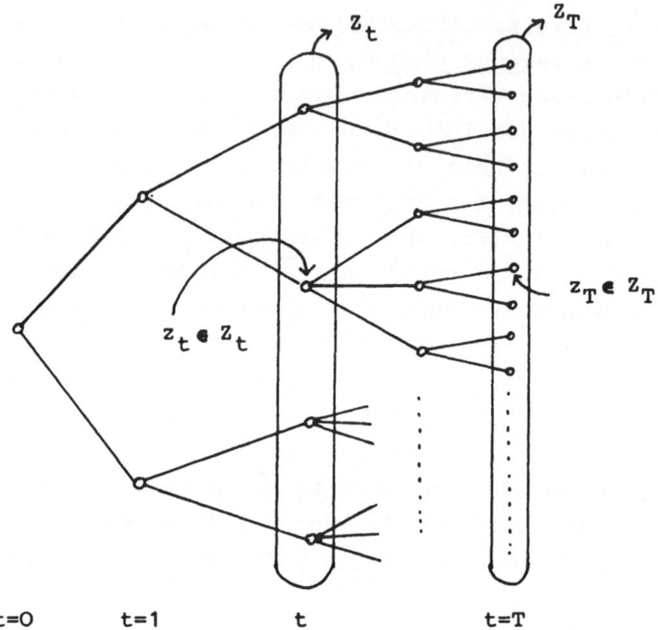

Dieser Baum wird als Ereignisbaum (Menges, 1974, S. 16) oder als Zustandsbaum (z.B. Laux 1969b, S.730; Jochum 1969, S. 100; Hax 1976a, S. 168) bezeichnet. Jeder Knoten des Baumes ist Repräsentant einer Menge z_t, also einer Teilmenge des Stichprobenraums Z_T. Daß Teilmengen des Stichprobenraums in der mathematischen Statistik "Ereignis" heißen, spricht für die Bezeichnung Ereignisbaum. Die Bezeichnung Zustandsbaum entspricht einer weit verbreiteten Terminologie der Entscheidungstheorie, wo von Zuständen der Welt (z.B. Schneeweiß 1967, S. 10) - die man ja nicht notwendigerweise als Zufallsvariablen mit bekannter Wahrscheinlichkeitsverteilung voraussetzen muß - gesprochen wird. Aus dem Zusammenhang ist klar, daß es sich hier um von den Aktionen unabhängige Zustände dieser Umwelt handelt, nicht also um den Begriff des Zustandes (state) des Entscheidungsprozesses, des "Systems", wie er in der Theorie der dynamischen Programmie-

rung und der Systemtheorie (z.B. Nemhauser 1966, S. 17;
Schneeweiß 1974, S. 16; Aoki 1976, S. 10) verwendet wird.
Im folgenden wird immer von "Zustandsbaum" gesprochen,
auch deshalb, weil die hier interessierenden Modelle
der Kapitalbudgetierung, die auf der Methode der mehr-
stufigen stochastischen Programmierung mit strengem
Zulässigkeitskriterium basieren, unter der Bezeichnung
"Zustandsbaumverfahren" (Hax und Laux 1972, S. 327;
Hax 1976b, S. 134) diskutiert wurden.

Entscheidend für das mehrstufige Modell (2.2.22 - 24)
ist nun die Abhängigkeit der Entscheidungsfunktionen
$\tilde{x}_1, \tilde{x}_2, \ldots, \tilde{x}_T$ von den Realisationen der Zufallsvariablen.
Jedem Pfad des Prozesses (jedem Zustand des Prozesses)
ist eine Folge von Entscheidungsvariablen zuzuordnen:

$$(2.2.25) \qquad Pf(z_T) \longmapsto X(z_T)$$

Dabei sei mit $X(z_T)$ die Entscheidungsfolge
$\left\{ x_t(z_T) \mid t = 1, \ldots, T \right\}$ bezeichnet, wobei $x_t(z_T)$ jenen
Wert darstelle, den die Entscheidungsfunktion $\tilde{x}_t$ im
Zustand z_T annimmt.

Diese Zuordnungsvorschrift ist aber noch unzureichend,
da der Wert der Entscheidungsfunktion $\tilde{x}_t$ nur von
$\tilde{Y}_1, \ldots, \tilde{Y}_t$ abhängen darf, nicht aber von $\tilde{Y}_{t+1}, \ldots, \tilde{Y}_T$.
Wenn für mehrere Pfade $Pf(z_T)$ die Folgen der ersten t
Glieder $Pf_t(z_T)$ identisch sind, so müssen auch die Folgen der ersten t Glieder

$$X_t(z_T) \; := \; \left\{ x_{t'}(z_T) \mid t' = 1, \ldots, t \right\}$$

der diesen Pfaden zugeordneten Entscheidungsfolgen
$X(z_T)$ identisch sein. Die Entscheidungsfunktion $\tilde{x}_t$ kann
also nicht auf dem Stichprobenraum Z_T des gesamten stochastischen Prozesses, sondern nur auf der Partition Z_t
definiert werden. Die Zuordnungsvorschrift (2.2.25)
ist somit zu ergänzen (zu ersetzen) durch:

- 94 -

$$(2.2.26) \quad \tilde{x}_t : \quad Z_t \longrightarrow W(\tilde{x}_t)$$
$$z_t \longmapsto x_t(z_t)$$

Es kann gelesen werden: Jedem Zustand des Prozesses im
Zeitpunkt t ist eine bestimmte Ausprägung der Entscheidungsfunktion $\tilde{x}_t$ zuzuordnen. Dies macht klar, daß die
Variablen des Modells (die ja in der Regel konkrete Projekte, Investitionsmaßnahmen, Finanzierungsmaßnahmen,
repräsentieren) jenem Zeitpunkt t zuzuordnen sind, in
dem die Entscheidung fallen muß, unabhängig von dem
Zeitpunkt, in dem die erste Zahlung auftritt, denn die
Entscheidung kann nur von jenen Zufallsvariablen abhängen, deren Realisationen im Entscheidungszeitpunkt bekannt sind.

Aus (2.2.26) folgt

$$(2.2.27) \quad (\tilde{x}_1, \tilde{x}_2, \ldots, \tilde{x}_t) : \quad z_t \longmapsto X_t(z_t)$$

Jedem Zustand des Prozesses im Zeitpunkt t entspricht
also eine bestimmte Folge von Entscheidungsvariablen.
Es gilt die nicht umkehrbare Beziehung (2.2.26) $\Longrightarrow$
(2.2.27) $\Longrightarrow$ (2.2.25).

Das zweistufige Modell (2.2.7 - 10) konnte gelöst werden durch Formulierung des Systems (2.2.16), d.h. Formulierung aller Nebenbedingungen aus (2.2.9) für jeden Zustand. Analog ist nun beim mehrstufigen Modell vorzuge-
hen: Das System der Restriktionen (2.2.23,1-T) ist für
jeden Zustand <u>des Prozesses</u> zu formulieren, wobei aber
(2.2.26) zu beachten ist (die Entscheidungsfunktionen
$\tilde{x}_t$ also nicht auf Z_T, sondern auf den Zerlegungen Z_t
zu definieren sind). Dies führt zu

$$(2.2.28,t) \quad \sum_{t'=0}^{t} A_{tt'z} x_{t'z(t')} = b_{tz} \quad \begin{cases} (z \in Z_T) \\ t = 1, \ldots, T \end{cases}$$

was genau den Nebenbedingungen aus (2.2.16) entspricht.

Anmerkung zur Indizierung: Um gestufte Indices zu vermeiden, wird der Zustand $z_t \in Z_t$ $(t = 1,\ldots,T)$ mit $z \in Z_t$ $(t = 1,\ldots,T)$ bezeichnet. Da die Angabe "$\in Z_t$" immer gemacht wird, ist die Eindeutigkeit der Bezeichnung gegeben. Dies bedeutet praktisch, daß man alle Knoten des Zustandsbaums durchnumerieren und z als einheitlichen Laufindex, Z_t $(t = 1,\ldots,T)$ als zugehörige (elementfremde) Indexmengen auffassen kann. Damit können die Wertebereiche der Zufallsvariablen[1] $\tilde{A}_{tt'}$, $\tilde{b}_t$ und $\tilde{x}_t$ bezeichnet werden mit

$$W(\tilde{A}_{tt'}) := \left\{ A_{tt'z} \mid z \in Z_t \right\}$$
$$W(\tilde{b}_t) := \left\{ b_{tz} \mid z \in Z_t \right\}$$
$$W(\tilde{x}_t) := \left\{ x_{tz} \mid z \in Z_t \right\}.$$

Formuliert man nun (2.2.23,t) für den Zustand $z \in Z_T$, so sind die Zufallsvariablen $\tilde{A}_{tt'}$ und $\tilde{b}_t$ durch die dem Zustand z_T entsprechenden Ausprägungen $A_{tt'z}$ und b_{tz} $(z \in Z_T)$ zu ersetzen. Eine Schwierigkeit tritt bei den Ausprägungen x_{tz} der Entscheidungsfunktionen $\tilde{x}_t$ auf: Die dem Zeitpunkt t entsprechende Nebenbedingung enthält auch Ausprägungen der Zufallsvariablen $\tilde{x}_{t'}$ $(t' < t)$, die nicht auf Z_T oder Z_t, sondern auf der gröberen Menge $Z_{t'}$ definiert ist. Da es sich um <u>Entscheidungs</u>variablen handelt, die nur dann unterschiedlich indiziert werden dürfen, wenn sie auch wirklich unterschiedliche Werte annehmen dürfen, ist hier die Indizierung mit z unzulässig. Daher sei vereinbart, daß allgemein in einer dem Zustand $z \in Z_t$ entsprechenden Nebenbedingung der Laufindex $z(t')$ $(t' < t)$ jene Menge $Z_{t'}$ repräsentiert, in der das Ereignis z_t (für das die Nebenbedingung formuliert wurde) enthalten ist, also $z_t \subseteq z_{t'}$ gilt. Im Zustandsbaum bezeichnet dann $z(t')$ jenen Knoten, der dem Knoten $z \in Z_t$ im Zeitpunkt $t' < t$ vorangeht:

---

1) Man beachte, daß auch die Entscheidungsfunktion $\tilde{x}_t$ als Zufallsvariable aufgefaßt werden kann!

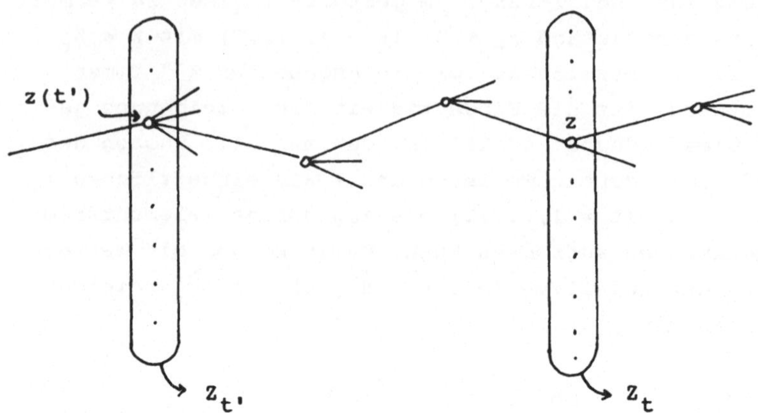

Ferner sei $x_{0z(0)} := x_0$ und $x_{tz(t)} := x_{tz}$ $(z \in Z_t)$.
Die Folge $\{ x_{t'z(t')} \mid t' = 1,\ldots,t \}$ bezeichnet daher
die dem Zustand z_T entsprechende Teilfolge $X_t(z_T)$.
Die Elemente dieser Folge sind die Entscheidungsvariablen
in (2.2.28,t). Damit ist (2.2.28,t) erklärt.

Da nun zum Zeitpunkt $t < T$ die Pfade des Prozesses noch
nicht vollständig verzweigt sind, würde aus (2.2.28,t)
folgen, daß die dem Ereignis z_t entsprechende Nebenbedingung des Zeitpunkts t in identischer Form so oft auftritt, als es Ereignisse $z_T \in z_t$ gibt. Weil man aber
zwei gleiche Nebenbedingungen nicht zweimal hinschreiben
muß, ergibt sich folgende äquivalente Formulierung:

$$(2.2.29,t) \qquad \sum_{t'=0}^{t} A_{tt'z} x_{t'z(t')} = b_{tz} \qquad \begin{cases} z \in Z_t \\ t = 1,\ldots,T \end{cases}$$

Anders gesagt: Formulierung des gesamten Restriktionen-
systems für jeden Zustand des Prozesses $z_T \in Z_T$ ist
äquivalent der Formulierung jeder Nebenbedingung des
Zeitpunkts t für alle diesem Zeitpunkt entsprechenden
Knoten $z \in Z_t$ des Zustandsbaumes.

Wendet man diese Methode der stochastischen Programmierung auf das in Abschnitt 1.1 formulierte deterministische Investitionsmodell an, betrachtet man also die

Größen $\tilde{a}_{tj}$ und $\tilde{b}_t$ (t > 0) als Zufallsvariablen, deren Realisationen im Zeitpunkt t bekannt werden, so erhält man an Stelle von (1.3) das folgende System:

$$\text{(2.2.30,0)} \quad \sum_{j \in \bar{J}_0} a_{0j} x_j \hspace{10em} + d_0 = b_0$$

$$\text{(2.2.30,1)} \quad \sum_{j \in \bar{J}_0} \tilde{a}_{1j} x_j + \sum_{j \in \bar{J}_1} \tilde{a}_{1j} \tilde{x}_j \hspace{6em} + \tilde{d}_1 = \tilde{b}_1$$

$$\vdots$$

$$\text{(2.2.30,t)} \quad \sum_{j \in \bar{J}_0} \tilde{a}_{tj} x_j + \sum_{j \in \bar{J}_1} \tilde{a}_{tj} \tilde{x}_j + \ldots + \sum_{j \in \bar{J}_t} \tilde{a}_{tj} \tilde{x}_j \hspace{3em} + \tilde{d}_t = \tilde{b}_t$$

$$\vdots$$

$$\text{(2.2.30,T)} \quad \sum_{j \in \bar{J}_0} \tilde{a}_{Tj} x_j + \sum_{j \in \bar{J}_1} \tilde{a}_{Tj} \tilde{x}_j + \ldots + \sum_{j \in \bar{J}_t} \tilde{a}_{Tj} \tilde{x}_j + \ldots + \sum_{j \in \bar{J}_T} \tilde{a}_{Tj} \tilde{x}_j + \tilde{d}_T = \tilde{b}_T$$

Dabei entspricht der t'-te Summand $\sum_{j \in \bar{J}_{t'}} \tilde{a}_{tj}\tilde{x}_j$ dem

Summanden $\tilde{A}_{tt'}\tilde{x}_{t'}$ aus $(2.2.23,t)^{1)}$. Formuliert man nun analog zu (2.2.29) die Nebenbedingung (2.2.30,t) für jeden Zustand $z \in Z_{t'}$, so ergibt sich für den t'-ten Summanden der Ausdruck

$$(*) \qquad \sum_{j \in \bar{J}_{t'}} a_{tjz}x_{jz(t')} .$$

Es ist also jede Variable $\tilde{x}_j$ $(j \in \bar{J}_{t'})$, die das Aktivitätsniveau des Projekts j $(j \in \bar{J}_{t'})$, über das im Zeitpunkt t' entschieden werden muß, charakterisiert, aufzuspalten in mehrere Variablen $x_{jz(t')}$, wobei die Anzahl dieser Variablen der Anzahl der Zustände des Prozesses im Zeitpunkt t' entspricht.[2] Dies folgt aus (2.2.26).

Für das Folgende erweist sich eine Vereinfachung der Indizierung als zweckmäßig: Bei den Koeffizienten a, d und b kann der Zeitindex t weggelassen werden, da diese Information auch im Zustandsindex z (der ja eindeutig einem bestimmten Zeitpunkt zugeordnet wird) enthalten ist. Ferner kann man die Doppelindizierung der Entscheidungsvariablen vermeiden, wenn man nicht die einem bestimmten Zeitpunkt zugeordneten Projekte (deren Aktivitätsniveaus zustandsabhängig festgelegt werden) mit $j \in \bar{J}_0 \cup \ldots \cup \bar{J}_T$ durchnumeriert, sondern jedem einzelnen zustandsabhängigen Aktivitätsniveau einen Laufindex j zuordnet. Die Variable $x_{jz(t)}$ $(j \in \bar{J}_t, z(t) \in Z_t)$ ist dann identisch mit x_j $(j \in J_z, z \in Z_t)$, wobei gilt:

---

1) Während also in (2.2.23,t) $\tilde{x}_{t'}$ einen Spaltenvektor bezeichnet, ist in (2.2.30,t) $\tilde{x}_j$ ein Skalar und das Vektorprodukt wird in Summenform dargestellt.

2) Die Variablen $x_{jz(t')}$ $(j \in \bar{J}_{t'})$ sind in (2.2.29,t) zum Vektor $x_{t'z(t')}$ zusammengefaßt. Kann ein Projekt in einem bestimmten Zustand $z \in Z_{t'}$ nicht realisiert werden, so sind alle ihm zugeordneten Zahlungen $a_{\hat{t}jz}$ $(\hat{t}=t',\ldots,T)$ gleich Null zu setzen.

$\bar{J}_t$:= Indexmenge der Projekte, über deren Realisierung im __Zeitpunkt__ t entschieden werden muß

J_z := Indexmenge der Aktivitätsniveaus der Projekte, die abhängig vom __Zustand__ $z \in Z_t$ festgelegt werden.

Das Verhältnis dieser Indexmengen wird durch folgende Abbildung charakterisiert:

$$\bar{J}_t \times Z_t \longrightarrow \bigcup_{z \in Z_t} J_z$$

Vereinfachend soll auch gesagt werden, daß x_j das Aktivitätsniveau des "Projekts j" repräsentiert und J_z die Indexmenge der "Projekte" darstellt, über deren Realisierung im __Zustand__ z entschieden wird. Hierin liegt zwar eine Änderung (Einengung) des Projektbegriffs gegenüber dem bei der allgemeinen Formulierung des stochastischen Modells (2.2.22-24) verwandten vor, doch scheinen aus dem jeweiligen Zusammenhang Mißverständnisse nicht möglich zu sein.[1] In (*) umfaßt die Summierung nur diese "Projekte", die dem Zustand z(t'), der $z \in Z_t$ vorangeht, zuzuordnen sind; weswegen in vereinfachter Indizierung dort auch hätte geschrieben werden können:

$$\sum_{j \in J_{z(t')}} a_{jz} x_j$$

Definiert man nun noch

$$K_z := J_0 \cup J_{z(1)} \cup \ldots \cup J_{z(t-1)} \cup J_z \qquad (z \in Z_t)$$

so erhält man nach Addition der einzelnen Summanden (*)

---

1) Dieser engere Projektbegriff liegt z.B. auch den Darstellungen von Laux (1971, S. 46 ff.) oder Hax (1976a, S. 165 - 187; 1976b, S. 135 - 140) zugrunde.

als Äquivalent für (2.2.30,t) die Nebenbedingungen

$$(2.2.31,t) \qquad \sum_{j \in K_z} a_{jz}x_j + d_z = b_z \qquad (z \in Z_t).$$

Damit ist gezeigt, daß das von Laux (1969b und 1971, S. 46) vorgeschlagene "Zustandsbaumverfahren", das Nebenbedingungen genau dieses Typs aufweist,[1] dem von Dantzig (1955, S. 206) für zweistufige Programme vorgeschlagenen Lösungsansatz entspricht und somit dessen Vorzüge und Nachteile gelten:

Liegt schon im zweistufigen Ansatz das rechentechnische Problem bei der Dimension des Modells, so gilt das noch viel mehr für das mehrstufige Modell. Für viele praktische Probleme scheinen diese Modelle daher nicht lösbar zu sein. Hoffnung könnte man auf die Aufspaltung dieser Probleme in mehrere Stufen und Anwendung der dynamischen Programmierung setzen (so schon Dantzig, 1955, S. 199 und 205), wie dies für das zweistufige Modell dargestellt wurde. Allerdings bestehen hier erhebliche Probleme bei der Lösung der sich ergebenden parametrischen Programmierungsprobleme (Jochum 1969, S. 113 ff.).

Zur Interpretation des mehrstufigen Modells mit strengem Zulässigkeitskriterium kann auf das zweistufige Modell verwiesen werden. Auch hier besteht insbesondere die Möglichkeit, die einzelnen Variablen als Beschreibung konkreter Investitions- und Finanzierungsprojekte oder als Hilfsvariablen zur Bewertung der Verletzung der Nebenbedingungen zu deuten. Als Beispiel einer Interpretation der Variablen als solche Bewertungs-Hilfsvariablen kann das Modell mit expliziter Berücksichtigung des Konkurses bei Laux (1971) angesehen werden.

---

1) Zur Formulierung vgl. Hax 1976a, S. 176, und 1976b, S. 135.

2.2.3 Chance-Constrained Programming

Bei der "zwei- und mehrstufigen Programmierung mit
strengem Zulässigkeitskriterium" müssen die Nebenbedingungen bei jeder möglichen Ausprägung der Zufallsvariablen erfüllt sein. Allerdings wird explizit berücksichtigt, daß Entscheidungen in den Zeitpunkten $t > 0$ von dem
dann gegebenen Informationsstand abhängig gemacht werden
können. Verlangt man hingegen bloß die Erfüllung der
Nebenbedingungen mit gewisser Wahrscheinlichkeit, so
spricht man von "Chance-Constrained Programming". Formuliert man dabei die Entscheidungen in $t \geqslant 1$ wie bei dem
in 2.2.2 dargestellten mehrstufigen Ansatz als bedingte
Entscheidungen, so handelt es sich um die "flexible
Version"; formuliert man aber diese Entscheidungen als
unbedingte, so soll von "starrer Version" gesprochen werden.

2.2.3.1 Starre Version

a) Formulierungen und Lösungsverfahren

Geht man von der Grundstruktur des Modells (2.2.22 - 24)
aus, so sind die Nebenbedingungen für die Zeitpunkte
$t > 0$ wie folgt zu formulieren:

$$P(\tilde{A}_{t0}x_0 + \ldots + \tilde{A}_{tt}x_t \leq \tilde{b}_t) \geqslant \alpha_t$$

Dies bedeute, daß die der j-ten Nebenbedingung aus
(2.2.23,t) entsprechende Nebenbedingung - der Unterschied
liegt in der Unbedingtheit der Entscheidungsvariablen
und der Einführung der Ungleichung - mindestens mit
Wahrscheinlichkeit α_{tj} erfüllt sein muß. α_{tj}, das
j-te Element des Vektors α_t, liegt folglich zwischen
0 und 1 und sei als "Sicherheitsniveau" bezeichnet.
Ohne Einschränkung der Allgemeinheit sei nun angenommen,
daß jedem Zeitpunkt t nur eine Nebenbedingung entspricht,

die Matrix $\tilde{A}_{ti}$ (i = 1,...,t) sich somit auf die Zeilen-
vektoren $\tilde{a}'_{ti}$ reduzieren läßt, $\tilde{b}_t$ eine eindimensionale
Zufallsvariable und α_t eine Zahl darstellt.

Die Zielfunktion sei bis auf weiteres nicht mehr Gegenstand der näheren Betrachtung. Bezüglich möglicher Formulierungen der Zielfunktion wird auf Abschnitt 2.1 verwiesen. Hier ist die explizite Betrachtung der Zielfunktion nicht erforderlich, da alle folgenden Lösungsverfahren darauf beruhen, die Wahrscheinlichkeitsrestriktionen durch (meist nichtlineare) deterministische Nebenbedingungen zu ersetzen. Nur diese Umformung der Nebenbedingung ist Gegenstand dieses Abschnitts.

Wie in 2.2.2.2 seien alle Zufallsvariablen, deren Realisationen im Zeitpunkt t bekannt werden, zu $\tilde{Y}_t$ zusammengefaßt. Zusätzlich sei angenommen:

1. Alle Zufallsvariablen der dem Zeitpunkt t entsprechenden Nebenbedingung gehören zu $\tilde{Y}_t$.

2. Die Zielfunktion enthalte keine Zufallsvariablen.

Zu Annahme 1:

Diese Annahme dient vorläufig nur der Vereinfachung der
Darstellung, denn anders als in 2.2.2.2 wäre es jetzt
noch nicht notwendig, das Vorliegen der Realisationen im
Zeitpunkt t vorauszusetzen, da ja keine Entscheidungen davon abhängig gemacht werden. Faßt man diese "Starrheit",
diese Unbedingtheit der Entscheidung jedoch nur als Fik-
tion auf, so wird man bei der Interpretation des Modells
die Realisationszeitpunkte wieder zu beachten haben.

Zu Annahme 2:

Diese Annahme beschränkt hier die Allgemeinheit der Betrachtung nicht, da für die folgende Diskussion der Umformung der Nebenbedingungen die Zielfunktion belanglos
ist und bei starrer Planung es auch keine Abhängigkeit

der Entscheidungsvariablen von (zufälligen) Koeffizienten der Zielfunktion gibt.

Bemerkung zur Konstruktion des Zustandsraums:

Die (vektorielle) Zufallsvariable $\tilde{Y}_t$ kann sowohl stetige
als auch diskrete Zufallsvariablen umfassen. Obwohl in
Abschnitt 2.2.2.2 der Begriff des Zustands am Beispiel
diskreter stochastischer Prozesse erläutert wurde, können die Überlegungen sinngemäß auch auf allgemeinere
stochastische Prozesse, die auch stetige Variablen umfassen, übertragen werden. Entscheidend ist die Definition des Zustands als Ereignis im Sinne der mathematischen Statistik, also als eine Teilmenge des Stichprobenraums, der aufgefaßt wird als die Menge der möglichen
Pfade des stochastischen Prozesses. Die meisten für das
Chance-Constrained Problem vorgeschlagenen Lösungsverfahren beruhen auf der Annahme stetiger Wahrscheinlichkeitsverteilungen.

Gemäß Annahme 1 und 2 beschreibt der Zufallsvektor die
Verteilung der stochastischen Parameter der Nebenbedingungen und es kann definiert werden:

$$\tilde{Y}_t := (\tilde{a}_{t0}, \tilde{a}_{t1}, \ldots, \tilde{a}_{tt}, \tilde{b}_t)$$

$$X_t := (x_0, x_1, \ldots, x_t)$$

$$\tilde{H}_t := \tilde{a}'_{t0} x_0 + \tilde{a}'_{tt} x_t - \tilde{b}_t, \text{ falls } \tilde{a}_{ti} \ (i = 0, \ldots, t)$$

und $\tilde{b}_t$ tatsächlich echte Zufallsvariablen sind.
Falls nicht alle Elemente von $\tilde{Y}_t$ (wie oben definiert) echte Zufallsvariablen sind, sei gelegentlich eine andere Definition von $\tilde{H}_t$ vorgenommen,
bei der die konstanten Glieder wegfallen.

Die nur mit t indizierten Verteilungs- und Dichtefunk-
tionen mögen sich immer auf die in geeigneter Weise definierte Zufallsvariable $\tilde{H}_t$ beziehen:

$$F_t(h) \quad := P(\tilde{H}_t \leqslant h) = \int_{-\infty}^{h} f_t(u)\ du$$

$$f_t(.) \quad := \text{Dichtefunktion der Zufallsvariablen } \tilde{H}_t$$

$$F_t^{-1}(.) \quad := \quad \text{Inverse der Verteilungsfunktion}$$

Alle $\tilde{Y}_t$ unterliegen einer gemeinsamen mehrdimensionalen
Verteilungsfunktion und können als Elemente eines
stochastischen Prozesses aufgefaßt werden. Jede der
Größen $\tilde{H}_t$ ist eine lineare Funktion von Zufallsvariablen
und somit selbst eine __eindimensionale__ Zufallsvariable.
Die Werte, welche $\tilde{H}_t$ annehmen kann, hängen von der Zufallsgröße $\tilde{Y}_t$ und dem Entscheidungsvektor X_t ab, also
$\tilde{H}_t = H_t(\tilde{Y}_t, X_t)$. Deshalb ist der Typ der Verteilungsfunktion $F_t(.)$ im allgemeinen erst mit Festlegung von X_t bestimmt. Das führt zu erheblichen Schwierigkeiten bei der
Lösung von Chance-Constrained Programming Problemen.

Die Nebenbedingung für den Zeitpunkt t (t > 0) kann
nun geschrieben werden als:

$$(2.2.32,t) \qquad P(\tilde{H}_t \leqslant 0) \geqslant \alpha_t$$

Theoretisch wäre es durchaus denkbar, direkt die Verteilungsfunktion von $\tilde{H}_t$ zu formulieren. Man erhielte
dann die nichtlineare __deterministische__ Nebenbedingung

$$(2.2.33,t) \qquad \int_{-\infty}^{0} f_t(u)\ du \quad > \quad \alpha_t$$

Alle Entscheidungsvariablen stecken hier in der Funktion
$f_t(.)$, die zwar im Prinzip mittels des Transformations-
satzes für Dichten bestimmt werden kann (siehe Anhang 1),
was jedoch im allgemeinen Fall zu sehr komplizierten
Funktionen führen kann. Es ist selten möglich, das Problem auf diesem direkten Wege zu lösen. Hinzu kommt, daß

die Konvexität der Nebenbedingung nicht gewährleistet
ist (Siehe z.B. Kall 1976, S. 79 ff.; Pelizäus 1979).
Für Sonderfälle existieren jedoch Lösungsmöglichkeiten:

Enthält die Nebenbedingung für t nur eine einzige Zufallsvariable, so ist die Lösung einfach. Ist nur $\tilde{b}_t$
zufällig, kann definiert werden

$$G_t \ := \ a'_{t0}x_0 \ +\ldots+ \ a'_{tt}x_t$$
$$\tilde{H}_t \ := \ \tilde{b}_t$$

Dann wird (2.2.23,t) zu

$$P(\tilde{H}_t \geqslant G_t) \geqslant \alpha_t$$

und es gilt (für stetige Verteilungen)

$$P(\tilde{H}_t \leqslant G_t) = F_t(G_t) \leqslant 1 - \alpha_t$$

$$(2.2.34,t) \qquad G_t = a'_{t0}x_0 \ +\ldots+ \ a'_{tt}x_t \leqslant F_t^{-1}(1 - \alpha_t).$$

Es ist also bloß die Zufallsvariable $\tilde{b}_t$ durch $F_t^{-1}(1- \alpha_t)$
zu ersetzen. Dies bereitet keine Schwierigkeiten, da
hier $F_t(.)$ die annahmegemäß bekannte Verteilungsfunktion
von $\tilde{b}_t$ ist und somit nicht von X_t abhängt. Die Differenz
zwischen $F_t^{-1}(1- \alpha_t)$ und dem Erwartungswert $\bar{b}_t$ könnte man
als Risikozuschlag bzw. -abschlag interpretieren. Analog
kann auch vorgegangen werden, wenn nur ein einziges Element der Koeffizienten der linken Seite zufällig ist.
Dieses Element ist dann durch $F_t^{-1}(\alpha_t)$ zu ersetzen, wobei
$F_t(.)$ definitionsgemäß die Verteilungsfunktion dieses zufälligen Elements sei und somit von X_t wieder unabhängig
ist. Zwar ist es möglich, daß die Inversion der Verteilungsfunktion analytisch nicht durchführbar ist; dann
bleibt aber immer noch die Möglichkeit des numerischen
Suchens. Man berechne die Verteilungsfunktion für verschiedene Werte h und schaue, wann $F_t(\hat{h}) = \alpha_t$ (oder
$1 - \alpha_t$) gilt:

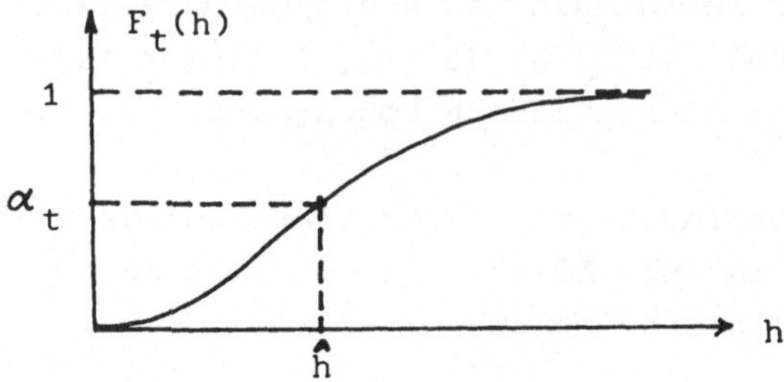

Damit ist $F_t^{-1}(\alpha_t) = \hat{h}$ bestimmt. Bei den bekannten Wahrscheinlichkeitsverteilungen wird man einfach in Tabellen nachschlagen. In diesen einfachen Fällen gibt es also keine Verteilungs- und Konvexitätsprobleme. In den wichtigsten Arten von Nebenbedingungen, etwa den Liquiditätsnebenbedingungen, treten aber mehrere Zufallsvariablen auf.

Würde man im allgemeinen Fall analog vorgehen, erhielte man durch Umformung von (2.2.32,t) die Bedingung $F_t^{-1}(\alpha_t) \leqslant 0$. Damit wäre nichts gewonnen, da $F_t^{-1}(.)$ eine (nichtlineare) Funktion von X_t darstellt und somit die gleichen Schwierigkeiten wie bei (2.2.32,t) bestünden, selbst wenn eine analytische Bestimmung der Funktion $F_t^{-1}(.)$ möglich wäre.

In einem Sonderfall gibt es trotzdem eine elegante Lösung. Wenn die multivariate Verteilungsfunktion von $\tilde{Y}_t$ eine bestimmte Stabilitätseigenschaft aufweist, die bewirkt, daß die lineare Funktion $\tilde{H}_t = H_t(\tilde{Y}_t, X_t)$ einer Transformation $T_t(.)$ unterworfen werden kann, derart, daß die Verteilungsfunktion $\bar{F}_t(.)$ der transformierten Variablen $T_t(\tilde{H}_t)$ von den (zu X_t zusammengefaßten) Koeffizienten der Funktion $\tilde{H}_t$ unabhängig ist, man $\tilde{H}_t$ also "standardisieren" kann (Vgl. Vajda, 1972, S. 81 bis 84; Gochet/Padberg, 1974, S. 1288 f.), dann ist folgende

Vorgangsweise sinnvoll:[1]

$$P(\tilde{H}_t \leqslant 0) = P\left[T_t(\tilde{H}_t) \leqslant T_t(0)\right] = \bar{F}_t\left[T_t(0)\right] \geqslant \alpha_t$$

$$(2.2.35,t) \qquad T_t(0) \geqslant \bar{F}_t^{-1}(\alpha_t)$$

Ebenso wie im vorher besprochenen Fall, in dem die Nebenbedingung nur eine einzige Zufallsvariable enthielt,
kann auf einfache Weise die Zahl $\bar{F}_t^{-1}(\alpha_t)$ aus der von
X_t unabhängigen Verteilungsfunktion $\bar{F}_t(.)$ bestimmt werden. Entscheidend für die Lösbarkeit eines Systems mit
derartigen Nebenbedingungen ist die Gestalt der Funktion $T_t(0)$. Diese enthält die Entscheidungsvariablen
X_t und muß auf Konvexität überprüft werden. Ist $\tilde{Y}_t$ multivariat normalverteilt, so ist $\tilde{H}_t$ normalverteilt mit
Mittelwert μ_t und Varianz σ_t^2 (Zur Bestimmung dieser
Parameter siehe Anhang 2). Die Transformation $T_t(.)$ hat
dann die Form

$$T_t(h) = \frac{h - \mu_t}{\sigma_t}$$

und $\bar{F}_t(.)$ ist die Verteilungsfunktion $\phi(.)$ der stan-
dardisierten Normalverteilung und ist tabelliert. Die
Nebenbedingung wird zu

$$(2.2.36,t) \qquad \mu_t + \sigma_t \cdot \phi^{-1}(\alpha_t) \leq 0$$

Sie ist konvex für $\alpha_t \geqslant 0,5$ (Siehe Anhang 2). Nicht
übersehen werden soll aber die Schwierigkeit der Daten-
beschaffung, denn die multivariate Normalverteilung
muß genau definiert werden, da die Formulierung der
Funktion σ_t die Kenntnis der gesamten Kovarianzmatrix
voraussetzt.

---

1) Hier wurde vorausgesetzt, daß die Transformation $T_t(.)$
   die Eigenschaft hat, bei Anwendung auf beide Seiten der Ungleichung das Ungleichheitszeichen nicht
   zu verändern. Die üblicherweise angewandten Transformationen haben diese Eigenschaft. Natürlich wäre auch
   eine analoge Umformung von (2.2.32,t) möglich, wenn
   man eine Transformation vornimmt, welche die Ungleichung umdreht.

Die Stabilitätseigenschaft, die bewirkt, daß mit Nebenbedingungen des Typs (2.2.35,t) gearbeitet werden kann,
weisen aber außer der Normalverteilung nur sehr wenige
weitere Verteilungen auf. Sie ist z.B. gegeben, wenn
alle Variablen aus $\tilde{Y}_t$ unabhängig Cauchy-verteilt sind
(z.B. Vajda, 1972, S. 82). Auch wenn man versucht, weitere Verteilungen mit diesen Eigenschaften zu konstruieren, so bleibt doch immer die Einschränkung auf einen
sehr speziellen Verteilungstyp bestehen. Man wird daher
versuchen, die Normalverteilung durch Grenzverteilungssätze zu rechtfertigen. Diese gelten jedoch exakt nur unter sehr speziellen Bedingungen (Vgl. Fisz 1970, S. 224
ff.). Hinweise auf mögliche Grenzverteilungssätze finden
sich auch bei Hillier (1969, S. 24 - 29). Vor allem interessiert die Frage, wie gut die Anpassung der Summe
einer geringeren Zahl von Zufallsvariablen an die Normalverteilung ist (vgl. z.B. Granger, 1976). Bei nicht-
identischen Verteilungen und gegenseitiger stochastischer Abhängigkeit der Zufallsvariablen aus $\tilde{Y}_t$ sind keine
sehr guten Ergebnisse zu erwarten.

Weisen die Verteilungen der Zufallsvariablen aus $\tilde{Y}_t$
nicht die genannte Stabilitätseigenschaft auf, könnte
versucht werden, mit Approximationen zu arbeiten. Lösungsansätze für Wahrscheinlichkeitsrestriktionen mit
χ^2-verteilten Variablen wurden von Sengupta (1969,
1972a, 1972b) versucht. Eine Summe unabhängig χ^2-ver-
teilter Variabler folgt wiederum einer χ^2-Verteilung.
Diese Eigenschaft reicht aber nicht hin, um die Variable
$\tilde{H}_t$, betrachtet als eine <u>lineare Funktion</u> unabhängig χ^2-
verteilter Variabler, einer Transformation $T_t(.)$ unter-
werfen zu können, die zur Unabhängigkeit der Variablen
$T_t(\tilde{H}_t)$ von X_t führt. Sengupta (1972a, S. 342) schlägt
daher vor, die Variable $\tilde{Q} := -\tilde{H}_t$ als <u>approximativ</u> χ^2-
verteilt mit n Freiheitsgraden zu betrachten, so daß
der Erwartungswert $\bar{Q}$ gleich dem Erwartungswert $-\bar{H}_t$ der
"wahren" Verteilung von $-\tilde{H}_t$ ist. Da gilt, daß die trans-
formierte Variable

$$T(\tilde{Q}) := \left[\left(\frac{\tilde{Q}}{n}\right)^{1/3} - 1 + \frac{2}{9n}\right] \cdot \sqrt{\frac{9n}{2}}$$

wiederum **approximativ** einer Standardnormalverteilung
mit Mittelwert 0 und Varianz 1 folgt (siehe Johnson/
Kotz 1970a, S. 176), ersetzt Sengupta die Nebenbedingung $P(\tilde{Q} \geqslant 0) \geqslant \alpha$ durch

$$1 - \phi\left[\sqrt{\frac{9n}{2}}\left(\frac{2}{9n} - 1\right)\right] \geqslant \alpha.$$

Nach Umformung erhält man eine **nicht**lineare Funktion
der Entscheidungsvariablen, denn der Erwartungswert
einer χ^2-Verteilung ist gleich der Anzahl der Freiheits-
grade n und somit ist $n = -\overline{H}_t$ eine lineare Funktion der
Entscheidungsvariablen X_t. Die in diesem Ansatz angewandte Approximationstechnik ist zwar im Prinzip interessant; es wurde aber übersehen, daß bei χ^2-verteiltem
$\tilde{Q}$ die Nebenbedingung $P(\tilde{Q} \geqslant 0) \geqslant \alpha$ überflüssig ist, da
χ^2-verteilte Variablen ex definitione immer nur posi-
tive Werte annehmen können. Dies zeigt, welche Gefahren
in allzu sorgloser Approximation liegen. Bei einer line-
aren Funktion χ^2-verteilter Variabler $\tilde{Q} = \tilde{b} - \tilde{a}'x$ (mit
$x \geqslant 0$) **kann** es zwar noch immer zulässig sein, $\tilde{a}'x$ durch
eine χ^2-verteilte Variable zu approximieren; für die
Differenz $\tilde{Q}$ ist dies aber nur zulässig, wenn die Wahrscheinlichkeit $P(\tilde{a}'x \geqslant \tilde{b})$ vernachlässigbar klein ist,
wenn es also nicht notwendig ist, sich mit der Lösung
der Nebenbedingung $P(\tilde{Q} \leqslant 0) \leqslant 1-\alpha$ zu beschäftigen. Da
eine χ^2-verteilte Variable als das Quadrat einer normalverteilten Variablen betrachtet werden kann, ist $\tilde{Q}$ ein
Spezialfall einer indefiniten quadratischen Form von
normalverteilten Zufallsvariablen, wofür Verteilungsfunktionen bekannt sind (Johnson/Kotz 1970b, S. 175 f.). Damit ist man aber erst bei einer Nebenbedingung der Form
(2.2.33,t) angelangt und hat nach Approximationsmöglichkeiten zu suchen, wobei eine χ^2-Approximation, wie gezeigt, ausgeschlossen werden muß.

Sengupta (1972a, S. 340) schlug noch einen anderen Lösungsansatz vor, der darauf beruht, daß $\tilde{a}'x$ durch eine
nichtzentrale χ^2-Verteilung mit n Freiheitsgraden
($n = \overline{a}'x$) und Nichtzentralitätsparameter L approximiert

- 110 -

wird, $\tilde{b}$ eine (zentrale) χ^2-Verteilung mit m Freiheitsgraden aufweist, und somit der Quotient $\tilde{R} := \tilde{a}'x/\tilde{b}$
einer nichtzentralen F-Verteilung mit den Parametern
(n,m,L) folgt (Johnson/Kotz 1970b, S. 189). Mit der Be-
dingung $F_{\tilde{R}}(1) := P(\tilde{R} \leqslant 1) \geqslant \alpha$ ist aber noch nicht viel
gewonnen, denn die Parameter n und L sind Funktionen
der Entscheidungsvariablen X_t. Der Wert $F_{\tilde{R}}^{-1}(\alpha)$ ist
daher vor Lösung des Problems nicht aus Tabellen ables-
bar, wie Sengupta meint. Durch die Formulierung
$1 \geqslant F_{\tilde{R}}^{-1}(\alpha)$ würde kein Fortschritt erzielt.

Es ist aber zu prüfen, ob die F-Verteilung der Variablen
$\tilde{R}$ oder die Verteilung der Variablen $\tilde{Q}$ eher Approximationen zuläßt, die zu noch operationalen (nichtlinearen)
Nebenbedingungen führen. Im allgemeinen sind aber selbst
bei diesen einschränkenden Annahmen ($\tilde{a}'x$ als <u>positive</u>
lineare Funktion <u>unabhängiger</u> Zufallsvariabler) keine
bequem zu lösenden Nebenbedingungen zu erwarten. (Es
sei denn, man durchschlägt gewissermaßen den Gordischen
Knoten und gibt sich gleich mit der Annahme einer multivariaten Normalverteilung von $\tilde{Y}_t$ zufrieden.)

Man könnte hoffen, daß durch gestutzte Verteilungen
(siehe z.B. Johnson/Kotz 1970a, S. 81-87) andere Verteilungen approximiert werden können und für den Rechengang trotzdem die angenehmen Eigenschaften der Normalverteilungen erhalten bleiben. Die Hoffnung trügt
leider, wie gezeigt werden soll. Ist F(.) die Verteilungsfunktion einer Normalverteilung $N(\mu, \sigma^2)$, so beschreibt
die Verteilungsfunktion

$$F_S(y) = \begin{cases} \dfrac{F(y) - F(S)}{1 - F(S)} & \cdots\cdots y > S \\[2ex] 0 \cdots\cdots\cdots\cdots\cdots y \leqslant S \end{cases}$$

einen einfachen Fall einer gestutzten Normalverteilung.
Für $y > S$ gilt die Dichtefunktion

$$f_S(y) = f(y) \left[1 - F(S) \right]^{-1}$$

- 111 -

Anschaulich heißt dies etwa, man schneidet von $f(y)$
alle Werte unterhalb von S ab, muß die Dichtefunktion
der verbleibenden Werte nun aber normieren, da
$\lim_{y \to \infty} F_S(y) = 1$ gelten muß.

Hat nun $\tilde{H}_t$ eine solche gestutzte Verteilung mit
$F_t(.) := F_S(.)$, dann läßt sich (2.2.32,t) umformen zu

$$(2.2.37,t) \qquad F(0) \geqslant \alpha_t \left[1 - F(S) \right] + F(S)$$

und weiter zu

$$(2.2.38,t) \qquad \mu + \sigma \cdot \phi^{-1}(\beta_t) \leqslant 0$$

wobei $\beta_t := \alpha_t \left[1 - F(S) \right] + F(S)$.

Man beachte, daß hier μ und σ nicht Mittelwert und
Standardabweichung der Variablen $\tilde{H}_t$ sind, sondern die
entsprechenden Parameter der sie konstituierenden (un-
gestutzten) Normalverteilung. Gegenüber (2.2.36,t) hat
aber (2.2.38,t) einen entscheidenden Nachteil: Zwar ist
$\phi(.)$ tabelliert, aber β_t hängt von den Parametern
μ und σ und somit von X_t ab, auch dann, wenn der Punkt
S als Konstante vorgegeben werden kann, denn

$$F(S) = \phi\left(\frac{S-\mu}{\sigma}\right).$$

Da also das Arbeiten mit der inversen Funktion $\phi^{-1}(.)$
keinen Vorteil bringt, muß man direkt bei (2.2.37,t)
ansetzen. Sengupta (1969, S. 412) schlägt vor, die Verteilungsfunktion $\phi(w)$ durch ein Polynom 3. Grades, das
er offenbar aus einer Taylor-Entwicklung von $\phi(w)$ gewinnt, zu ersetzen. Die Funktionen sind jedoch unhand-
lich, da $w = -\mu/\sigma$ bzw. $w = (S - \mu)/\sigma$ zu setzen
ist, wobei μ und σ selbst lineare bzw. nichtlineare
Funktionen der Entscheidungsvariablen X_t sind. Einen
Überblick über Approximationsmöglichkeiten findet man
bei Johnson/Kotz (1970a, S. 53 - 59). Es ist zu beachten, daß ein Problem in der Bestimmung von S liegt, das
wohl selbst von den Entscheidungsvariablen abhängen wird.

Bedenkt man ferner, daß eine lineare Funktion von Variablen
mit gestutzter Normalverteilung keineswegs selbst wieder eine gestutzte Normalverteilung aufweist, erkennt man
die Schwierigkeit, ein Modell so zu spezifizieren, daß
$\tilde{H}_t$ gestutzt normalverteilt ist. Es ist somit nicht wahrscheinlich, auf diesem Weg zu operationalen Lösungen zu
kommen.

Für den Fall diskret verteilter Variabler haben Byrne
et al. (1971, S. 108 - 110, S. 129 - 135 und 1969,
S. 187 - 190) gezeigt, wie eine nichtlineare Nebenbedingung des Typs (2.2.33,t) bei 0-1 - Entscheidungsvariablen
konstruiert werden kann und ein Linearisierungsverfahren
(mit Vermehrung der Variablen und Nebenbedingungen) angegeben. Im wesentlichen läuft die Konstruktion der Verteilungsfunktion $F_t(0)$ darauf hinaus, für alle möglichen
Kombinationen von Entscheidungsvariablen die Wahrscheinlichkeit $P(\tilde{H}_{tk} \leqslant 0)$ zu bestimmen ($\tilde{H}_{tk}$ sei hier die der
k-ten Kombination entsprechende Zufallsvariable). Der
Suchprozeß ist mühsam.

Raike (1970) schlägt für diskret verteilte Zufallsvariablen das wohl allgemeinste Lösungsverfahren vor,
das auch auf andere Arten von Wahrscheinlichkeitsrestriktionen und die später zu behandelnden flexiblen
Versionen des Chance-Constrained Programming-Ansatzes
angewendet werden kann. Es beruht darauf, für jede mögliche Ausprägung s der mehrdimensionalen Zufallsvariablen
$\tilde{Y}_t$ eine eigene Nebenbedingung zu formulieren und um
Hilfsvariablen zu erweitern. Angewendet auf (2.2.32,t)
ergibt das:

$$(2.2.39,t) \quad \begin{aligned} H_s &\leqslant (1 - u_s)U & (s \in S_t) \\ \sum_{s \in S_t} w_s u_s &\geqslant \alpha_t & \\ u_s &= 0 \text{ oder } 1 & (s \in S_t) \end{aligned}$$

U   hinreichend große Zahl

u_s ganzzahlige Hilfsvariable

S_t Indexmenge der Ausprägungen, die die Variable $\tilde{Y}_t$
annehmen kann

H_s die der Ausprägung s (s ϵ S_t) entsprechende Realisation der Zufallsvariablen $\tilde{H}_t$, also

$$H_s := a'_{tos}x_0 + a'_{t1s}x_1 + \ldots + a'_{tts}x_t - b_{ts}$$

w_s(s ϵ S_t)   Wahrscheinlichkeit der Ausprägung s der Variablen $\tilde{Y}_t$

$$\text{Es gilt} \quad \sum_{s \, \epsilon \, S_t} w_s = 1$$

Da gilt $u_s = 0 \Rightarrow H_s \leqslant U$

              $u_s = 1 \Rightarrow H_s \leqslant 0,$

also bei $u_s = 1$ die ursprüngliche Nebenbedingung im Zustand s erfüllt sein muß, wird durch diese Formulierung die Einhaltung der Mindestwahrscheinlichkeit α_t garantiert. Diese Methode schlagen z.B. auch Geuting/Hellwig (1977, S. 69) vor. Der Nachteil liegt offensichtlich in der großen Anzahl der Nebenbedingungen. Geht man von der hier dargestellten starren Konzeption des Chance-Constrained Programming aus, muß die Aufgliederung des Zustandsraums nicht ganz so fein erfolgen, wie bei dem mehrstufigen Modell aus 2.2.2 oder den später zu behandelnden flexiblen Versionen des Chance-Constrained Programming, da hier nicht die Realisationen der ganzen Folge $(\tilde{Y}_1, \ldots, \tilde{Y}_t)$ interessieren, sondern die Betrachtung der Variablen $\tilde{Y}_t$ genügt. Die Anzahl der Zustände des stochastischen Prozesses zum Zeitpunkt t wäre größer als die Anzahl der Ausprägungen von $\tilde{Y}_t$: $n(Z_t) > n(S_t)$. Die Erweiterung auf flexible Modelle, z.B.
$\tilde{x}_t = x_t(\tilde{Y}_1, \ldots, \tilde{Y}_{t-1})$, brächte also noch eine wesentliche Vergrößerung der Anzahl der Variablen und Nebenbedingungen. Trotzdem bleibt auch so der Rechenaufwand sehr groß und man kann leicht an Kapazitätsgrenzen stoßen.

Zusammenfassend ist festzustellen, daß bei Vorliegen mehrerer stetig verteilter Zufallsvariabler mit Ausnahme

des Falles der Normalverteilung (oder der wenigen anderen Verteilungen mit entsprechenden Stabilitätseigen-
schaften) die Lösungsaussichten sehr schlecht sind, weil
relativ komplizierte nichtlineare Funktionen in den
Entscheidungsvariablen auftreten und überdies die Beurteilung der verschiedenen Approximationsmöglichkeiten,
die Beurteilung der Auswirkung des Approximationsfehlers,
sehr schwierig sein kann. Liegen dagegen diskrete Verteilungen vor oder werden solche als Approximation verwendet, so ist das Problem im Prinzip immer lösbar; allerdings erfordert dies eine enorme Vergrößerung der
Dimension des Problems, die leicht die Rechnerkapazität
übersteigen kann.

Ist eine direkte Lösung des Problems nicht möglich, so
könnte man iterativ vorgehen, indem man z.B. analog
zu (2.2.36,t) eine Nebenbedingung

$$(2.2.40,t) \qquad \mu_t + \sigma_t \cdot K_t \leq 0$$

formuliert und nach Lösung dieses Programms prüft, ob
die Nebenbedingungen (2.2.32,t) erfüllt sind. Diese Prü-
fung erfordert zwar noch immer die Bestimmung der Verteilungsfunktion $F_t(.)$, wird aber jetzt erleichtert, weil
die Entscheidungsvektoren X_t gegeben sind. Ist (2.2.32,t)
nicht erfüllt, so war (2.2.40,t) zu locker formuliert
und die Konstante K_t ist bei der nächsten Iteration zu
erhöhen. Ist (2.2.32,t) erfüllt und (2.2.40,t) im Optimum eine Gleichung mit zugeordnetem positiven Schatten-
preis, so war die Nebenbedingung zu streng formuliert
und bei der nächsten Iteration kann durch Senkung von
K_t eine bessere Lösung gefunden werden, die noch immer
(2.2.32,t) erfüllt. Die Effizienz eines solchen Itera-
tionsverfahrens hängt davon ab, ob es gelingt, eine
"wirksame" und doch einfache Entscheidungsregel für das
Ausmaß der jeweiligen Änderung der Konstanten K_t zu
formulieren. Das Problem ist, daß es sich hier um eine
mehrparametrische Variation handelt, denn die Änderung
eines K_t hat Auswirkungen auf die Nebenbedingungen für
die anderen Zeitpunkte $t' \neq t$. Die Wahl von (2.2.40,t)

als "Ausgangsbasis" kann man als Approximation der Verteilung von $\tilde{H}_t$ durch eine Normalverteilung auffassen, also $K_t = \phi^{-1}(\alpha_t)$ setzen. Da auf den einzelnen Iterationsstufen sehr umfangreiche Berechnungen vorzunehmen sind - Lösung eines nichtlinearen Programms und Bestimmung von T Verteilungsfunktionen $F_t(.)$ - könnte man versuchen, (2.2.40,t) durch die einfachere Bedingung

$$(2.2.41,t) \qquad \mu_t + K_t' \leqq O$$

zu ersetzen, was aber zu einer erheblichen Vergrößerung der Anzahl der Iterationsschritte führen kann.

Insgesamt ist festzustellen, daß, sieht man von Sonderfällen ab, der Übergang von einem deterministischen Programm zu einem Chance-Constrained Programming-Problem eine sehr bedeutende Erhöhung des Rechenaufwands mit sich bringt, wenn überhaupt die Lösung noch möglich ist. In der Regel wird man sich daher mit einer sehr schwach fundierten Normalverteilungs-Annahme begnügen oder einen diskreten stochastischen Prozeß mit äußerst grob gegliedertem Zustandsraum annehmen müssen.

b) <u>Zur Interpretation des Chance-Constrained Programming Modells</u>

(1) <u>Vergleich (I) mit Modellen mit strengem Zulässigkeitskriterium</u>

Durch (2.2.32,t) wird nicht die Erfüllung einer Gleichung, sondern einer Ungleichung mit Mindestwahrscheinlichkeit α_t gefordert. Der Grund dafür ist, daß bei stetig verteilter Zufallsvariabler $\tilde{H}_t$ immer $P(\tilde{H}_t = O) = O$ gilt, auch wenn das Ereignis $\tilde{H}_t = O$ möglich ist. (Man beachte, daß die Wahrscheinlichkeit etwas anderes ist, als der Wert der Dichtefunktion, also $P(\tilde{H}_t = O) \neq f_t(O) \geqq O.$) In der Literatur wurde die Auffassung vertreten, es sei eine "Schwäche" des Chance-Constrained Programming, daß es sich bei stetigen Verteilungen nicht auf Gleichungs-

nebenbedingungen anwenden lasse, und ferner sei es eine
"Schwäche" dieses Verfahrens, daß nach Realisation der
Zufallsvariablen nicht einmal die Zulässigkeit der optimalen Lösung garantiert sei (Zimmermann 1974, S. 49).
Offenbar wird da an Problemstellungen gedacht, die Erfüllung der Nebenbedingungen in jedem Zustand erfordern,
und das Chance-Constrained Programming-Modell nur als
reines "Rechenverfahren" betrachtet, etwa so: "Sind die
Koeffizienten eines LP-Problems Zufallsvariablen, so
ersetze die Nebenbedingungen durch Nebenbedingungen des
Typs (2.2.32)." Da eine solche Wahrscheinlichkeitsrestriktion eine ganz bestimmte Fragestellung impliziert,
paßt sie natürlich nicht auf jedes Problem. Hier liegt
also keine Schwäche des Verfahrens vor, sondern ein Problem, das in der Fragestellung liegt.

Ein Optimierungsproblem mit Nebenbedingungen der Form

$$(2.2.42) \qquad P(\widetilde{H}_t = 0) \geqslant \alpha_t \quad (0 < \alpha_t \leqslant 1)$$

besitzt <u>bei stetig verteiltem $\widetilde{H}_t$</u> keine Lösung. Da hilft
aber auch keine andere Methode der stochastischen Programmierung, also auch nicht die stochastische Programm-
mierung mit strengem Zulässigkeitskriterium; da muß die
Problemstellung geändert werden, so daß für $\widetilde{H}_t$ auch nicht-
stetige Verteilungen möglich sind, oder die Gleichung
in eine Ungleichung umgewandelt wird.

Die Unverträglichkeit von "Gleichungsnebenbedingungen"
und "stetigen Verteilungen" berührt kein dem Chance-
Constrained Programming spezifisches Problem, denn als
einziges Charakteristikum dieser Methode wird hier das
abgeschwächte Zulässigkeitskriterium "Erfüllung der Nebenbedingungen mit Wahrscheinlichkeit $\alpha < 1$" betrachtet.
Das Problem <u>kann</u> aber mit der Frage "Starres oder flexibles Planungsmodell?" zusammenhängen, wie im folgenden
gezeigt wird. Um Mißverständnisse zu vermeiden, sei
darauf hingewiesen, daß es hier nicht um Stetigkeit oder
Nichtstetigkeit der Verteilungen der stochastischen Koeffizienten des Modells (zusammengefaßt in den Vektoren
$\widetilde{Y}_t$) geht, sondern um die Verteilung der Variablen $\widetilde{H}_t$,
welche eine Funktion dieser Koeffizienten und der Ent-

scheidungsvariablen darstellt.

Interpretiert man (2.2.42) als Nebenbedingung eines starren Programms, so gilt $\widetilde{H}_t := H_t(\widetilde{Y}_t, X_t)$ mit $X_t := (x_0, x_1, \ldots, x_t)$. Demgegenüber ersetzt die flexible mehrstufige Programmierung mit strengem Zulässigkeitskriterium X_t durch die Entscheidungs<u>funktion</u> $\widetilde{X}_t := (x_0, \widetilde{x}_1, \ldots, \widetilde{x}_t)$, die jedem Zustand[1] $z \in Z_t$ eine eigene Entscheidungsfolge zuordnet. Hat nun dieses Programm eine Lösung, so existiert für jeden Zeitpunkt t mindestens eine Ausprägung (eine <u>zulässige</u> Entscheidungs<u>funktion</u>) $\widetilde{X}_t^O$, die in jedem Zustand die Bedingung $\widetilde{H}_t^O := H_t(\widetilde{Y}_t, \widetilde{X}_t^O) = 0$ erfüllt.[2] Das heißt aber offensichtlich, daß die einer zulässigen Lösung entsprechende Zufallsvariable $\widetilde{H}_t^O$ nicht stetig verteilt ist; sie besitzt dann die Verteilungsfunktion

$$F_t(h) = \begin{cases} 0 \text{ wenn } h < 0 \\ 1 \text{ wenn } h \geqslant 0 \end{cases}$$

und kann daher als deterministische Größe aufgefaßt werden, obwohl sie eine <u>nicht</u>lineare Funktion von Zufallsvariablen[3] ist.

Folgendes ist ohne Beweis klar: Immer dann, wenn das mehrstufige Programm mit strengem Zulässigkeitskriterium eine Lösung besitzt, wenn also die Nebenbedingungen

$$H_t(\widetilde{Y}_t, \widetilde{X}_t) = 0 \qquad (t = 1, \ldots, T)$$

für jeden Zustand $z \in Z_t$ $(t=1, \ldots, T)$ erfüllt sind, so hat auch das entsprechende Chance-Constrained Modell,

---

1) Obwohl in 2.2.2.2 der Begriff des Zustands für diskrete stochastische Prozesse definiert wurde, kann er für das Folgende sinngemäß auf allgemeinere stochastische Prozesse (diskreter Parameter t, nicht-diskreter Stichprobenraum) übertragen werden.

2) Mit hochgestelltem Index O sei hier eine <u>beliebige</u> <u>zulässige</u> Lösung charakterisiert.

3) Man beachte, daß auch die (vektoriellen) Entscheidungsfunktionen $\widetilde{x}_1, \widetilde{x}_2, \ldots, \widetilde{x}_t$ als (vektorielle) Zufallsvariablen aufzufassen sind.

das Erfüllung <u>derselben</u> Nebenbedingungen nur mit Mindestwahrscheinlichkeit $\alpha_t < 1$, also

$$P\left[H_t(\tilde{Y}_t,\check{X}_t) = 0\right] \geqslant \alpha_t \qquad (t=1,\ldots,T)$$

fordert, eine Lösung. Umgekehrt gilt: Hat ein Chance-Constrained Modell keine Lösung, so besitzt auch das entsprechend formulierte mehrstufige Programm mit strengem Zulässigkeitskriterium keine Lösung.[1]

Der entscheidende Punkt dieser Überlegungen war das Ersetzen der Entscheidungsvariablen X_t durch Entscheidungsfunktionen $\tilde{X}_t$. Die so formulierten Chance-Constrained Programme sind flexibel und daher im nächsten Abschnitt näher zu besprechen. Das "starre" Chance-Constrained Programm mit den Nebenbedingungen

$$P\left[H_t(\tilde{Y}_t,X_t) \overset{(\leqslant)}{=} 0\right] \geqslant \alpha_t \qquad (t=1,\ldots,T)$$

läßt sich aber mit einem flexiblen mehrstufigen Programm mit strengem Zulässigkeitskriterium nicht direkt vergleichen, da es von völlig anderen Voraussetzungen hinsichtlich der Entscheidungsvariablen ausgeht. Es müßte mit einem Programm des Typs (2.2.18 - 21) bzw. der "fat formulation" mit Nebenbedingungen des Typs (2.2.20a) verglichen werden. Dann aber gilt wieder, daß der Lösungsraum des starren Chance-Constrained Modells größer ist als jener des entsprechend formulierten Modells mit strengem Zulässigkeitskriterium.

Vergleicht man also Modelle miteinander, die sich nur in der Strenge des Zulässigkeitskriteriums (Erfüllung der Nebenbedingungen in jedem Zustand oder nur mit bestimmter Wahrscheinlichkeit), nicht aber in ihren Entscheidungsvariablen unterscheiden, so ist klar, daß Chance-Constrained Modelle den größeren Lösungsraum be-

---

1) Beide Aussagen gelten auch analog für Nebenbedingungen in Ungleichungsform, also für $\tilde{H}_t \leqslant 0$.

sitzen, egal, ob man starre mit starren oder flexible
mit flexiblen Modellen vergleicht.

Anders liegt der Fall, wenn hinsichtlich des Zulässigkeitskriteriums streng formulierte <u>flexible</u> Modelle
mit <u>starren</u> Chance-Constrained Modellen verglichen werden, wenn sich also, allgemeiner betrachtet, die zu
vergleichenden Modelle auch in ihren Entscheidungsvariablen unterscheiden. Dann kann bei einer bestimmten Interpretation der strengen Version der stochastischen Programmierung in gewissem Sinne von einer "Äquivalenz" mit
der Methode des Chance-Constrained Programming gesprochen werden, die darauf beruht, daß unter bestimmten Voraussetzungen die Lösungswerte der den beiden unterschiedlichen Formulierungen <u>gemeinsamen</u> Variablen übereinstimmen. Dieser Vergleich (II) ist Gegenstand des übernäch-
sten Unterabschnitts (3).

(2) <u>Zum Problem der beim abgeschwächten Zulässigkeits-
     kriterium erlaubten Abweichungen</u>

α) <u>Das Problem zweiseitiger Restriktionen</u>

Das abgeschwächte Zulässigkeitskriterium, das die Erfüllung einer "ursprünglich gegebenen" Nebenbedingung
$\tilde{\tilde{H}}_t^{(\le)} = 0$ nur mit gewisser Wahrscheinlichkeit $\alpha_t < 1$ fordert, ist das Kennzeichen des Chance-Constrained Pro-
gramming. In einigen Zuständen dürfen also (und werden
im allgemeinen auch) Abweichungen von dieser "ursprünglichen" Nebenbedingung auftreten. Das entscheidende Problem jedes Modells mit Wahrscheinlichkeitsrestriktionen
liegt daher in der Beurteilung (in der Bewertung) dieser zulässigen Abweichungen. Dies ist natürlich eine
Vorfrage, die vor der endgültigen Formulierung des
Chance-Constrained Modells zu beantworten ist. Das Ergebnis dieser Bewertungsüberlegungen sollte sich in der
Festsetzung der Sicherheitsniveaus α_t niederschlagen.
Es ist allerdings zu vermuten, daß dieses Problem kaum
befriedigend gelöst werden kann.

- 120 -

Es ist zweckmäßig, dieser Frage zunächst am Beispiel
eines Modells mit der "Gleichungsnebenbedingung" $\widetilde{H}_t = 0$
nachzugehen. In diesem Fall sind z.B. die folgenden drei
Formulierungen denkbar:

(a) Die Gleichung muß nur mit gewisser Wahrscheinlichkeit erfüllt sein. Das drückt die bereits oben formulierte Nebenbedingung

$$(2.2.42) \qquad P(\widetilde{H}_t = 0) \geqslant \alpha_t$$

aus.

(b) Die Wahrscheinlichkeit, daß die Realisationen der
Zufallsvariablen $\widetilde{H}_t$ in einem gewissen Intervall
$\langle a,b \rangle$ mit $a \leqslant 0 \leqslant b$ liegen, soll mindestens α_t
betragen:

$$(2.2.43) \qquad P(a \leqslant \widetilde{H}_t \leqslant b) \geqslant \alpha_t$$

(c) Sowohl für die Abweichung nach oben als auch für
die Abweichung nach unten[1] werden eigene Höchstwahrscheinlichkeiten $1 - \alpha_t$ und $1 - \beta_t$ festgesetzt:

$$(2.2.44) \qquad P(\widetilde{H}_t > 0) \leqslant 1 - \alpha_t$$
$$P(\widetilde{H}_t < 0) \leqslant 1 - \beta_t$$
$$\text{mit} \quad \alpha_t + \beta_t \leqslant 1$$

Die Kritik der Variante (a) wurde bereits genannt:
Wenn $\widetilde{H}_t$ stetig verteilt ist, so ist die Formulierung
von (2.2.42) sinnlos, weil nicht erfüllbar. Wenn es
aber eine zulässige Lösung gibt, die zu einer nicht-ste-
tigen Verteilung von $\widetilde{H}_t$ führt (die dem Ereignis $\widetilde{H}_t = 0$
eine von Null verschiedene Wahrscheinlichkeit zuord-

---

1) Hier und im folgenden wird bei $H_z > 0$ von einer "Abweichung nach oben" und bei $H_z < 0$ von einer "Abweichung nach unten" gesprochen, wobei H_z ($z \in Z_t$) eine
Realisation der Variablen $\widetilde{H}_t$ bezeichnet. Für stetig
verteiltes $\widetilde{H}_t$ ist also $P(\widetilde{H}_t \leqslant 0)$ gleich $P(\widetilde{H}_t < 0)$.

net),[1] dann ist (2.2.42) bei hinreichend klein gewähltem α_t erfüllbar und kann somit eine sinnvolle Formulierung darstellen. Trotzdem wird auch in der Regel in diesem Fall eine Formulierung als Ungleichung eher dem Sachproblem angemessen sein. Dazu zwei Überlegungen:

<u>Erstens</u>: Wenn alle zulässigen Lösungen zu solchen Verteilungen von $\tilde{H}_t$ führen, die dem Punkt O nur geringe Wahrscheinlichkeit zuordnen, dann muß auch α_t entsprechend klein gewählt werden. Die Wahrscheinlichkeit der Verletzung der Nebenbedingung muß dann notwendigerweise sehr groß sein. Dabei wird aber keine Aussage getroffen, welcher Art die Abweichungen der Zufallsvariablen $\tilde{H}_t$ vom erwünschten Wert Null sind, wie sie sich auf den positiven und negativen Bereich verteilen. Je kleiner also die größtmöglichen Mindestwahrscheinlichkeiten α_t (die noch zu einem nicht-leeren Lösungsraum führen) werden, desto unschärfer werden notwendigerweise die Aussagen des Modells, desto geringer daher die Bedeutung der Planung überhaupt. Wenn also die Eingangsdaten so verteilt sind, daß die Erfüllung von $\tilde{H}_t = O$ nur mit relativ geringer Wahrscheinlichkeit gefordert werden könnte, so ist zu überlegen, ob nicht ein Modell, das (obwohl $\tilde{H}_t = O$ angestrebt wird) <u>andere</u> Forderungen stellt, die mit größerer Wahrscheinlichkeit erfüllbar sind, Ergebnisse von größerer praktischer Bedeutung liefern kann. Es wäre eine oberflächliche Betrachtungsweise, das Ersetzen einer Gleichungsnebenbedingung (2.2.42) durch eine Ungleichungsnebenbedingung (mit größerer Mindestwahrscheinlichkeit α_t) immer als eine Abschwächung der Modellanforderungen zu interpretieren, denn die Bedingung (2.2.43) stellt lediglich eine <u>andere</u> Anforderung an die Wahrscheinlichkeitsverteilung von $\tilde{H}_t$, nicht unbedingt eine schwächere.

------

1) Das ist auch bei "starr" geplantem Entscheidungsvektor X_t möglich, wenn die zu $\tilde{Y}_t$ gehörenden Zufallsvariablen geeignete nicht-stetige Verteilungen aufweisen.

<u>Zweitens</u>: Da auch die Formulierung (2.2.42) zum Ausdruck bringt, daß die Gleichung $\tilde{H}_t$ = O <u>nicht</u> immer erfüllt werden muß, wäre es wünschenswert, Vorstellungen über die Richtung und das Ausmaß der zulässigen Abweichungen näher zu präzisieren. Es wird sich aber zeigen, daß dies im Rahmen des Chance-Constrained Programming kaum möglich ist.

Wählt man den unter (b) beschriebenen Weg der Vorgabe einer Mindestwahrscheinlichkeit für ein Intervall, so kann das rechentechnisch sehr unbequem werden, ist aber zumindest im Prinzip (näherungsweise) lösbar.[1] Die hier interessierende Schwierigkeit ist allerdings eine entscheidungstheoretische: Die "Grenzen" a und b sind mit bestimmter Wahrscheinlichkeit überschreitbare Grenzen. Das Problem des Übergangs von Formulierung (a) zu Formulierung (b) mit gegebenem Intervall $\langle a,b \rangle$ ist analog dem Problem einer Ausweitung dieses Intervalls bei "entsprechender" Vergrößerung von α_t. Grundsätzlich besteht ein Substitutionsproblem zwischen der Wahl von α_t und der Größe des Intervalls $\langle a,b \rangle$: Je kleiner dieses

---

1) Diese Schwierigkeit liegt darin, daß sich nach Umformung von (2.2.43) ergibt:

$$F_t(b) - F_t(a) \geqslant \alpha_t$$

Da hier nicht nur <u>eine</u> Verteilungsfunktion, sondern eine Differenz von Verteilungsfunktionen, die beide von X_t abhängen, vorliegt, kann man selbst bei Annahme einer Normalverteilung von $\tilde{H}_t$ die Methode der Standardisierung der Variablen und Inversion der Verteilungsfunktion nicht zielführend anwenden und ist somit auf den direkten Ansatz der Verteilungsfunktionen analog zu (2.2.33) angewiesen. Liegen diskrete Verteilungen vor, kann man analog zu (2.2.39) vorgehen, wobei für jede mögliche Ausprägung der Zufallsvariablen zwei Ungleichungen zu formulieren sind.

Intervall ist, desto kleiner wird α_t gewählt werden, desto kleiner ist das noch einen nicht-leeren Lösungsraum garantierende maximal mögliche α_t. Für kleine Intervalle besteht somit im Prinzip dasselbe Problem wie bei (2.2.42), jedoch in abgeschwächter Form: Die Wahrscheinlichkeit der Verletzung der (zweiseitigen) Nebenbedingung ist dann sehr groß, es wird aber nicht berücksichtigt, in welche Richtung diese Verletzung geht. Die Planung erfolgt dann für ein relativ unwahrscheinliches Ereignis. Versucht man aber, diese Schwierigkeit zu beseitigen, indem man das Intervall $\langle a,b \rangle$ groß wählt, was dann auch eine hohe Mindestwahrscheinlichkeit α_t erlaubt, so wird die Nebenbedingung sehr unscharf. Was besagt denn schon eine hohe Wahrscheinlichkeit der Erfüllung der Nebenbedingung, wenn das Intervall $\langle a,b \rangle$ sehr groß gewählt wurde?

Das Problem liegt eben darin, daß einerseits nichts darüber ausgesagt werden kann, ob und wie weit mögliche Realisationen von $\tilde{H}_t$ das Intervall $\langle a,b \rangle$ über- oder unterschreiten, andererseits auch nichts darüber ausgesagt werden kann, wie sich die einzelnen Realisationen innerhalb der Intervallgrenzen verteilen, ob und wo Konzentrationen der Wahrscheinlichkeitsmasse auftreten. Betrachtet man z.B. die Teilintervalle $\langle a,0)$ und $(0,b \rangle$, so wird im allgemeinen das Verhältnis der auf diese Intervalle entfallenden Wahrscheinlichkeitsmassen nicht dem Größenverhältnis dieser Intervalle entsprechen.

Es zeigt sich also, daß die Formulierung (2.2.43) nur sehr wenig über die Wahrscheinlichkeitsverteilung der Variablen $\tilde{H}_t$, die sich aus der Lösung des Problems ergibt, aussagen kann. Eine Beurteilung des Sicherheitsniveaus setzt aber eine Bewertung der Verletzung der Nebenbedingung voraus und bewertet werden muß die <u>ganze</u> Wahrscheinlichkeitsverteilung der Variablen $\tilde{H}_t$. Es erscheint völlig unzureichend, diese Wahrscheinlichkeitsverteilung nur durch einen einzigen Parameter, nämlich die auf ein bestimmtes Intervall entfallende Wahrschein-

lichkeitsmasse, zu charakterisieren. Man wird hier vielleicht argumentieren, es komme ja nicht darauf an, eine
Wahrscheinlichkeitsverteilung ganz bestimmten Nutzens
zu erhalten, sondern die Nebenbedingung solle eine Min-
destanforderung an die Wahrscheinlichkeitsverteilung
repräsentieren, eine Unterschranke für den Nutzen dieser
Verteilung setzen; aus der Klasse der zulässigen Verteilungen wählt man dann jene, die auch den anderen Nebenbedingungen und dem Optimierungsanspruch der Zielfunktion
genügt. An dieser Vorgangsweise soll nun nicht beanstandet werden, daß ein solches Optimierungsmodell in entscheidenden Punkten lediglich vorgegebene Anspruchsniveaus
gewährleistet, also auch Züge eines Satisfizierungsmo-
dells trägt;[1] die Kritik setzt aber an der _Art_ der durch
die Nebenbedingung induzierten Klasseneinteilung der
möglichen Wahrscheinlichkeitsverteilungen an. Es gibt
im allgemeinen Verteilungen, welche die Bedingung (2.2.43)
verletzen und dennoch besser sind (einen höheren Nutzenindex aufweisen) als einige der zulässigen Verteilungen.

Natürlich basiert diese Aussage auf einer bestimmten
Vorstellung über die Bestimmung des Nutzens, nämlich
der oben erhobenen Forderung, daß für die Bewertung der
Abweichungen immer die ganze Wahrscheinlichkeitsverteilung betrachtet werden soll, daß dazu die Charakterisierung der Verteilung durch die einem bestimmten Intervall
zugeordnete Wahrscheinlichkeit nicht ausreicht. Die Annahme, daß eine Erhöhung der Wahrscheinlichkeit der Verletzung der Nebenbedingung durch eine stärkere Konzentra-
tion der Wahrscheinlichkeitsmasse auf günstigere Punkte
des Wertebereichs kompensiert werden kann, ist auch

---

1) Bei den meisten Optimierungsmodellen ist dies ja die
   Funktion der Nebenbedingungen, in einem Entscheidungsproblem bei mehrfacher Zielsetzung nur hinsichtlich
   eines Zieles zu optimieren, für die anderen Zielgrößen aber Anspruchsniveaus zu setzen. (Vgl. Wilhelm
   1975, S. 18 -20) Auf dieser Überlegung basiert auch
   der folgende Unterabschnitt (3).

durchaus plausibel. Ein Beispiel soll das Problem
deutlich machen.

β) <u>Ein Beispiel</u>[1]

Zu vergleichen seien die Zufallsvariablen $\tilde{H}_1$ und $\tilde{H}_2$,
beide definiert auf dem Wertebereich $W := \{h | h \in \langle -3,4 \rangle\}$.
Günstigster Wert dieses Wertebereichs sei der Punkt
$h = 0$ mit einem Nutzen von $u(h) = 1$. Mit zunehmender Entfernung vom Nullpunkt nimmt der Nutzen ab, wobei er bei
einer Unterschreitung dieses Punkts aber rascher sinkt
als bei einer Überschreitung. Die folgende Tabelle
zeigt die Nutzenfunktion $u(h)$ und die beiden zu beurteilenden diskreten Wahrscheinlichkeitsverteilungen, charakterisiert durch die Massefunktionen $p_1(h)$ und $p_2(h)$.

h	-3	-2	-1	0	1	2	3	4
$u(h)$	0,2	0,4	0,5	1	0,7	0,6	0,4	0,2
$p_1(h)$	0,05	0,10	0,10	0,45	0,10	0,10	0,05	0,05
$p_2(h)$	0	0,05	0,10	0,10	0,60	0,05	0,05	0,05

---

1) Um das Beispiel einfach zu halten, sei eine beliebige
   Nebenbedingung <u>isoliert</u> betrachtet. Zu untersuchen
   ist daher die Wahrscheinlichkeitsverteilung der Variablen $\tilde{H}_t$ bei gegebenen Wahrscheinlichkeitsverteilungen der anderen Variablen $\tilde{H}_{t'}$ ($t' \neq t$) und bei gege-
   genem Zielfunktionswert Z. Der Zeitindex t wird daher
   aus Vereinfachungsgründen im Beispiel weggelassen.
   Die Beurteilung einer mehrdimensionalen Nutzenfunk-
   tion $U(\tilde{Z}, \tilde{H}_1, \ldots, \tilde{H}_T)$ wird also reduziert auf die Beurteilung einer eindimensionalen Nutzenfunktion $U(\tilde{H})$.
   Der nun eingeführte Index j ($j = 1,2$) bezieht sich
   auf den Alternativenvergleich. Hier repräsentieren
   $\tilde{H}_1$ und $\tilde{H}_2$ also nicht Variablen verschiedener Zeitpunkte, sondern zwei zu vergleichende Wahrscheinlichkeitsverteilungen der dem betrachteten Zeitpunkt t
   zugeordneten Zufallsvariablen $\tilde{H}$.

Die Nutzenfunktion u(h) sei eine Bernoulli-Nutzenfunktion, so daß der Nutzen U_j der Wahrscheinlichkeitsverteilung j durch

$$U_j = U(\tilde{H}_j) = \sum_{h \in W} p_j(h) \cdot u(h)$$

dargestellt werden kann.[1] Dieser Nutzen wird aber im Modell des Chance-Constrained Programming nicht berücksichtigt, vielmehr soll eine Nebenbedingung des Typs (2.2.43) gewährleisten, daß die Variable $\tilde{H}$ einen bestimmten Mindestnutzen aufweist. Der raschere Nutzenabfall im negativen Bereich läßt es als plausibel erscheinen, die Untergrenze a näher beim Nullpunkt anzusetzen als die Obergrenze b, also ein solches Intervall zu wählen, das alle Werte, die einen bestimmten Mindestnutzen unterschreiten, ausschließt. Bei einem Mindestnutzen von u(h) = 0,5 erhält man das Intervall $\langle a = -1, b = 2 \rangle$. Für andere Mindestnutzenwerte ergeben sich die Intervalle $\langle 0,1 \rangle$, $\langle 0,2 \rangle$, $\langle -1,2 \rangle$ und $\langle -2,3 \rangle$. Aufgabe des Entscheidenden wäre also, für die Nebenbedingung

$$P(\tilde{\tilde{H}} \in \langle a,b \rangle) \geqslant \alpha$$

eines dieser Intervalle auszuwählen und eine Mindestwahrscheinlichkeit α (die mit der Größe des Intervalls steigen wird) anzugeben. Es zeigt sich nun, daß - egal, welches dieser Intervalle $\langle a,b \rangle$ gewählt wird - die Variable $\tilde{H}_2$ diesem Intervall immer eine größere Wahrscheinlichkeit $P_j := (\tilde{H}_j \in \langle a,b \rangle)$ zugeordnet als die Variable $\tilde{H}_1$:

---

1) Es wird hier also angenommen, daß die Nutzenfunktion u(h) unabhängig von der zu beurteilenden Alternative j, also unabhängig von der Lösung des Programms ist. Dies ist im allgemeinen aber nicht so, da die Art j der Wahrscheinlichkeitsverteilung der Variablen $\tilde{H}$ ja durch eine bestimmte Konstellation der Entscheidungsvariablen des Programms determiniert wird!

$\langle a,b \rangle$	$\langle 0,1 \rangle$	$\langle 0,2 \rangle$	$\langle -1,2 \rangle$	$\langle -2,3 \rangle$
P_1	0,55	0,65	0,75	0,90
P_2	0,70	0,75	0,85	0,95

Unabhängig vom gewählten Intervall - alle erscheinen plausibel! - wird also bei stetiger Erhöhung des Sicherheitsniveaus _zuerst_ die Variable $\tilde{H}_1$ als unzulässig ausgeschlossen. Dieses Ergebnis ist höchst unbefriedigend, da eine Berechnung des Nutzens U_j ergibt, daß $\tilde{H}_1$ vorzuziehen ist:

$$U(\tilde{H}_1) = 0,71 \; > \; U(\tilde{H}_2) = 0,65$$
$$\tilde{H}_1 \; \succ \; \tilde{H}_2$$

Wie wenig die Intervallgrenzen a und b die für die Bestimmung des Nutzens maßgebende Abweichungsstruktur beeinflussen können, zeigt auch, daß man im betrachteten Beispiel auch für das hier ganz unplausible Intervall $\langle a,b \rangle = \langle -2,1 \rangle$ das Ergebnis $P_1 < P_2$ erhalten hätte, denn für beide Alternativen $j = 1,2$ gilt hier

$$P(\tilde{H}_j \in \langle -1,2 \rangle) \;\; = \;\; P(\tilde{H}_j \in \langle -2,1 \rangle).$$

Der Parameter P_j erweist sich also für die Bestimmung des Nutzens der Verteilung von $\tilde{H}_j$ als schlecht geeignet. Man könnte nun vermuten, daß eine Erweiterung der Nebenbedingung (2.2.43)[1] zu

---

1) Die Diskussion von (2.2.43a) dient nur der Illustration des Problems der Eingrenzung des Typs einer Wahrscheinlichkeitsverteilung durch Nebenbedingungen. Für eine praktische Berechnung könnte diese Methode schon wegen des großen Aufwands nicht empfohlen werden.

(2.2.43a) $P(a_i \leqslant \tilde{H}_t \leqslant b_i) \geqslant \alpha_{ti}$ $(i = 1,\ldots,m)$

$$\text{mit} \quad \left. \begin{array}{l} a_{i+1} \leqslant a_i \leqslant 0 \\[4pt] b_{i+1} \geqslant b_i \geqslant 0 \\[4pt] \alpha_{t,i+1} > \alpha_{ti} \end{array} \right\} \quad (i = 1,\ldots,m-1)$$

zu besseren Ergebnissen führt, da nun jede Verteilung
nicht mehr nur an einem einzigen Parameter gemessen wird,
sondern mehrere Bedingungen erfüllen muß. Daß dies nicht
so ist, wie ja das betrachtete Beispiel zeigt,[1] liegt
daran, daß auch bei einem sehr feinen System solcher
überlappender Intervalle nichts darüber ausgesagt werden
kann, ob die Abweichungen (innerhalb und außerhalb der
Intervalle) im positiven oder negativen Bereich liegen.[2]
Nur so etwas Ähnliches wie "Zentrierung um den Nullpunkt
(um das innerste Intervall)" kann dadurch gesteuert werden. Das ist aber kein ausreichender Maßstab für die Beurteilung von Verteilungen, selbst dann nicht, wenn die
Nutzenfunktion symmetrisch um den Nullpunkt ist, wie die
folgende Variante des Beispiels[3] zeigt:

h	-4	-3	-2	-1	0	1	2	3	4
u(h)	0,2	0,4	0,6	0,7	1	0,7	0,6	0,4	0,2

Für die beiden betrachteten Variablen $\tilde{H}_1$ und $\tilde{H}_2$ erhält
man dann

$\langle a,b \rangle$	$\langle -1,1 \rangle$	$\langle -2,2 \rangle$	$\langle -3,3 \rangle$
P_1	0,65	0,85	0,95
P_2	0,80	0,90	0,95

---

1) Das Ergebnis $P_1 < P_2$ gilt ja für alle betrachteten
   Intervalle!

2) Bei symmetrisch um den Nullpunkt aufgebauten Intervallen werden z.B. um den Nullpunkt gespiegelte Verteilungen gleich beurteilt.

3) Geändert werden nicht die Wahrscheinlichkeitsverteilungen der beiden zu beurteilenden Alternativen, sondern nur die Nutzenfunktion.

Obwohl diese Wahrscheinlichkeiten eine Überlegenheit
der Variablen $\tilde{H}_2$ vermuten lassen, zeigt eine Betrachtung der Nutzenfunktion:

$$U(\tilde{H}_1) = 0{,}76 \quad > \quad U(\tilde{H}_2) = 0{,}68$$

$$\tilde{H}_1 \quad \succ \quad \tilde{H}_2$$

Wie man sieht, ist es nicht möglich, mit Hilfe derartiger Nebenbedingungen aus den möglichen Wahrscheinlichkeitsverteilungen __alle__ jene herauszufinden, die einen
bestimmten Mindestnutzen gewährleisten. Damit ist aber
ein dem Chance-Constrained Programming immanentes, im
Rahmen dieser Methode nicht lösbares, Problem beschrieben: Es gibt im allgemeinen keine Möglichkeit, die Auswirkung des Sicherheitsniveaus α_t auf den Gesamtnutzen
des Ergebnisses (abhängig vom Wert der Zielfunktion und
der Struktur der Wahrscheinlichkeitsverteilungen der $\tilde{H}_t$)
vor Kenntnis der Lösung anzugeben, selbst dann nicht,
wenn die Nutzenfunktion nicht direkt von den Entscheidungsvariablen abhängt, weil eine indirekte Abhängigkeit
dadurch begründet wird, daß diese Funktion auf von den
Entscheidungsvariablen abhängigen Größen zu definieren
wäre.

γ) __Weitere Überlegungen zu zweiseitigen Restriktionen__

Das Problem ist aber noch etwas schwieriger, als bisher
dargestellt. Die Beurteilung der Abweichungen (mittels
einer Nutzenfunktion) setzt im allgemeinen ein Abschätzen der Konsequenzen dieser Abweichungen voraus. Diese
Konsequenzen sind aber vor Lösung des ganzen Entscheidungsproblems nicht exakt feststellbar, da der Entscheidungsspielraum zum Zeitpunkt t von den realisierten Werten der Entscheidungsvariablen X_0, X_1, ..., X_t abhängt. Vor Kenntnis dieser Entscheidungen weiß man ja im
allgemeinen nicht, welche Maßnahmen im Falle einer Verletzung der Nebenbedingung des Zeitpunkts t ergriffen werden

können und was diese Maßnahmen kosten.[1] Auch dann, wenn
man nicht daran denkt, im Falle der Verletzung der Nebenbedingungen konkrete Maßnahmen zu ergreifen, kann der
(negative) Nutzen, den man diesem Ereignis zuordnet,
von der auch durch X_O, X_1,..., X_t bestimmten Situation
abhängen. Egal also, ob konkrete "Notmaßnahmen" (bzw.
"Überschußverwertung") oder abstrakte Bewertung geplant
ist, man wird es im allgemeinen mit einer zustandsabhängigen Nutzenfunktion zu tun haben.

Jeder Überlegung zur Vorgabe von Sicherheitsniveaus muß
daher eine gewisse Vorstellung über die Struktur der
Wahrscheinlichkeitsverteilungen der Zufallsvariablen
$\tilde{H}_t$ zu Grunde liegen und eine Vorstellung über bestimmte
Eigenschaften der Optimallösung X_O^*, X_1^*, ..., X_t^*. Liegt
dann die auf Basis dieser Vorgaben errechnete optimale
Lösung vor, so kann ermittelt werden, ob die ursprünglichen Vorstellungen realistisch waren; ist die Diskre-
panz zwischen Vorgabe und Lösung sehr groß, kann durch
neue Vorgaben (in einem somit sehr aufwendigen Probierverfahren) versucht werden, zu einer besseren Übereinstimmung zwischen Vorgabe und Lösung zu kommen.[2]

---

1) Im Falle eines Investitionsmodells kann beispielsweise eine solche Notmaßnahme in der Abänderung des
   Investitionsprogramms bestehen (Nichtdurchführung bestimmter Projekte); ihre Beurteilung setzt daher die
   Kenntnis dieses Investitionsprogramms voraus. Analoges gilt für (noch nicht ausgenützte) Kreditmöglichkeiten. Darauf weisen Hax (1976a, S. 184) und Schneider (1970, S. 390) hin. Überraschenderweise findet
   sich dieser wichtige Hinweis in der 4. Auflage (1975)
   des zitierten Buches von Schneider nicht mehr.

2) Man beachte, daß dieses Probierverfahren weit über
   den in der Literatur häufig gemachten Vorschlag, das
   Programm für alternative Sicherheitsniveaus zu lösen
   (z.B. Albach/Schüler 1975, S. 409; Näslund 1967,
   S. 160-166; Dinkelbach 1973, S. 53), hinausgeht, da
   nicht nur die Verletzungswahrscheinlichkeiten, sondern die vollständigen Wahrscheinlichkeitsverteilungen zu berechnen und (in Abhängigkeit von der dann gegebenen Situation) zu beurteilen sind.

Wollte man von vornherein die Struktur der möglichen Abweichungen so genau bestimmen, daß eine Nutzenzuordnung
möglich wird, so liefe das auf eine Determinierung der
__ganzen__ Wahrscheinlichkeitsverteilung hinaus. Dies widerspricht aber schon formal der Konzeption des Chance-
Constrained Programming, das ja durch das Setzen von
Mindestwahrscheinlichkeiten für Intervalle charakterisiert ist. Formal denkbar wäre im Rahmen dieser Methode
allenfalls ein intervallweises näherungsweises Festlegen
einer Wahrscheinlichkeitsverteilung, etwa durch

$$(2.2.43b) \quad P(h_i \leqslant \tilde{H}_t < h_{i+1}) \geqslant \alpha_{ti} \qquad (i = 1,\dots,m)$$

$$\text{mit } h_{i+1} > h_i \quad \text{und} \quad \sum_i \alpha_{ti} \leqslant 1.$$

Mit steigender Feinheit der Intervallteilung und sinkender Differenz $1 - \sum \alpha_{ti}$ würde die gesamte Wahrscheinlichkeitsverteilung immer strenger determiniert. Dadurch
wird es zwar möglich, für jeden Zeitpunkt t der Menge
der Sicherheitsniveaus $\{ \alpha_{ti} \mid i = 1,\dots,m \}$ näherungsweise eine Nutzenziffer zuzuordnen,[1] dies wird aber erkauft durch eine gravierende Einschränkung des Entscheidungsspielraums. Dazu kommt noch der Nachteil, daß eventuell nutzengleiche Wahrscheinlichkeitsverteilungen völlig anderer Struktur nicht berücksichtigt werden können.
Löste man also auf diese Art das durch die Unmöglichkeit
einer modellendogenen Ermittlung der optimalen Abweichungsstruktur[2] entstandene Problem, so würde das Ergeb-

---

1) Noch immer unter Voraussetzung der Existenz einer Nutzenfunktion u(h), die von der Optimallösung unabhängig ist!

2) Die schwächere Forderung (2.2.43) erlaubt zwar die
   Auswahl einer Wahrscheinlichkeitsverteilung aus einer
   größeren Zahl zulässiger Verteilungen. Darin kann
   aber nicht die Ermittlung einer "optimalen" Abweichungsstruktur gesehen werden, da das Modell die
   Auswahl der Verteilung nicht auf Basis einer Bewertung
   der Abweichungen vornimmt, sondern auf Grund ganz anderer Kriterien. In diesem Punkt der Abweichungsstruktur ist das Modell eben nicht Optimierungs-, sondern
   Satisfizierungsmodell.

nis ganz entscheidend durch eine <u>Vor</u>entscheidung bestimmt, für die aber im allgemeinen keine brauchbaren
Regeln angegeben werden können. Man wird daher diese Vorgangsweise aus entscheidungstheoretischen Gründen ablehnen, weil es nicht realistisch ist, anzunehmen, die
Struktur der einer bestimmten Nutzenvorstellung entsprechenden "optimalen" Verteilung vorweg abschätzen zu
können. Diese Abschätzung erwies sich zwar auch bei der
schwächeren Forderung (2.2.43) als notwendig; dort kann
aber eine Verbesserung dieser Schätzung in einem iterativen Prozeß versucht werden.

Das Bisherige zusammenfassend muß festgestellt werden,
daß es weder möglich ist, durch Gestaltung der Sicherheitsniveaus einen Mindestnutzen der Verteilungen der
Variablen $\tilde{H}_t$ vorzugeben, noch sinnvoll, den Nutzen durch
vollständige Determinierung der Verteilungen festzulegen.
Da nun Verfeinerungen von (2.2.43) nicht zum Ziel führen,
und zwar nicht bloß aus Gründen des großen Rechenaufwands,
wird man trotz großer Nachteile (will man nicht völlig
andere Methoden der stochastischen Programmierung anwenden) bei diesem Typ von Nebenbedingungen bleiben[1] und
allenfalls das angedeutete Probierverfahren anwenden,
die Rechnung also mehrmals wiederholen.

Wählt man an Stelle der Vorgabe einer Mindestwahrscheinlichkeit für ein Intervall $\langle a,b \rangle$ die bisher noch nicht
näher diskutierte Formulierung (2.2.44), also Vorgabe von
Höchstwahrscheinlichkeiten sowohl für die Abweichung nach
unten als auch für die Abweichung nach oben, so hat man
mit dieser Grobaufteilung der Wahrscheinlichkeitsverteilung zwar etwas erreicht, was weder (2.2.43) noch (2.2.43a)
leisten, doch ist die grundsätzliche Problematik ähnlich
wie bei den bisher besprochenen Formulierungen: Da nichts

---

1) Man beachte, daß (2.2.42) und die einseitige Bedingung (2.2.32) einen Sonderfall von (2.2.43) darstellen. Auf die einseitige Bedingung wird weiter unten
   noch näher eingegangen werden.

über die nähere Struktur der Verteilung der Abweichungen
innerhalb dieser Intervalle gesagt ist, sind auch sehr
sorgfältig ausgewählte Höchstwahrscheinlichkeiten (bzw.
Verhältnisse der beiden Höchstwahrscheinlichkeiten) kein
zuverlässiger Indikator für den Nutzen der Wahrscheinlichkeitsverteilungen. So würden etwa U-förmige Verteilungen
genauso vorteilhaft erscheinen können wie Verteilungen
mit einer Häufung der Wahrscheinlichkeitsmasse um den
erwünschten Wert Null. Doch braucht man gar nicht zu solch
extremen Verteilungen zu greifen, um die Schwäche der
Formulierung zu zeigen, wie das folgende Beispiel lehrt:

Betrachtet seien wieder zwei zu vergleichende Zufallsvariablen $\tilde{H}_1$ und $\tilde{H}_2$. Die folgende Tabelle zeigt die
beiden Massefunktionen und die Nutzenfunktion.

h	-3	-2	-1	1	2	3
u(h)	0,2	0,4	0,5	0,9	0,7	0,6
p_1(h)	0,05	0,10	0,10	0,50	0,20	0,05
p_2(h)	0	0,05	0,10	0,10	0,60	0,15

Da der Nutzenabfall im negativen Bereich größer ist als
im positiven, wird man $(1-\beta)$, die Höchstwahrscheinlichkeit für eine Abweichung nach unten, kleiner als $(1-\alpha)$
wählen. Nun gilt zwar für beide hier betrachteten Verteilungen, daß die Wahrscheinlichkeit einer Abweichung
nach unten kleiner ist als die einer Abweichung nach
oben, doch ist das Verhältnis dieser Wahrscheinlichkeiten
bei der Zufallsvariablen $\tilde{H}_2$ deutlicher ausgeprägt, wie
die folgende Tabelle zeigt:

	$P(\tilde{H}_j > 0)$	$P(\tilde{H}_j \leqslant 0)$
$\tilde{H}_1$	0,75	0,25
$\tilde{H}_2$	0,85	0,15

Trotzdem hat $\tilde{H}_1$ eindeutig die "bessere" Wahrscheinlichkeitsverteilung, wie man nach Berechnung des Nutzens
sieht:

$$U(\tilde{H}_1) = 0{,}72 \quad > \quad U(\tilde{H}_2) = 0{,}67.$$

Entscheidend für die Überlegenheit von $\tilde{H}_1$ ist hier nicht
die größere Wahrscheinlichkeit $P(\tilde{H}_1 > 0)$, sondern die
günstigere <u>Verteilung</u> innerhalb des Intervalls $(0, \infty)$.

Die spezifischen Schwächen dieses Ansatzes erkennt man
deutlicher, wenn man Verteilungen mit $P(\tilde{H}_t = 0) = 0$
(also z.B. stetige Verteilungen) voraussetzt, und die
Formulierung (2.2.44) in dann völlig äquivalenter Form
schreibt (immer mit $\alpha_t + \beta_t \leqslant 1$) als:

$$
\text{(2.2.44a)} \qquad
\begin{aligned}
P(\tilde{H}_t < 0) &\geqslant \alpha_t \\
P(\tilde{H}_t > 0) &\geqslant \beta_t
\end{aligned}
$$

oder

$$\text{(2.2.44b)} \qquad 1 - \beta_t \geqslant P(\tilde{H}_t < 0) \geqslant \alpha_t$$

Die Formulierung (2.2.44a) zeigt die Ähnlichkeit dieses
Ansatzes mit (2.2.43b)! Setzt man $\alpha_t + \beta_t = 1$,
so geht (2.2.44b) über in

$$\text{(2.2.44c)} \qquad P(\tilde{H}_t < 0) = \alpha_t$$

Mit sinkender Differenz $1 - (\alpha_t + \beta_t)$ gewinnt also die
Mindestwahrscheinlichkeit α_t immer mehr auch den Charakter einer Höchstwahrscheinlichkeit. Dies ist leicht einzusehen, da natürlich das Setzen einer Höchstwahrscheinlichkeit für Abweichungen in eine Richtung gleichbedeutend ist mit einer Mindestwahrscheinlichkeit (genau die
Komplementärwahrscheinlichkeit) für die Abweichung in
die andere Richtung. Zunehmende Strenge der Nebenbedingungen (sinkende Höchstwahrscheinlichkeiten bzw. steigende Mindestwahrscheinlichkeiten für Abweichungen) be-

deutet somit zunehmendes Gewicht der Vorentscheidung.
Auch für diesen Ansatz gilt also, daß vor Formulierung
des Modells bestimmte Vorstellungen über die Abweichungsstruktur von $\widetilde{H}_t$ vorhanden sein müssen, die mit zunehmender Strenge des Modells an Bedeutung gewinnen.

Egal, welche Methode man anwendet, die Probleme werden
um so unangenehmer, je weniger Wahrscheinlichkeitsmasse
auf den erwünschten Wert h = O entfällt, allgemeiner
betrachtet: je breiter gestreut die möglichen Werte der
Zufallsvariablen $\widetilde{H}_t$ sind. Mit zunehmendem Streubereich
wird es immer ungewisser, zu welchem Verteilungstyp
die Vorgabe von bestimmten Mindestwahrscheinlichkeiten
führt, wird es immer schwieriger, Vorstellungen über die
"erwünschte" Abweichungsstruktur durch eine Vorentscheidung festzulegen. Diese Probleme, die durch breitere
Streuung der Zufallsvariablen $\widetilde{H}_t$ hervorgerufen werden,
sind zwar rein formal unabhängig davon, ob die Entscheidungsvariablen X_t "<u>starr</u>" vorzugeben sind, oder ob sie
in einem "<u>flexiblen</u>" Modell durch Entscheidungsfunktionen
$\widetilde{X}_t$ ersetzt werden, doch ist es tatsächlich so, daß gerade die starre Planung der Variablen X_t die unangenehme
Gestalt der Wahrscheinlichkeitsverteilung von $\widetilde{H}_t$ verursacht. Kann man die Entscheidungsfunktionen $\widetilde{X}_t$ gut an die
Zufallsvariablen "anpassen", so wird im "Idealfall"
die Variable $\widetilde{H}_t$ quasi deterministisch. Das entscheidungstheoretische Problem kann somit durch den Übergang zu
flexiblen Modellen (siehe nächster Abschnitt) erheblich
erleichtert werden; beseitigt wird es aber nicht, da
die "tatsächliche" Gestalt der Verteilung von $\widetilde{H}_t$ ja
erst Ergebnis des Optimierungsmodells ist und gerade die
Formulierung von Wahrscheinlichkeitsrestriktionen ja Verteilungen erlaubt (und im allgemeinen optimal sein läßt),
die nicht zum quasi-deterministischen Sonderfall degene-
riert sind. Im Prinzip bestehen also all diese Schwierigkeiten auch bei den flexiblen Modellen; bei den starren
Modellen sind sie aber gravierender.

Die starre Planung der Entscheidungsvariablen X_t hat ferner nicht nur zur Folge, daß wegen breiter Streuung von $\tilde{H}_t$ die Nebenbedingungen notwendigerweise nur relativ unscharf formuliert werden können. Sie vergrößert auch ganz wesentlich das Problem der Abschätzung der Konsequenzen einer Verletzung der Nebenbedingungen, da man nicht nur die Abhängigkeit dieser Konsequenzen von der optimalen Lösung X_t^* zu berücksichtigen hat, sondern vielmehr die Abhängigkeit von den später <u>tatsächlich</u> getroffenen Entscheidungen, die in diesem Optimierungsprozeß gar nicht ermittelt werden. Es ist klar, daß all dies die Probleme sind, die ganz allgemein die Einschränkung des Entscheidungsfeldes mit sich bringt: Die Einfachheit wird erkauft durch die Unschärfe des Modells und die vergrößerte Problematik der Bestimmung der exogen vorzugebenden Parameter.

δ) <u>Das Problem einseitiger Restriktionen</u>

Die Diskussion von Gleichungsnebenbedingungen machte einige Schwierigkeiten der Festsetzung der Sicherheitsniveaus α_t besonders deutlich, die im Prinzip auch bei den üblichen einseitigen Wahrscheinlichkeitsrestriktionen des Typs (2.2.32) bestehen. Das soll auf zweifache Weise gezeigt werden:

<u>Erstens</u> läßt die formale Verwandtschaft der Formulierungen[1] vermuten, daß diesen auch viele Probleme gemeinsam sein werden. Dies ist in der Tat so, denn die Schwäche der Formulierung (2.2.32) liegt zweifellos darin, daß nichts über die Verteilung der Wahrscheinlichkeitsmasse innerhalb der Intervalle $(-\infty,0\rangle$ und $(0,\infty)$ ausgesagt wird. Man mag nun einwenden, daß solche einseitigen Restriktionen eben dann angewandt werden, wenn es egal ist, ob die Nebenbedingung im Optimum als Gleichung oder als Ungleichung erfüllt ist. Selbst wenn man dieser Ansicht folgt (obwohl dies, wie weiter unten begründet wird, nicht berechtigt ist), bleibt das Problem der Verteilung der Abweichungen im Intervall $(0,\infty)$. Es wird meist - und ganz sicher bei Liquiditätsnebenbedingungen - so sein,

---

1) (2.2.32) entspricht (2.2.43) für ein Intervall
   $(a,b\rangle = (-\infty,0\rangle$.

daß im Falle einer Verletzung der Nebenbedingung das
Ausmaß dieser Verletzung von entscheidender Bedeutung ist.
Folglich besteht hier ein zu (2.2.43) analoges Substi-
tutionsproblem: Bei der allgemeineren Nebenbedingung

$$(2.2.32') \qquad P(\tilde{H}_t \leqslant b) > \alpha'_t$$

wird man zu entscheiden haben, ob man b und gleichzeitig α'_t noch vergrößern oder vermindern soll. Vergleicht
man beispielsweise (2.2.32') bei festem $b > 0$ und
$\alpha'_t > \alpha_t$ mit der Bedingung (2.2.32), so grenzen beide
Bedingungen verschiedene Lösungsbereiche ein. In (2.2.32)
kann man das Ereignis $0 \leqslant \tilde{H}_t \leqslant b$ durch Wahl von α_t
sehr unwahrscheinlich werden lassen, bei $\alpha_t = 1$ erst
wäre es unmöglich. Bei Anwendung von (2.2.32') läßt sich
dieses Ereignis durch noch so hohe Wahl von α'_t nie ganz
verhindern, aber es tritt auch nur mit bestimmter Wahrscheinlichkeit ein. Es kann also sein, daß die Optimallösung des Modells mit (2.2.32) bei gegebenem α_t nie
Optimallösung eines Modells mit der Nebenbedingung
(2.2.32') werden kann, egal wie α'_t gewählt wird; und umgekehrt. Das sagt nur, daß beide Modelle nicht äquivalent
sein müssen, sagt aber nicht, welchem der Vorzug zu geben
ist.

Das praktische Entscheidungsproblem der Wahl von b und
α'_t in (2.2.32') möge das folgende Beispiel demonstrieren. Das Programm[1]

$$\begin{aligned}
x &\longrightarrow \min \\
x &\leqslant 75 \\
P(x + 5 &\geqslant \tilde{b}) \geqslant \alpha' \\
x &\geqslant 0
\end{aligned}$$

hat für $\alpha' = 0{,}875$ die Lösung $x^* = 73{,}75$. Allgemein
liefert dieses Programm für $0 \leqslant \alpha' \leqslant 1$ Lösungen im Bereich von $65 \leqslant x^*(\alpha') \leqslant 75$. Die entsprechende Chance-
Constrained Formulierung des Typs (2.2.32) mit der Neben-
bedingung $P(x \geqslant \tilde{b}) \geqslant \alpha$ führt im Bereich $0 \leqslant \alpha \leqslant 0{,}5$ zum

---

1) In Anlehnung an Beispiel 1 sei $\tilde{b}$ gleichverteilt zwischen
   70 und 80.

selben Ergebnis, wenn gilt $\alpha' = \alpha + 0,5$. Diese lineare
Beziehung ist durch die Gleichverteilungsannahme bedingt.
Ändert man allerdings das Beispiel etwas ab, indem man
$\tilde{b}$ nun als normalverteilt mit Mittelwert 75 und Varianz 4
annimmt, so zeigt sich eine starke Abhängigkeit der Sensitivität der Optimallösung x^{*} in bezug auf α von der Höhe
dieses Sicherheitsniveaus. Es seien drei äquivalente
Chance-Constrained Formulierungen betrachtet, die sich
durch die folgenden Nebenbedingungen charakterisieren
lassen (alle anderen Bedingungen des Beispiels wie oben):

$$(1) \quad P(x \geqslant \tilde{b}) \geqslant \alpha_1$$

$$(2) \quad P(x + 2 \geqslant \tilde{b}) \geqslant \alpha_2$$

$$(3) \quad P(x + 5 \geqslant \tilde{b}) \geqslant \alpha_3$$

Die folgende Tabelle zeigt, wie α_1, α_2 und α_3 gewählt werden müßten, damit die drei Modelle unter obiger
Normalverteilungsannahme zum selben Ergebnis führen.

x^{*}	α_1	α_2	α_3
70	0,01	0,07	0,5
71	0,02	0,16	0,69
72	0,07	0,31	0,84
73	0,16	0,5	0,93
74	0,31	0,69	0,98
75	0,5	0,84	0,99

Dieses Ergebnis ist durch die starke Abflachung der
Verteilung an den Enden bedingt und zeigt das Problem,
das besteht, wenn bei derartigen Verteilungstypen solche Wahrscheinlichkeitsrestriktionen gewählt werden, die
sehr hohe Sicherheitsniveaus (oder sehr geringe) erfordern. Das Problem ist vor allem deswegen unangenehm,
weil die Wahrscheinlichkeitsverteilungen auf mehr oder
weniger ungenauen Schätzungen beruhen, wobei oft die
Extrembereiche für Schätzfehler besonders anfällig sein
werden.

Zweitens besteht auch bei einseitigen Wahrscheinlichkeitsrestriktionen das Problem, daß die Variable $\tilde{H}_t$

von O nach beiden Richtungen abweichen kann und diese
Abweichungen bewertet sein wollen. Zwar legt die Formulierung der Ungleichung $\tilde{H}_t \leqq O$ nahe, daß nur ein positiver Wert von $\tilde{H}_t$ "schädlich", ein negativer jedoch
"unschädlich" ist. Diese Betrachtung wäre jedoch zu einfach. Es geht um das Abwägen von expliziten und impliziten Kosten. Durch Festlegung von α_t werden negative
Werte von $\tilde{H}_t$ nicht nur zugelassen, sondern (mit bestimmter Wahrscheinlichkeit) gefordert. Je größer α_t wird,
desto mehr rückt die Wahrscheinlichkeitsverteilung von
$\tilde{H}_t$ in den negativen Bereich; das senkt die expliziten
Kosten, die bei Verletzung der Nebenbedingung anfallen,
erhöht aber in der Regel die impliziten Kosten durch Verringerung des Zielfunktionswertes. Man denke an Liquid-
tätsnebenbedingungen: Wenige werden bei einer ersten Betrachtung des Problems etwas dagegen einwenden, daß diese Bedingung mit einer Wahrscheinlichkeit von z.B. nur
O,O5 verletzt werden darf. Die äquivalente Forderung, daß
mit einer Wahrscheinlichkeit von <u>mindestens</u> O,95 ein
völlig unverzinslicher Kassenbestand gehalten werden soll,
der durchschnittliche Kassenbestand also dementsprechend
groß sein muß, dürfte nicht auf eine so breite Zustimmung stoßen. Ein entscheidender Punkt ist, daß die starre Vorgabe der Entscheidungsvariablen X_t rein fiktive
Kassenbestände produziert, die Planung auf einen sehr un-
günstigen Fall (der nur mit Wahrscheinlichkeit O,O5 auftritt) abgestellt ist, obwohl man weiß, daß in der Mehr-
zahl der Fälle andere Entscheidungen getroffen werden,
deren Auswirkung in dem Planungsverfahren nicht berücksichtigt werden. Welche Planrevisionen möglich sind,
hängt von der Wahrscheinlichkeitsverteilung der positiven "Kassenbestände" ($\tilde{H}_t < O$) ab; diese Verteilung ist
also durchaus entscheidungsrelevant für die Bewertung
der Sicherheitsniveaus.

**(3) <u>Vergleich (II) mit Modellen mit strengem Zulässig-
keitskriterium</u>**

Zur weiteren Betrachtung des Problems der Sicherheitsniveaus sei einmal angenommen, man kenne die Kosten der
Maßnahmen ("Notmaßnahmen"), die bei Verletzung der Nebenbedingung ergriffen werden können; wenn es keine solchen Maßnahmen gibt und die Verletzung gewissermaßen
endgültig bleibt, könne man eine Bewertung dieser Verletzung vornehmen; man sehe auch zunächst von der Abhängigkeit dieser Bewertungen von den Entscheidungsvariablen
(und damit von der Lösung des ganzen Problems) ab. Wie
ist dieses Wissen umsetzbar in die Bestimmung der Sicherheitsniveaus $\alpha_1, \ldots, \alpha_T$? Woher nimmt man das Entscheidungskriterium für die Lösung dieses Problems?

Eine mögliche Betrachtungsweise ist die folgende: Man
nehme aus jeder Nebenbedingung (2.2.32,t) die Ungleichung
$\tilde{H}_t \leqslant 0$, "erweitere" sie um die "Hilfsvariable" $\tilde{z}_t \geqslant 0$ zu[1]

$$(2.2.45,t) \qquad \tilde{H}_t \leqslant \tilde{z}_t$$

---

1) Die hier auf das starre Modell des Chance-Constrained
   Programming bezogenen Überlegungen gelten im Prinzip
   auch für die später in 2.2.3.2 dargestellten flexiblen Modelle; die Unterschiede sind in der Interpretation der Größe $\tilde{H}_t$ zu berücksichtigen. Die Tilde über
   der "Hilfsvariablen" $\tilde{z}_t$ drückt aus, daß es sich um
   eine an den jeweiligen Zustand anzupassende Entscheidungsfunktion handelt; geht man von einem flexiblen
   Modell aus, dann enthält auch $\tilde{H}_t$ solche Entscheidungsfunktionen. Ebenso soll auch der Fall zugelassen sein,
   daß gegenüber dem zugrunde liegenden Chance-Constrained
   Modell die Formulierung von $\tilde{H}_t$ geändert wird (daß
   z.B. das Chance-Constrained Modell starr ist, in
   (2.2.45,t) aber $\tilde{H}_t$ auch Entscheidungsfunktion enthält). Es soll also offen bleiben, ob (2.2.45,t)
   vollständig oder nur unvollständig flexibel ist.

und verlange Erfüllung der Nebenbedingung (2.2.45,t)
in jedem Zustand. Von der zu maximierenden Zielfunktion
subtrahiere man den Erwartungswert der Kosten der Abweichungen

$$\sum_{t=1}^{T} c_t \bar{z}_t.$$

Hier sind die $c_t > 0$ die Kosten der "Notmaßnahmen",
bzw. $-c_t \tilde{z}_t$ der (negative) Nutzen der Verletzung der Nebenbedingung $\tilde{H}_t \leqslant 0$ im Ausmaß von $\tilde{z}_t$.[1] Mit anderen Wor-
ten: man löst das Problem nicht mit Hilfe des Chance-
Constrained Programming, sondern mit Hilfe der mehrstufigen stochastischen Programmierung mit strengem Zulässigkeitskriterium. Abschließend prüft man, ob sich solche $\alpha_1, \ldots, \alpha_T$ finden lassen, daß die Optimallösung
$X_0^*, \ldots, X_T^*$ des Chance-Constrained Programms mit den optimalen Lösungswerten der entsprechenden Variablen des
mehrstufigen Programms mit strengem Zulässigkeitskriterium übereinstimmen. Gelingt dies, so sind die beiden
Probleme "äquivalent".[2] Dem zweistufigen Modell aus

---

1) Vgl. dazu die verschiedenen Interpretationsmöglichkeiten der Variablen der 2. Stufe des zweistufigen Modells in Abschnitt 2.2.2.1.c. Das Verfahren ist ver-
   feinerbar durch Änderung der Zielfunktion, Einführung
   mehrerer in ihrer Höhe beschränkter Variabler, die
   auch in mehreren Nebenbedingungen, verknüpft mit bestimmten Koeffizienten, auftreten dürfen. Damit kann
   man eine Fülle von Abhängigkeiten der Kosten c_t von
   den Entscheidungsvariablen X_t und das Problem der
   zeitlichen Interdependenz, also die Auswirkung der
   "Notmaßnahmen" einer Periode auf den Entscheidungsspielraum der anderen Perioden, berücksichtigen. Ebenso ist eine Verallgemeinerung von c_t zu $\tilde{c}_t$ (also zustandsabhängige Kosten) denkbar.

2) So etwa Dürr (1972), S. 196. Im Unterschied zu Vergleich (I) unterscheiden sich hier die beiden miteinander verglichenen Modelle in den Variablen. In die

(Fortsetzung s. nächste Seite)

Beispiel 1 wäre z.B. das folgende Chance-Constrained
Modell äquivalent:

$$x \longrightarrow \min$$
$$x \leqslant 75$$
$$P(x \geqslant \tilde{b}) \geqslant 0{,}375$$
$$x \geqslant 0$$

Auch dieses Modell hat die Lösung $x^{*} = 73{,}75$.

Diese Äquivalenz bringt jedoch nichts für die praktische
Lösung des Entscheidungsproblems der Bestimmung der Sicherheitsniveaus im Chance-Constrained Modell, da sie im
allgemeinen die Lösung des mehrstufigen Modells mit strengem Zulässigkeitskriterium voraussetzt und somit das
Chance-Constrained Modell überflüssig macht. Die Untersuchung dieser Äquivalenzbeziehung ist jedoch von theoretischem Interesse. Dahinter steht die Auffassung, daß
es sich bei solchen Entscheidungsmodellen unter Unsicherheit, egal ob mit Wahrscheinlichkeitsrestriktionen oder
mit um in jedem Zustand zu erfüllenden Nebenbedingungen,
immer um <u>Entscheidungsprobleme mit mehrfacher Zielsetzung</u>
handelt. Zu der "ursprünglichen" Zielgröße, deren Maximierung (oder Minimierung) im Chance-Constrained Ansatz
gefordert wird, tritt die Erfüllung jeder Nebenbedingung
als zusätzliche Zielgröße.[1]

(Fortsetzung der Fn. 2) der Vorseite)

    Formulierung mit strengem Zulässigkeitskriterium
werden (im einfachsten Fall) die Variablen der Chance-
Constrained Formulierung unverändert übernommen und
noch "Bewertungsvariablen" (Variablen der 2. Stufe
im zweistufigen Modell) hinzugefügt. Die Zielfunktionswerte sind nicht miteinander vergleichbar. "Äquivalenz"
bezieht sich auf die Gleichheit der Lösungswerte der
den beiden Formulierungen gemeinsamen Variablen.

---

1) Ein Modell mit T stochastischen Nebenbedingungen kann
also als Modell mit T+1 Zielgrößen aufgefaßt werden
(wenn die Zielfunktion als Maximierung/Minimierung nur
einer Zielgröße aufgefaßt wird).

Typische Lösungsmöglichkeiten für Probleme mit mehrfacher
Zielsetzung sind z.B. die Methode der Zielgewichtung
und die Methode der Maximierung (Minimierung) <u>einer</u>
Zielgröße (bei Setzung von Nebenbedingungen für die
Niveaus der anderen Zielgrößen). Dürr (1972) hat für ein
zweistufiges Modell mit stochastischem Beschränkungsvektor (und konstanter Koeffizientenmatrix) gezeigt, daß das
Modell mit strengem Zulässigkeitskriterium der Methode
der Zielgewichtung, das Chance-Constrained Modell der
Methode der Maximierung einer Zielgröße (mit Mindestniveaus für die anderen Zielgrößen) entspricht.[1] Es wurde
unter sehr allgemeinen Voraussetzungen gezeigt, daß die
Menge der effizienten Lösungen (das sind solche, die die
Eigenschaft haben, daß keine andere Lösung existiert,
die den Wert einer Zielgröße "verbessert", ohne den Wert
mindestens einer der anderen Zielgrößen zu "verschlech-
tern") bei beiden Problemen übereinstimmt, daß man also
bei gegebener Definition der Zielgröße des einen Problems
die Zielgröße des anderen Problems so definieren kann,
daß die Optimallösungen beider Probleme identisch sind.

Es ist aber darauf hinzuweisen, daß die Zielgrößen bei
den beiden Methoden <u>unterschiedlich</u> definiert sind: Das
strenge mehrstufige Modell definiert die Zielgröße als
Funktion (z.B. Erwartungswert der Kosten) des Ausmaßes
der Verletzung der Nebenbedingung, das Chance-Constrained
Modell als Wahrscheinlichkeit der Verletzung (bzw. Erfül-

---

1) Im allgemeinen mehrstufigen Modell sind die Verhältnisse zwar komplizierter, da die in der Zielfunktion
zu bewertenden "Hilfsvariablen" (Entscheidungsfunktionen zur Bewertung der Verletzung der "ursprünglichen"
Nebenbedingungen) nicht bestimmten Nebenbedingungen
zugeordnet werden können, da sie in der Regel in mehreren Nebenbedingungen auftreten; doch bleibt dadurch
der Grundgedanke der Interpretation eines Modells mit
strengem Zulässigkeitskriterium als Entscheidungsproblem mit mehrfacher Zielsetzung unberührt. Das Problem liegt jedoch darin, welche Variablen man als
solche "Hilfsvariablen" interpretiert. (Siehe dazu die
Ausführungen in diesem Abschnitt weiter unten.)

lung) der Nebenbedingung. Trotz der möglichen Äquivalenz
der beiden Modelle ist es wichtig, den grundlegenden Unterschied bei der Definition der Zielgrößen zu betonen,
da dies den Ausgangspunkt der Überlegungen des Entscheidenden festlegt. Die beiden möglichen Auffassungen sind:

1. Der Entscheidende strebt zwar nicht Erfüllung der
   Nebenbedingung in jedem Zustand an, kann aber die
   Kosten (den negativen Nutzen) der Verletzung der
   Nebenbedingung als Funktion, definiert auf dem Ausmaß
   dieser Verletzung, angeben. Dies entspricht formal
   der mehrstufigen stochastischen Programmierung mit
   strengem Zulässigkeitskriterium. Das Chance-Constrained
   Modell wird als Ersatzmodell betrachtet.

2. Der Nutzen hängt (neben den mit den Entscheidungsvariablen verbundenen Zahlungen) direkt von der Wahrscheinlichkeit der Erfüllung dieser Nebenbedingungen
   ab. Bei diesem Entscheidungsproblem mit mehrfacher
   Zielsetzung sind verschiedene Methoden der Bewertung
   denkbar, z.B. Definition einer mehrdimensionalen Nutzenfunktion auf $\alpha_1, \ldots, \alpha_T$ und den übrigen Zielgrößen. Entscheidet man sich aber für die Setzung von
   Mindestniveaus für α_t bei Maximierung (Minimierung)
   der verbleibenden Zielgrößen, so nennt man das Chance-
   Constrained Programming.

Folgt man der ersten Auffassung, so kann zwar die Lösung
des äquivalenten Chance-Constrained Modells leichter
sein, da dieses weniger Entscheidungsvariablen aufweist
als das entsprechende Modell mit strengem Zulässigkeitskriterium. Die Sicherheitsniveaus α_t sind aber im allgemeinen nicht vor Lösung des strengen Modells bekannt.
Hätte man in Beispiel 1 die Äquivalenz des dort angenommenen Kostensatzes von 1,6 mit $\alpha = 0,375$ "intuitiv" erkannt? In diesem Beispiel läßt sich die Äquivalenzbedingung sehr leicht formulieren. Die allgemeine Lösung des
strengen zweistufigen Modells mit der Zielfunktion

$$x + c\tilde{z} \longrightarrow \min \quad \text{lautet}$$

$$x^* = \min \left\{ 75;\ 80 - 10/c \right\} \qquad \text{falls } c > 1.$$

Das entsprechende Chance-Constrained Modell

$$
\begin{aligned}
x &\longrightarrow \min \\
x &\leqslant 75 \\
P(x &\geqslant \tilde{b}) \geqslant \alpha \\
x &\geqslant 0
\end{aligned}
$$

hat die Lösung

$$x^* = \min \left\{ 75;\ 10\,\alpha + 70 \right\}.$$

Somit erhält man als Äquivalenzbedingung

$$c = (1 - \alpha)^{-1} \qquad \text{falls } 1 \leqslant c \leqslant 2$$
$$\text{bzw. } 0 \leqslant \alpha \leqslant 0{,}5.$$

Unter Vernachlässigung der Obergrenze $x \leqslant 75$ erhielte man folgende äquivalente Werte:

α	c
0,375	1,6
0,5	2
0,75	4
0,9	10
0,95	20
0,99	100

Trotz der Trivialität dieses Beispiels ist anzunehmen, daß die meisten Entscheidenden ohne nähere Rechnung zu hohe Werte für α angeben, ohne zu erkennen, wie hoch die entsprechenden Kostensätze (hier also die Preise bei Ersatzbeschaffung des Gutes) sein dürfen. Vor allem bei sehr hohen Werten für die Sicherheitsniveaus scheint also die Gefahr der Unterschätzung der äquivalenten Kosten zu bestehen. Es ist zwar klar, daß mit $\alpha \rightarrow 1$ die äquivalenten Kosten gegen Unendlich streben, aber ab welchem α werden sie "völlig unrealistisch hoch"? Natürlich ist für das konkrete Ergebnis auch der Grad der

"Risikoscheu" verantwortlich. Da Beispiel 1 von Erwartungswertmaximierung ausgeht, steckt hier die Annahme der
"Risikoneutralität" (wobei aber noch die Strenge der
Anforderung an die Erfüllung der Nebenbedingung zu beachten ist!). Trotzdem ist auch bei Modellen mit Zielfunktionen, die größere "Risikoscheu" zum Ausruck bringen, ein Unterschätzen der äquivalenten Kosten bzw. Über-
schätzen des erforderlichen Sicherheitsniveaus für hohe
Werte von α zu erwarten. Für die hier interessierenden
Modelle, die eine stochastische Koeffizientenmatrix aufweisen, ist das ganze Problem allerings noch erheblich
schwieriger, da die Wahrscheinlichkeitsverteilung der
Zufallsvariablen $\tilde{H}_t$ von der Lösung des Problems abhängt
und bei starrer Planung der Entscheidungsvariablen X_t
die möglichen Anpassungsmaßnahmen mit abzuschätzen sind.

Geht man gemäß der ersten Auffassung von einem mehrstufigen Modell mit strengem Zulässigkeitskriterium aus und
betrachtet das Chance-Constrained Modell nur als äquivalentes Ersatzmodell, so muß auch die Frage geklärt werden, <u>welche</u> Variante der Wahrscheinlichkeitsrestriktionen
gewählt werden soll.[1] Dies führt zu mehreren Teilfragen:

a) Der Grundgedanke dieser Äquivalenzüberlegungen
   liegt ja darin, daß die Kosten der "Notmaßnahmen",
   die bei Verletzung der "ursprünglichen" Nebenbedingung ergriffen werden, entweder direkt angesetzt
   werden (Modell mit strengem Zulässigkeitskriterium)
   oder indirekt in der Höhe der Sicherheitsniveaus
   der Wahrscheinlichkeitsrestriktionen zum Ausdruck
   kommen. Was sind nun aber die "ursprünglichen" Nebenbedingungen und was sind bloß "Notmaßnahmen" vertre-
   tende Variablen, die beim Übergang zum Chance-Constrained Modell wegfallen? Die notwendige Abgrenzung

---

1) Siehe dazu die Ausführungen im vorangegangenen
   Unterabschnitt (2).

wird mit einem bestimmten Grad von Willkür behaftet
sein. In der Regel wird es sinnlos sein, alle zukünftigen zustandsabhängig zu realisierenden Variablen als bloße "Notmaßnahmen" zu eliminieren und sich
der Hoffnung hinzugeben, trotzdem brauchbare Schätzungen für die äquivalenten Sicherheitsniveaus zu
finden. Dies käme nahezu dem Verzicht auf Planung
gleich. Bleiben aber zustandsabhängige Variablen im
Modell, so erhöht dies natürlich die rechentechnischen
Probleme (Siehe Abschnitt 2.2.3.2). Im allgemeinen
Fall ist nicht gewährleistet, daß äquivalente Programme im strengen Sinn (Übereinstimmung der Lösungswerte aller gemeinsamen Variablen) existieren. Allerdings wäre dieser Anspruch auch zu hoch gestellt, da
es doch tatsächlich nur auf den sofort zu realisierenden Entscheidungsvektor X_O ankommt.

b) Sehr häufig werden bessere Schätzungen zu erwarten
sein, wenn zustandsabhängige Variablen nicht gänzlich
eliminiert, sondern starr geplant werden. Ferner sind
beliebig viele Abstufungen denkbar, wobei die Variablen zwar nicht gänzlich starr geplant, aber nur unvollständig von der zukünftigen Umweltentwicklung abhängig sind. Dazu gehört die feste Vorgabe von Entscheidungsfunktionen und die Planung auf Basis vereinfachter Zustandsbäume.[1] In all diesen Fällen sind
die Lösungen nicht mehr unmittelbar mit den Ergebnissen des ursprünglichen mehrstufigen Modells mit strengem Zulässigkeitskriterium vergleichbar, da die Art
der Variablen, die Struktur der Entscheidungsfunktionen verändert wurde. Dies berührt aber nicht den
entscheidenden Vergleich der Optimallösungen für die
sofort zu realisierenden Entscheidungen!

---

[1] Die exakte Beschreibung der verschiedenen Vereinfa-
chungsmöglichkeiten ist Gegenstand von Abschnitt
2.2.3.2.

c) Selbst wenn der grobe Typ des Chance-Constrained
   Modells festliegt, besteht noch das grundsätzliche
   Substitutionsproblem zwischen Mindestwahrscheinlichkeiten und den Grenzen, auf die sie sich beziehen,
   also etwa der Vergleich von (2.2.32) und (2.2.32').[1]

Es zeigt sich also, daß das Ersetzen eines gegebenen
mehrstufigen Modells mit strengem Zulässigkeitskriterium
durch ein Chance-Constrained Modell zwar im Prinzip möglich ist, wobei die Wirkung der eliminierten Variablen
durch geeignete Bestimmung der Sicherheitsniveaus aufzu-
fangen ist, was aber einem kaum zu lösenden Schätzproblem gleichkommt. Der offensichtliche Unterschied in der
Strenge des Zulässigkeitskriteriums läßt keinen Rückschluß
auf unterschiedlich streng formulierte "Sachprobleme"zu,
sondern ist rein formal bedingt, da in einem Fall nur ein
Teil des Entscheidungsfeldes explizit Berücksichtigung
findet. (Es kann daraus z.B. keine Aussage über das Ausmaß der tatsächlich gegebenen Konkurswahrscheinlichkeit
abgeleitet werden!) Dadurch allerdings stellt sich die
Methode des Chance-Constrained Programming als ein Planungsverfahren dar, dessen Beurteilung grundsätzlich die
Berücksichtigung des ganzen Systems der Planrevisionen
im Zeitablauf erfordert.[2] Wenn trotz der theoretisch in
bestimmten Fällen möglichen Äquivalenz der beiden Methoden das Chance-Constrained Programming in gewissem
Sinne die "unsichere" ist, so liegt dies an den nicht
exakt lösbaren Schätzproblemen.[3]

---

1) Das Problem wurde im vorangegangenen Unterabschnitt
   (2) erläutert.

2) Vgl. Abschnitt 1.3 und den folgenden Unterabschnitt
   (4).

3) Auch Hadley (1964, S. 177) gibt als generelle Regel
   an, daß die explizite Berücksichtigung von Kosten für
   die Verletzung der Nebenbedingungen besser sei, als
   die Verwendung von Wahrscheinlichkeitsrestriktionen.
   Auch er weist darauf hin, daß eine beliebige Vorgabe
   der Sicherheitsniveaus absurd hohe (oder absurd
   niedrige) Kosten implizieren kann.

Scheinbar tauchen diese Schwierigkeiten nicht auf, <u>wenn</u>
<u>man der zweiten Auffassung folgt</u>, daß der Nutzen direkt
von der Wahrscheinlichkeit der Verletzung bzw. Erfüllung der Nebenbedingungen abhängt. Allerdings muß man
sich darüber im klaren sein, daß die Konsequenzen einer
Verletzung von der Optimallösung abhängen. Es ist daher
schwer vorstellbar, daß die Höhe der Sicherheitsniveaus
unabhängig vom Abschätzen der Optimallösung festgelegt
werden kann. Insofern sind alle Versuche der Definition
einer mehrdimensionalen Nutzenfunktion bzw. Bewertungs-
funktion direkt auf der Menge der Sicherheitsniveaus[1]
grundsätzlich methodisch bedenklich. Auch der Versuch
der Bewertung einer Änderung von α_t mit Hilfe der Dualvariablen[2] erfaßt nur die eine Seite des Problems, nämlich die dadurch verursachte Änderung der Zielfunktion,
die aber erst den bewerteten Konsequenzen einer Verletzung gegenübergestellt werden muß.

Für Modelle der Investitions- und Finanzplanung halte
ich daher die erste Auffassung, das Chance-Constrained
Modell nur als Ersatzmodell zu interpretieren, für zweckmäßiger.[3] Die Wahrscheinlichkeitsrestriktionen sind also
aufzufassen als Vereinfachung der alle Anpassungsmaßnahmen (eventuell im Sinne abstrakter Bewertung) berücksichtigenden, in jedem Zustand zu erfüllenden Nebenbedingungen des strengen Modells.[4] Diese Vereinfachung liegt vor
allem im Weglassen von Variablen ("Hilfsvariablen",
"Bewertungsvariablen") und in einer Verminderung des Grades der Flexibilität der verbleibenden Entscheidungsvariablen (Entscheidungsfunktionen). Im Grenzfall kann das
bis zur starren Planung gehen; die Regel wird aber eine
weniger radikale Verminderung der Flexibilität sein.[5]
Diese Modelle sind Gegenstand von Abschnitt 2.2.3.2.

---

1) Siehe z.B. Sengupta (1972), S. 53 ff.

2) Siehe z.B. Näslund (1967), S. 93 ff.; Haegert (1970).

3) Dies entspricht auch der Intention von Hax (1976b und
   1976a, S. 184 ff.).

4) Wobei natürlich dieses strenge Modell tatsächlich
   überhaupt nicht exakt formuliert wird!

5) Vgl. die Bemerkung zu (2.2.45,t).

Entscheidend für die Wahl der Sicherheitsniveaus ist der
Grad dieser Vereinfachung (der Grad der Flexibilität der
Entscheidungsfunktionen). Je weniger Anpassungsmöglichkeiten explizit in den Nebenbedingungen berücksichtigt
sind, desto niedriger werden die Sicherheitsniveaus sein
können. Hohe Sicherheitsniveaus sind nur bei expliziter
Berücksichtigung aller (fast aller) Anpassungsmöglichkeiten zu rechtfertigen; andernfalls wäre gegen das Chance-
Constrained Programming im Prinzip derselbe Einwand (nur
in etwas abgeschwächter Form) wie gegen die "fat formulation" der (zweistufigen) Programmierung mit strengem
Zulässigkeitskriterium (Madansky, 1962, S. 467) zu erhe-
ben. Die Höhe der Sicherheitsniveaus sagt also für sich
allein genommen noch nichts über die "Strenge" des Modells aus; es muß dazu berücksichtigt werden, welche
Variablen das Modell explizit berücksichtigt.

(4) <u>Zum Problem der zeitlichen Interdependenz der
    Sicherheitsniveaus</u>

Besonders schwierig ist die Beurteilung des zeitlichen
Zusammenhangs der Sicherheitsniveaus.[1] Die Formulierung
der Nebenbedingung für den Zeitpunkt t beruht auf der
Voraussetzung, daß die Variablen $X_O, \ldots, X_{t-1}$ tatsächlich realisiert wurden. Insofern ist α_t als bedingte
Wahrscheinlichkeit anzusehen. Ist tatsächlich mindestens
eine der Nebenbedingungen vor dem Zeitpunkt t verletzt
(was ja mit bestimmter Wahrscheinlichkeit zulässig ist),
so gilt die Nebenbedingung für t nicht mehr; es ist ihr
die Basis entzogen. Andererseits wird in der Regel (und
ganz sicher in dem hier vor allem interessierenden Fall
der Liquiditätsbedingungen) auch die "Übererfüllung"
einer Nebenbedingung in einem der vorhergehenden Zeit-

---

1) Analoge Probleme bestehen auch dann, wenn die Nebenbedingungen nicht zeitlich aufeinanderfolgen. Die
   Frage soll hier aber nicht weiter verfolgt werden.

punkte Aktionen induzieren, die für den Zeitpunkt t
einen anderen Entscheidungsspielraum erzeugen, als den
durch die Nebenbedingung für t abgebildeten.

Ganz allgemein kann gesagt werden, daß mit zunehmender
zeitlicher Entfernung das Modell unter immer mehr nicht
berücksichtigten Planrevisionen "leidet", daß die Entscheidungssituation immer schlechter beschrieben wird.
Damit ist natürlich nichts darüber ausgesagt, in welche
Richtung die tatsächlich durchgeführten Aktionen von den
im Modell abgebildeten abweichen (diese Verteilung der
Planrevisionen hängt von der Höhe der Sicherheitsniveaus
ab), aber es ist sicher, daß die Streuung der an sich zu
berücksichtigenden Planrevisionen (ihre Abweichung von
den Modellwerten) immer größer wird. Die durchaus plausible, als allgemeine Regel formulierbare Aussage, daß
um so höhere Sicherheitsniveaus gerechtfertigt sind, je
genauer die Entscheidungssituation beschrieben ist, führt
daher zu der Empfehlung, die Sicherheitsniveaus mit zunehmender zeitlicher Entfernung zu senken.[1]

Diese nur auf den Zeitpunkt abstellende Aussage vernachlässigt aber noch die Abhängigkeit der Sicherheitsniveaus eines bestimmten Zeitpunkts von der Höhe der Sicherheitsniveaus der vorangegangenen Zeitpunkte. Umgekehrt
folgt aus dieser Abhängigkeit die Notwendigkeit, ein Sicherheitsniveau eines bestimmten Zeitpunkts danach zu
beurteilen, wie es (über die durch es induzierten Planrevisionen) die Güte der Beschreibung der späteren Entscheidungssituationen beeinflußt. Sehr hohe Sicherheitsniveaus werden die Eigenschaft haben, daß sie in den
meisten Zuständen (des Zeitpunkts, für den sie formuliert
sind) Planrevisionen des Typs "Anlage von freien Mitteln"
zur Folge haben.[2] Ein Investitionsmodell mit durchweg

---

1) Dieses Argument hat nichts zu tun mit der Streuung
   der im Modell berücksichtigten subjektiven Wahrscheinlichkeitsverteilungen!

2) Umgekehrtes gilt für sehr niedrige Sicherheitsniveaus.

hohen Sicherheitsniveaus rechnet mit sehr hohen Beständen an liquiden Mitteln, die tatsächlich nicht gebildet werden; man wird sie im Wege von Planrevisionen beseitigen. Die tatsächlichen Entscheidungssituationen späterer Zeitpunkte werden also erheblich von den im Modell dargestellten abweichen.

Dies spricht dafür, Sicherheitsniveaus in Höhe von etwa O,5 vorzuschlagen. Dahinter steht die Vorstellung, daß sich dann die Planrevisionen in etwa ausgleichen; es wird dann in vielen Zuständen um Beseitigung von Unterdeckungen, aber auch in vielen Zuständen um Beseitigung von Überdeckungen gehen.[1] Diese Überlegung betrachtet die Sicherheitsniveaus vor allem in ihrer Funktion der Determinierung der Entscheidungssituationen späterer Perioden und nicht in ihrer Funktion zur Sicherung der Liquidität! Aus diesen beiden Funktionen können sich im allgemeinen widersprüchliche Anforderungen an die Höhe der Sicherheitsniveaus ergeben.[2] Im sequentiellen Modell ist natürlich der Aspekt der Auswirkung auf die Beschreibung späterer Entscheidungssituationen besonders wichtig, kann jedoch nicht ohne weiteres den "Sicherheitsaspekt" (den "Liquiditätsaspekt") verdrängen. In Abschnitt 3 wird daher durch den Vorschlag der Konstruktion von zwei Typen von Nebenbedingungen versucht, den "sequentiellen Aspekt" vom "Sicherheitsaspekt" zu trennen. Vorher soll jedoch die Flexibilität der Modelle und ihre Auswirkung auf die Höhe der Sicherheitsniveaus ausführlich dargestellt werden.

---

1) Natürlich kann hier von keinem exakten Ausgleich die Rede sein, aber man wird doch bei Sicherheitsniveaus in "mittlerer Höhe" am ehesten eine Kompensation der Auswirkungen der Planrevisionen wegen Überdeckung und wegen Unterdeckung erwarten können.

2) Ob unter Liquiditätsaspekten, unter "Sicherheitsaspekten" ein Sicherheitsniveau von O,5 als zu niedrig anzusehen ist, hängt allerdings, wie oben ausgeführt wurde, von der Genauigkeit der Beschreibung der Entscheidungssituation, von den berücksichtigten bzw. nicht berücksichtigten Anpassungsmöglichkeiten ab!

2.2.3.2 Flexible Versionen

2.2.3.2.1 Unbedingte (totale) Wahrscheinlichkeitsrestriktionen

a) Formulierungen und Lösungsverfahren

Das in 2.2.3.1 dargestellte starre Modell des Chance-Constrained Programming erfährt eine entscheidende Erweiterung, wenn man die Entscheidungsvariablen x_t für die Zeitpunkte $t = 1,\ldots,T$ durch Entscheidungs_funktionen_ ersetzt, also die Möglichkeit der Abhängigkeit der Entscheidungen ab dem Zeitpunkt 1 von den bis dahin vorliegenden Realisationen der Zufallsvariablen explizit berücksichtigt. Von unbedingten oder totalen[1] Wahrscheinlichkeitsrestriktionen spricht man, wenn die Nebenbedingung

$$(2.2.32,t) \qquad P(\tilde{H}_t \leqslant 0) \geqslant \alpha_t$$

in ihrer konzentrierten Form erhalten bleibt, wenn also für jeden _Zeitpunkt_ eine Wahrscheinlichkeitsrestriktion formuliert wird. Der Unterschied zu den starren Modellen liegt hier nicht in der Art der Wahrscheinlichkeitsanforderung, sondern in der Ausgestaltung der Entscheidungsvariablen. Die Zufallsvariable $\tilde{H}_t$ ist jetzt zu definieren als

$$(2.2.46,t) \qquad \tilde{H}_t := \tilde{a}'_{t0}x_0 + \tilde{a}'_{t1}\tilde{x}_1 +\ldots+ \tilde{a}'_{tt}\tilde{x}_t - \tilde{b}_t.$$

Die Grundstruktur dieses Modells entspricht somit dem von Dantzig (1955, S. 204) formulierten Ansatz mit Nebenbedingungen des Typs (2.2.23,t), nur wird jetzt das Zulässigkeitskriterium abgeschwächt, die Einhaltung der einem bestimmten Zeitpunkt entsprechenden Nebenbedingung also nicht in jedem Zustand, sondern nur mit bestimmter Wahrscheinlichkeit gefordert. (Der Ansatz von Ungleichun-

---

1) So z.B. Charnes/Kirby (1967) oder Kortanek/Soden (1967).

gen statt Gleichungen[1] und die Beschränkung auf <u>eine</u>
Nebenbedingung je Zeitpunkt berühren nicht den Kern des
Modells.) Es ist daher zweckmäßig, den stochastischen
Prozeß $\{\tilde{Y}_t \mid t = 1,\ldots,T\}$ in derselben Weise zu präzisieren, wie dies in Abschnitt 2.2.2.2 für das mehrstu-
fige Modell mit strengem Zulässigkeitskriterium geschehen ist:

1. $\tilde{Y}_t$ umfaßt alle Zufallsvariablen, deren Realisationen
   im Zeitpunkt t bekannt werden, wobei angenommen wird,
   daß alle Zufallsvariablen der Nebenbedingung des Zeitpunkts t zu $\tilde{Y}_t$ gehören.

2. Wie in 2.2.2.2 bezeichnen $Z_1,\ldots,Z_{T-1}$ Partitionen
   des Stichprobenraums Z_T, wobei Z_t jeweils eine Verfeinerung von Z_{t-1} darstellt.

3. Übernommen wird die Definition des Zustandes des Prozesses zum Zeitpunkt t als das Ereignis $z_t \in Z_t$.

4. Übernommen werden auch die gleichzeitige Auffassung
   von Z_t als Indexmenge, so daß der Index z $(z \in Z_t)$
   ein Ereignis $z_t \in Z_t$ repräsentiert, und die Definition des Indexes $z(t')$ $(t' \leq t,\ z \in Z_t)$ als Repräsentant jener Menge $z_{t'}$, in der die Menge z_t enthalten
   ist, so daß $z(t')$, immer auf einen Zustand $z \in Z_t$
   bezogen, im Zustandsbaum jenen Knoten repräsentiert,
   der dem Zustand $z \in Z_t$ im Zeitpunkt t' vorausgeht,
   bzw. für t' = t die Beziehung $z(t) = z \in Z_t$ gilt.

Diese Bezeichnungen mögen auch für Prozesse mit nicht-
diskretem Stichprobenraum gelten.

Zu 1.: Dies entspricht der Definition von $\tilde{Y}_t$ in 2.2.3.1.
Anders als dort können aber jetzt zu $\tilde{Y}_t$ auch Zufallsvariablen der Zielfunktion gehören (wie in 2.2.2.2),
von deren Realisationen, falls sie vorliegen, ja die

---

1) Dies wurde ausführlich in 2.2.3.1.b, insbesondere
   Abschnitte (1) und (2) diskutiert.

Werte der Entscheidungsvariablen abhängig gemacht werden können. Analog zu der Kurzschreibweise
$\tilde{H}_t = H_t(\tilde{Y}_t, X_t)$ in 2.2.3.1 kann nun die Zufallsvariable
$\tilde{H}_t$ durch

$$\tilde{H}_t = H_t(\tilde{Y}_t, \tilde{X}_t)$$

charakterisiert werden, wobei $\tilde{X}_t := (x_0, \tilde{x}_1, \ldots, \tilde{x}_t)$ gesetzt wurde. Diese Schreibweise ist aber nun insofern
etwas ungenau, als $\tilde{Y}_t$ nicht nur Zufallsvariablen der
Nebenbedingung t, sondern auch Zufallsvariablen der
Zielfunktion enthält, von denen $\tilde{H}_t$ nicht direkt abhängt.
(Eine indirekte Abhängigkeit besteht natürlich über die
Entscheidungsfunktion $\tilde{x}_t$.) $\tilde{H}_t$ kann als eine Zufallsvariable aufgefaßt werden, die auf dem Stichprobenraum Z_T definiert ist; es genügt aber, als Ereignissystem das
gröbere System aller möglichen Teilmengen von Z_t zu betrachten. Anders gesagt: Jedem Zustand $z \in Z_t$ entspricht
eine Realisation der Variablen $\tilde{H}_t$:

$$\tilde{H}_t : \qquad Z_t \longrightarrow W(\tilde{H}_t)$$
$$z_t \longmapsto H_z$$

Ist $\tilde{X}_t$ nicht auf Z_t, sondern auf einem gröberen Ereignissystem definiert, so würde auch für $\tilde{H}_t$ die Betrachtung
eines entsprechend gröberen Mengensystems genügen;
darauf soll aber, um die Formeln nicht zu überladen, im
folgenden verzichtet werden.

Je nach der Gestaltung der Entscheidungsfunktionen $\tilde{x}_t$
(t = 1,...,T) lassen sich verschiedene Varianten des
Modells unterscheiden:

<u>Variante 1</u>: $\tilde{x}_t = x_t(\tilde{Y}_1, \ldots, \tilde{Y}_t)$

Dies bedeutet, daß jedem Zustand des Prozesses im Zeitpunkt t ein Wert der Entscheidungsfunktion zugeordnet
wird, die Definition dieser Funktion auf der Menge Z_t

$$(2.2.26) \qquad \tilde{x}_t : \quad Z_t \longrightarrow W(\tilde{x}_t)$$
$$z_t \longmapsto x_t(z_t)$$

somit aus 2.2.2.2 übernommen werden kann. In strenger
Analogie zum beschriebenen mehrstufigen Modell mit
strengem Zulässigkeitskriterium wird die ganze zum
Zeitpunkt t vorliegende Information explizit im Modell
verarbeitet. (Auf die Problematik dieser vollständigen
Informationsverarbeitung im Zusammenhang mit Wahrscheinlichkeitsrestriktionen wird bei der Diskussion des Modells im folgenden Abschnitt b noch näher einzugehen
sein.)

So wünschenswert die Übernahme der flexiblen Struktur
des mehrstufigen Modells (mit strengem Zulässigkeitskriterium) in den Ansatz des Chance-Constrained Programming
ist, so nachteilig wirkt sich das Zusammentreffen der
mathematisch-rechentechnischen Schwierigkeiten dieser
beiden Ansätze auf die Lösungsaussichten aus. Chance-
Constrained Programme dieser allgemeinen Form wurden
bisher für stetige Zufallsvariablen nicht gelöst. Es
scheinen auch keine praktikablen Lösungsmethoden in
Aussicht zu sein (Siehe Kramm 1977, S. 48). Sind die
Variablen diskret oder lassen sie sich hinreichend genau durch diskrete Variablen approximieren, könnte theoretisch das von Raike (1970) vorgeschlagene Lösungsverfahren verwendet werden, das eine Umformung der Nebenbedingungen für den Zeitpunkt t in folgender Weise vorsieht (vgl. 2.2.39, t):

$$(2.2.47, t) \qquad \left. \begin{array}{l} H_z \leqslant (1 - u_z)U \\ u_z = 0 \text{ oder } 1 \end{array} \right\} \quad z \in Z_t$$

$$\sum_{z \in Z_t} w_z u_z \geqslant \alpha_t$$

w_z ist die dem Zustand $z \in Z_t$ (also dem Ereignis z_t)
zugeordnete (unbedingte) Wahrscheinlichkeit. Es gilt
$\sum_{z \in Z_t} w_z = 1$.

H_z ist zu definieren als[1]

$$(2.2.48) \qquad H_z := \sum_{t'=0}^{t} a'_{tt'z} x_{t'z(t')} - b_{tz} \qquad (z \in Z_t).$$

Offenbar ist dieses Lösungsverfahren wegen der sehr großen Anzahl von Nebenbedingungen und Variablen des gemischt-ganzzahligen Programms nur für sehr grob gegliederte stochastische Prozesse praktikabel; es wird daher meist als Approximationsverfahren zu deuten sein.

<u>Variante 2</u>: $\tilde{x}_t = x_t(\tilde{Y}_1,\ldots,\tilde{Y}_{t-1})$

Das bedeutet Definition der Entscheidungsfunktion auf der gröberen Menge Z_{t-1}:

$$(2.2.49) \qquad \tilde{x}_t : \quad Z_{t-1} \longrightarrow W(\tilde{x}_t)$$
$$z_{t-1} \longmapsto x_t(z_{t-1})$$

Formal entspricht dies der üblichen Darstellung dieser Modelle in der Literatur;[2] dort steht dahinter aber die Annahme, daß die Entscheidung tatsächlich vor der Realisation von $\tilde{Y}_t$ getroffen werden muß, was der in dieser Arbeit gewählten Definition der Entscheidungsvariablen widerspräche. Da hier die Entscheidungsvariablen jenem Zeitpunkt zugeordnet werden, in dem die Entscheidung fallen muß, sind Variablen, die zwar von $\tilde{Y}_{t-1}$, nicht aber von $\tilde{Y}_t$ abhängen können, dem Entscheidungsvektor $\tilde{x}_{t-1}$ zuzuordnen. Es entsteht dadurch ein Sonderfall von Variante 1, wobei alle $\tilde{a}_{tt}$ gleich Null sind. Hier kann also Variante 2 nur in dem Sinn verstanden werden, daß das Prinzip der flexiblen Planung nicht bis zur letzten Konsequenz durchgehalten wird, sondern insofern ein starres Element enthält, als die durch $\tilde{x}_t$ repräsentier-

---

1) Zur Indizierung vgl. (2.2.28,t).

2) Z.B. Charnes/Kirby (1966), S. 17 f.; Kortanek/Soden (1967), S. 87 f.; Eisner/Kaplan/Soden (1971), S. 338.

ten Entscheidungen zwar in Wirklichkeit auch von $\tilde{Y}_t$
abhängen werden, aber trotzdem (aus Vereinfachungsgründen) formal nur auf Z_{t-1} definiert sind.

Die Lösungsmethoden für derartige Modelle unterscheiden
sich nicht von denen für Variante 1, d.h. im diskreten
Fall kann jede Nebenbedingung t durch das System
(2.2.47,t) ersetzt werden, wobei H_z aber zu definieren
ist als[1]

$$(2.2.50) \qquad H_z \ := \ \sum_{t'=0}^{t} a'_{tt'z} x_{t'z(t'-1)} \ - \ b_{tz} \qquad (z \in Z_t).$$

Tatsächlich enthält dieses System nicht nur weniger
Variablen, sondern auch weniger Nebenbedingungen als
(2.2.47 - 48) in Variante 1, da nun H_z nicht für alle
$z \in Z_t$ verschiedene Werte annehmen kann. Es genügt die
Betrachtung eines gröberen Zustandsraums, des Produkt-
raums $Z_{t-1} \times S'_t$, wobei S'_t die Menge aller möglichen
Ausprägungen der mehrdimensionalen Zufallsvariablen
$(\tilde{a}_{t0}, \ldots, \tilde{a}_{tt}, \tilde{b}_t)$ darstellt.[2] Wie oben vereinbart, wird

---

1) Die Indizierung mit z(t'-1) ist hier so zu verstehen,
   daß die Entscheidungsvariablen der Zeitpunkte O und 1
   starr vorzugeben sind, also nicht nach Zuständen aufgegliedert werden.

2) Wenn der Wertebereich $W(\tilde{a}_{t0}, \ldots, \tilde{a}_{tt}, \tilde{b}_t)$ vom Zustand
   $z \in Z_{t-1}$ abhängt (wenn also z.B. die Variable $\tilde{a}_{tt'}$
   gewisse Werte nur dann annehmen kann, wenn ein bestimmter Zustand z_{t-1} vorausging), dann genügt sogar
   die Betrachtung einer Teilmenge der Produktmenge
   $Z_{t-1} \times S'_t$, nämlich der Menge jener Ereignisse, denen
   eine positive Eintrittswahrscheinlichkeit zukommt.
   Nur wenn $\tilde{Y}_t$ bloß $(\tilde{a}_{t0}, \ldots, \tilde{a}_{tt}, \tilde{b}_t)$ und keine Variablen der Zielfunktion enthält und wenn <u>allen</u> Elemen-
   ten des Wertebereichs $W(\tilde{Y}_t)$ unabhängig vom Vorzu-
   stand $z \in Z_{t-1}$ eine positive Wahrscheinlichkeit zukommt, entspricht jedem Element der Produktmenge
   $Z_{t-1} \times S'_t$ genau ein Element der Menge Z_t.

jedoch darauf verzichtet, dies in der Indizierung zum
Ausdruck zu bringen, um die Analogie zu den mehrstufigen Modellen mit strengem Zulässigkeitskriterium stärker
hervortreten zu lassen.

Natürlich spricht nichts dagegen, etwa für den Zeit-
punkt 1 $\tilde{x}_1 = x_1(\tilde{Y}_1)$ zu setzen und für $t > 1$ die gröbere
Variante 2 $\tilde{x}_t = x_t(\tilde{Y}_1,\ldots,\tilde{Y}_{t-1})$ zu wählen. In der Regel
wird es sogar zweckmäßig sein, die Abhängigkeit von dem
zum Entscheidungszeitpunkt gegebenen Informationsstand
um so vollständiger im Modell zu berücksichtigen, je
näher dieser Entscheidungszeitpunkt liegt, da die Gefahr
einer Auswirkung der vereinfachten Beschreibung der
Entscheidungsvariablen $\tilde{x}_1,\ldots,\tilde{x}_T$ auf die sofort zu
treffenden Entscheidungen x_0 mit zunehmender zeitlicher
Entfernung sinkt. Dieses Mischen der Varianten führt natürlich dazu, daß die Definitionen (2.2.48) bzw.
(2.2.50) entsprechend zu ändern sind. Es kann also eine
allgemeinere

Variante 3

formuliert werden, wobei für jeden Zeitpunkt t gesondert festzulegen ist, von welcher Information die Entscheidungsfunktion $\tilde{x}_t$ formal abhängen soll. Dazu sei
R_t definiert als eine Zerlegung des Stichprobenraums
Z_T, die aber nicht feiner als Z_t sein darf.[1] Das heißt,
daß jeweils ein oder mehrere Ereignisse z_t zu einem
der einander ausschließenden Ereignisse r_t ($r_t \in R_t$)
zusammenzufassen sind, R_t also eine Partition der Menge
Z_t darstellt. Die Entscheidungsfunktion x_t ist nun nicht
auf Z_t, sondern auf der gröberen Menge R_t zu definieren:

---

1) Das würde sonst zum Fehler einer formalen Abhängigkeit
   der Entscheidungsvariablen von noch nicht vorliegenden Informationen führen.

$$(2.2.51) \quad \tilde{x}_t: \quad R_t \longrightarrow W(\tilde{x}_t)$$
$$r_t \longmapsto x_t(r_t)$$
$$t = 1,\ldots,T$$

Dies stellt einen Kompromiß zwischen flexibler und starrer Planung dar, der sich um so mehr der starren Planung annähert, je gröber die Mengen R_t definiert werden. Für $R_t = Z_t$ (Z_{t-1}) erhält man Variante 1 (2), für $R_t = Z_O$ das starre Modell des Chance-Constrained Programming. Natürlich muß R_t nicht mit einer der Zustandsmengen Z_t $(t = O,\ldots,T)$ identifiziert werden, sondern kann Zwischenformen darstellen. So können etwa die Wertebereiche aller eindimensionalen Zufallsvariablen des Modells[1] partitioniert und aus diesen gröberen Ereignissen ein "Zustandsbaum" konstruiert werden.[2] Das System der Ereignisse r_t kann nur dann in Baumform dargestellt werden, wenn R_t jeweils eine Verfeinerung von R_{t-1} darstellt. Dies muß nicht notwendigerweise der Fall sein.

Zu lösen ist ein solches Modell wie Variante 1, im diskreten Fall ist also wieder jede Nebenbedingung t durch das System (2.2.47,t) zu ersetzen und H_z zu definieren als[3]

$$(2.2.52) \quad H_z \; := \; \sum_{t'=O}^{t} a'_{tt'z} x_{t'r(z,t')} - b_{tz} \quad (z \in Z_t).$$

Analog zur Definition von z(t') repräsentiert hier der Index r(z,t'), der sich immer auf einen Zustand $z \in Z_t$

---

1) Diese eindimensionalen Variablen können auch aufgefaßt werden als die entsprechenden Randverteilungen der mehrdimensionalen Variablen $\tilde{Y}_t(t=1,\ldots,T)$.

2) Dies wäre ein "vereinfachter Zustandsbaum" i.S. von Hax (1976a, S. 171).

3) Analog zu Variante 2 würde statt des Zustandsraums Z_t die Betrachtung der Produktmenge $R_t \times S'_t$ genügen. Es kommt also zu einer noch weiteren Reduzierung der Anzahl der Nebenbedingungen.

bezieht, jene Menge $r_{t'}$ $(r_{t'} \in R_{t'})$, in der die Menge $z_t \in Z_t$ enthalten ist. Wie bei der Behandlung der Menge Z_t für Indizierungszwecke kann man sich alle Elemente r_t der Mengen $R_0, \ldots, R_T$ fortlaufend durchnumeriert denken, diese Mengen also als Indexmengen auffassen und jedem Ereignis r_t einen Index $r \in R_t$ zuordnen.

Diese Variante läßt sich noch verfeinern, wenn eine Entscheidungsfunktion wie (2.2.51) nicht global für den Vektor $\tilde{x}_t$ formuliert wird, sondern speziell für jede Entscheidungsvariable $\tilde{x}_j$ $(j \in J)$[1] eine Partition R_j definiert wird. Für $j \in \bar{J}_t$ stellt R_j eine Partition der Menge Z_t dar. Die Entscheidungsfunktionen sind dann zu definieren als

$$(2.2.51a) \qquad \tilde{x}_j : \qquad R_j \longrightarrow W(\tilde{x}_j)$$
$$r_j \longmapsto x_j(r_j)$$
$$j \in J$$

Dies gestattet z.B., bestimmte Projekte voll flexibel, andere Projekte völlig starr zu planen. Obwohl es nun keine vom Projekt <u>unabhängige</u> "vergröberte (vereinfachte) Zustandsraumbeschreibung" gibt, bleibt das Lösungsprinzip völlig unverändert. Im Falle diskreter Verteilungen kann wieder (2.2.47,t) für jeden Zustand $z \in Z_t$ formuliert werden, wobei aber die Definition (2.2.52) von H_z verfeinert werden muß zu:

$$(*) \quad H_z := \sum_{t'=0}^{t} \sum_{j \in \bar{J}_{t'}} a_{t'jz} x_{jr(j,z)} - b_{tz} \quad (z \in Z_t)$$
$$(2.2.52a)$$
$$(**) \quad H_z := \sum_{j \in \hat{K}_z} a_{jz} x_j - b_z \quad (z \in Z_t).$$

---

[1] Es sei daran erinnert, daß alle skalaren Entscheidungesvariablen $\tilde{x}_j$ $(j \in \bar{J}_t)$ im Entscheidungsvektor $\tilde{x}_t$ zusammengefaßt sind.

Die Formulierungen (*) und (**) sind äquivalent.

Zur Erläuterung:[1] Das Vektorprodukt muß explizit als Summe von Skalarprodukten dargestellt werden, da die einzelnen Elemente $\tilde{x}_j$ ($j \in \bar{J}_t$) des Vektors $\tilde{x}_t$ gemäß (2.2.51a) <u>unterschiedlich</u> aufzuspalten sind. Der Entscheidungsvariablen $\tilde{x}_j$ entspricht $\{x_{jr} \mid r \in R_j\}$, die Menge der möglichen Ausprägungen dieser Variablen. Bei der Definition von H_z ($z \in Z_t$) ist nun für jeden Zeitpunkt $t' \leqslant t$ jene Ausprägung x_{jr} ($j \in \bar{J}_t, r \in R_j$) heranzuziehen, die jener Menge[2] $r_j \in R_j$ ($j \in \bar{J}_{t'}$) zugeordnet ist, in der das durch $z \in Z_t$ bezeichnete Ereignis z_t (für das H_z zu definieren ist) enthalten ist. Diese zu betrachtende Menge r_j wird durch den Index $r(j,z)$ repräsentiert. So erhält man H_z in der Formulierung (*). In der äquivalenten Formulierung (**) wird die Doppelindizierung der Entscheidungsvariablen dadurch vermieden, daß statt der bestimmten <u>Zeitpunkten</u> zugeordneten Projekte die den <u>Ereignissen</u> r_j entsprechenden Ausprägungen (Aktivitätsniveaus) dieser Projekte fortlaufend durchnumeriert werden. Dementsprechend ist hier die Indexmenge $\hat{K}_z$ definiert als:

$$\hat{K}_z \quad := J_0 \cup \hat{J}_{z,1} \cup \ldots \cup \hat{J}_{z,t} \qquad (z \in Z_t)$$

$\hat{J}_{z,t'} \quad :=$ Indexmenge aller Aktivitätsniveaus, die den durch $r(j,z)$ ($j \in \bar{J}_{t'}$, $z \in Z_t$, $t' \leqslant t$) repräsentierten Ereignissen[3] zugeordnet sind.

---

1) Vgl. auch die Überleitung von (2.2.29) zu (2.2.31).

2) Man beachte, daß jedes Ereignis $r_j \in R_j$ ($j \in \bar{J}_{t'}$, $t' \leqslant t$) auch als Teilmenge $r_j \subseteq Z_t$ betrachtet werden kann.

3) Es handelt sich bei diesen Ereignissen um verschiedene, einander überlappende Mengen. Der Durchschnitt dieser Mengen enthält auf jeden Fall jenes durch $z(t') \in Z_{t'}$ repräsentierte Ereignis $z_{t'}$ ($t' \leqslant t$), in dem das durch $z \in Z_t$ repräsentierte Ereignis z_t enthalten ist. Somit umfaßt die Indexmenge $\hat{J}_{z,t'}$ alle "Projekte" (i.S. von Aktivitätsniveaus), die in dem durch $z(t')$ repräsentierten Zustand zu realisieren sind.

Die Zeitindizes werden fallen gelassen, da die entsprechende Information auch in den Indizes j und z enthalten ist.

<u>Variante 4</u>: Vorgabe der Struktur der Entscheidungsfunktionen

Die Schwierigkeit der Lösung solcher flexibler Programme (keine Lösungslogarithmen für den stetigen Fall, eine Vielzahl von Nebenbedingungen im diskreten Fall) hat dazu geführt, im Modell $\tilde{x}_t$ durch eine Funktion $x_t(\tilde{Y}_1,\ldots,\tilde{Y}_t)$[1] mit <u>fest</u> vorgegebener Struktur (z.B. lineare Funktionen, Polynome höherer Ordnung) zu ersetzen und die Koeffizienten dieser Funktionen als neue Variablen des Modells zu betrachten.[2][3] Dabei bleiben aber mehrere gravierende Probleme:

1. Selbst bei einfachen <u>linearen</u> Funktionen wird $\tilde{H}_t$
   (siehe (2.2.46,t)) zu einer <u>quadratischen</u> Funktion
   von Zufallsvariablen, wofür (siehe Abschnitt 2.2.3.1a)
   keine exakten Lösungslogarithmen bekannt sind. Allenfalls kann man sich mit Approximationen behelfen (Näslund/Whinston 1962). Entscheidet man sich für eine
   Diskretisierung des Problems, hätte man aber (und besser) bei Formulierung (2.2.47,t), die die Struktur
   der Entscheidungsfunktion offen läßt, bleiben können.

---

1) Allenfalls hängt diese Funktion von weniger Variablen
   ab.

2) Darauf basiert bereits der älteste Chance-Constrained
   Programming Ansatz (Charnes/Cooper/Symonds 1958,
   S. 242), der allerdings eine besonders triviale Struktur (nur eine Zufallsvariable pro Zeitpunkt) aufweist.

3) Manchmal wurde sogar vorgeschlagen, auch die Koeffizienten dieser Funktion bis auf einen (z.B. das
   konstante Glied einer linearen Funktion) vorzugeben
   (Siehe Kramm 1977, S. 58 - 67, und die dort angegebene Literatur).

2. Die Art der Funktion hat einen wesentlichen Einfluß
   auf die Lösung des Modells, es können aber im allgemeinen Fall keine Entscheidungsregeln für die Wahl
   des Typs dieser Funktion angegeben werden. Beweise,
   daß stückweise lineare Funktionen optimal sind, beruhen auf Voraussetzungen (Konstanz der Koeffizienten
   $a'_{tt'}$ und T=2)[1], die für Modelle der Kapitalbudgetierung zu eng sind.

3. Die Vorgabe einer zu einfachen Struktur der Entscheidungsfunktion würde oft den Anforderungen, die an
   die Entscheidungsvariablen zu stellen sind, widerspre-
   chen. Falls lineare Funktionen auf unbeschränkten Zufallsvariablen definiert werden, würden diese linearen
   Funktionen immer zu einer Konstanten $x_t(\tilde{Y}_1,\ldots,\tilde{Y}_t) =$
   x_t degenerieren[2] - was völlige Starrheit der Planung
   bedeutet -, da andernfalls die Nichtnegativitätsbedingungen nicht erfüllt werden könnten. Es wurde daher
   vorgeschlagen, die Nichtnegativitätsbedingungen durch
   Wahrscheinlichkeitsrestriktionen $P(\tilde{x}_t \geqslant 0) \geqslant \beta_t$
   $(t = 1,\ldots,T)$ bzw. $P(\tilde{x}_j \geqslant 0) \geqslant \beta_j$ $(j \in \bar{J}_1 \cup \ldots \cup \bar{J}_T)$ zu
   ersetzen.[3] Obwohl dies als eine bloße Korrektur der
   unrealistischen unbeschränkten Wahrscheinlichkeitsverteilungen anzusehen ist, unterstreicht es doch die entscheidungstheoretischen Probleme, die durch die Wahl
   solcher Entscheidungsfunktionen hervorgerufen werden.
   Hillier (1967, S. 51) nimmt ein ähnliches Problem,
   nämlich die Unverträglichkeit von linearen Entscheidungsfunktionen und Ganzzahligkeitsbedingungen für Entscheidungsvariablen zum Anlaß, eine andere flexible Methode
   des Chance-Constrained Programming, die in 2.2.3.2.2
   besprochen wird, vorzuschlagen.

---

1) Einen Literaturüberblick geben Bühler/Dick 1973, S. 106 f.
2) Es wird dann häufig von "Entscheidungsregeln vom Grade
   Null" gesprochen (z.B. Charnes/Cooper 1969, S. 433).
3) So z.B. Charnes/Kirby 1967, S. 185.

Es muß daher festgestellt werden, daß die Methode der Vorgabe der Struktur von Entscheidungsfunktionen, die wohl eindeutig wegen der mathematischen und rechentechnischen
Schwierigkeiten der allgemeineren Varianten 1 und 2 vorgeschlagen wurde, nur in sehr speziellen Sonderfällen, die
hier nicht interessieren, zu sinnvollen Lösungen führen
wird.[1]

Eine zusammenfassende Beurteilung ergibt, daß sich zwar
flexible Chance-Constrained Programme mit unbedingten
Wahrscheinlichkeitsrestriktionen formulieren lassen, die
hohen theoretischen Anforderungen genügen, daß aber diese
Modelle rechentechnisch kaum zu bewältigen sind. Die zuletzt angeführte Problematik der Nichtnegativitätsbedingungen bei Vorgabe der Struktur der Entscheidungsfunktionen
hat zwar in der Literatur in einem Fall dazu geführt, alle
flexiblen Modelle mit totalen Wahrscheinlichkeitsrestriktionen nicht aus mathematischen, sondern aus ökonomischen
Gründen abzulehen (Kramm 1977, S. 68 f.); dem kann aber
nicht zugestimmt werden. Dieses Problem betrifft nicht die
Art der Wahrscheinlichkeitsrestriktionen, sondern den unge-
schickten Ansatz der Entscheidungsfunktionen.[2] Die rechentechnischen Schwierigkeiten führen allerdings in der Regel
dazu, nicht alle möglichen Anpassungsmaßnahmen explizit
zu berücksichtigen, also entweder zu einfache Entscheidungsfunktionen anzusetzen oder bei Variante 3 eine zu weitge-
hende Vereinfachung des Zustandsraums vorzunehmen. Je mehr

---

1) Denkbar wäre allenfalls, daß solche Funktionen für
   einige wenige Variablen eines größeren Modells sinnvoll sind; dann wird dadurch aber kaum eine entscheidende Verringerung der rechentechnischen Probleme erreicht werden können.

2) Es darf auch nicht übersehen werden, daß die Annahme
   unbegrenzter Verteilungen (z.B. der Normalverteilung)
   nie exakt die Realität widerspiegelt, sondern vor allem
   mathematisch-rechentechnische Gründe hat. Setzt man
   bei den stochastischen " Nichtnegativitätsbedingungen"
   die Sicherheitsniveaus hoch an, so werden dadurch nur
   die Auswirkungen der unrealistischen Extrembereiche
   der Verteilungen kompensiert.

aber das starre Element des Planungsansatzes überwiegt,
desto problematischer wird ganz allgemein der Ansatz der
Sicherheitsniveaus.[1] Demgegenüber erscheint das Nichtnega-
tivitätsproblem als Randproblem. Ein allerdings weitaus
tiefergehendes Problem, die für später zu realisierende
Entscheidungsvariablen ungenügende Beschreibung der (in den
Sicherheitsniveaus zum Ausdruck kommenden) Zielvorstellungen durch solche unbedingten Wahrscheinlichkeitsrestriktionen, ist im anschließenden Unterabschnitt zu besprechen.

b) <u>Zur Interpretation der Modelle</u>

Wie in 1.2 ausgeführt, ist flexible Planung dadurch charakterisiert, daß die Möglichkeit, zukünftige Entscheidungen vom dann gegebenen Informationsstand abhängig zu machen, explizit im Modell berücksichtigt wird. Die beschriebenen Modelle des Chance-Constrained Programming mit bedingten Wahrscheinlichkeitsrestriktionen zeigen, wie (im Interesse einer leichteren Rechenbarkeit durch Verringerung der
Anzahl der Variablen und der Nebenbedingungen) dieses Prinzip der Flexibilität abgeschwächt werden kann. Variante 3a
ist wohl die allgemeinste und anpassungsfähigste Form solcher nur unvollkommen flexiblen Modelle. Besonders die Möglichkeit, verschiedene Projekte hinsichtlich des Flexibi-
litätsgrades unterschiedlich zu planen, verdient für die
praktische Anwendung sequentieller Modelle Beachtung.[2] Je
mehr das Element der starren Planung überwiegt, desto un-
schärfer wird die <u>Schätzung</u> der Auswirkung zukünftiger Entscheidungen auf die sofort zu treffende Entscheidung x_0.

---

1) Vgl. auch 2.2.3.1.b, Unterabschnitt (2).

2) Dieses Problem des Vergleichs von Modellen mit unterschiedlicher Planungsflexibilität wird besonders klar
   in der Untersuchung von Jacob (1974, insbesondere S.
   446 f.) herausgearbeitet, dort allerdings am Beispiel
   von Modellen mit strengem Zulässigkeitskriterium.

Die Konsequenzen daraus sind insbesondere bei der Wahl
der Sicherheitsniveaus zu ziehen. Je mehr Anpassungsmöglichkeiten und je besser diese Möglichkeiten explizit im Modell berücksichtigt werden, desto höhere Sicherheitsniveaus sind im allgemeinen gerechtfertigt. Dies mache man
sich am Beispiel von Liquiditätsnebenbedingungen klar:
Sind die Anpassungsmöglichkeiten nur sehr unvollkommen
berücksichtigt, so ist die tatsächliche Wahrscheinlichkeit
des Eintretens von Illiquidität im Zeitpunkt t sehr viel
niedriger als die sich aus dem Modell ergebende Wahrscheinlichkeit $P(\tilde{H}_t > 0)$;[1] denn man wird in vielen Zuständen
$z \in Z_t$, für die $H_z > 0$ gilt, Anpassungsmaßnahmen ergreifen, welche die Illiquidität verhindern. Von den Anpassungsmöglichkeiten wird man aber nur dann Gebrauch machen,
wenn der unter Berücksichtigung dieser Maßnahmen erzielte
Nutzen des dann gegebenen gesamten Handlungsprogramms größer ist als der bei In-Kauf-Nahme der Illiquidität er-
zielbare Nutzen. Diese im Modell nicht explizit berücksichtigte Optimierungsentscheidung bewirkt folglich, daß sich
mit steigender Planungsflexibilität tendenziell die bedingte Nutzenfunktion[2] $u(H_z)$ nach unten verschiebt, die Verletzung der Nebenbedingung also immer schwerer wiegt.
Das rechtfertigt die verlangte Abhängigkeit der Sicherheitsniveaus vom Flexibilitätsgrad, obgleich - wie gezeigt
wurde - durch die Wahl der Sicherheitsniveaus Mindestnut-
zenanforderungen nicht exakt abgebildet werden können.[3]

---

1) Die Zufallsvariable $\tilde{H}_t$ repräsentiert den kumulierten
   Auszahlungsüberschuß (negativen Kassenbestand) zum
   Zeitpunkt t.

2) Die Bedingung bezieht sich darauf, daß bei einer auf
   mehreren Zielgrößen zu definierenden Nutzenfunktion
   der Nutzen einer Zielgröße bei Konstanz der anderen
   Zielgrößen betrachtet wird. Natürlich hängt diese bedingte Nutzenfunktion von den Annahmen über die Niveaus
   der andren Zielgrößen ab. Siehe hierzu z.B. Keeney/
   Raiffa (1976), S. 226 f.

3) Vgl. zu diesen Überlegungen Abschnitt (2) aus 2.2.3.1.b).

Wenn auch die tendenzielle Abhängigkeit der Sicherheitsniveaus von der Flexibilität des Planungsverfahrens plausibel ist, so wird doch die praktische Bestimmung ihrer
absoluten Höhe wegen der Komplexität der zugrunde liegenden
Bewertungsüberlegungen große Schwierigkeiten bereiten
und dadurch den Planungsprozeß von einem mehr oder weniger
großen Maß an Willkür abhängig machen. Gerade hier bieten
jedoch die flexiblen Modelle den Vorteil, daß sie noch
eher eine Abschätzung der Konsequenzen einer Verletzung
der Nebenbedingungen erlauben, als dies starre Modelle tun.

Die tendenzielle Erhöhung der Sicherheitsniveaus mit zunehmender Planungsflexibilität besagt natürlich nicht, daß
bei Variante 1 alle $\alpha_t = 1$ zu setzen sind. Es ist im allgemeinen durchaus sinnvoll, auch dann Verletzungen der
Nebenbedingungen mit gewisser Wahrscheinlichkeit zuzulas-
sen.

Vergleicht man ein voll flexibles mehrstufiges Modell mit
strengem Zulässigkeitskriterium mit der "voll" flexiblen
Variante 1 der Methode des Chance-Constrained Programming
bei unbedingten Wahrscheinlichkeitsrestriktionen (wobei
sich diese beiden Modelle in ihren Entscheidungsvariablen
nicht unterscheiden mögen), so hat der formal bloß in
der Strenge des Zulässigkeitskriteriums liegende Unterschied
entscheidende Auswirkungen auf die Interpretation der Flexibilität des Modells. Im Modell mit strengem Zulässigkeitskriterium repräsentieren die Entscheidungsfunktionen zukünftige bedingte Entscheidungen, die theoretisch tatsächlich getroffen werden müßten, wenn die Erwartungsstruktur,
die Vorstellungen über die möglichen Aktionen und die Zielvorstellungen im Zeitablauf konstant blieben.[1] Die beschriebene Variante des Chance-Constrained Programming
bewirkt jedoch, daß selbst bei Geltung dieser engen Annahmen
die Entscheidungsfunktionen keinesfalls tatsächliche zu-

---

1) Was natürlich nicht der Fall sein wird!

künftige Entscheidungen repräsentieren, sondern immer
Schätzungen zukünftiger Entscheidungen bleiben. Dies aus
zwei Gründen:

Erstens[1] gilt für jedes sequentielle Modell mit Wahrscheinlichkeitsrestriktionen, daß der Entscheidungsspielraum ab t=2 unvollständig beschrieben ist. Das Modell berücksichtigt nicht, welche Maßnahmen bei Verletzung der
Nebenbedingungen oder auch bei "Übererfüllung" ergriffen
werden. Die Notwendigkeit von Planrevisionen ist also im
Modellansatz begründet (Vgl. Hax 1976a, S. 187). Selbst,
wenn annahmegemäß keine solchen Maßnahmen existieren (was
der Vergleich mit Modellen mit strengem Zulässigkeitskriterium nahelegt), wird in den Fällen der Verletzung einer
Nebenbedingung die Basis für die folgenden Nebenbedingungen
zerstört, denn diese setzen aufgrund zeitlicher Interdependenzen die Erfüllung der vorhergehenden Nebenbedingungen voraus.

Zweitens können unbedingte Wahrscheinlichkeitsrestriktion-
nen die in zukünftigen Zeitpunkten gegebene Situation nicht
sinnvoll beschreiben, da sie unterstellen, daß die in einem
bestimmten Zustand des Prozesses zum Zeitpunkt t (der dann
ja annahmegemäß bekannt ist) zu treffenden Entscheidungen
davon abhängig gemacht werden, ob die Nebenbedingungen in
den anderen möglichen Zuständen dieses Zeitpunkts, die
nicht eingetreten sind, erfüllt gewesen wäre. Tatsächlich
interessiert im Zeitpunkt t aber nicht die Wahrscheinlich-
keit $P(\tilde{H}_t \leqq 0)$, sondern ob $H_z \leqq 0$ ist, wobei H_z $(z \in Z_t)$
gemäß (2.2.48) definiert ist, also die dem Zustand $z \in Z_t$
entsprechende tatsächlich realisierte Entscheidungsfolge
berücksichtigt. (Da annahmegemäß alle Zufallsvariablen der
Nebenbedingung des Zeitpunkts t auch in diesem Zeitpunkt
realisiert sind, sind die H_z deterministische Größen!)

Eisner/Kaplan/Soden (1971, S. 340) scheinen in diesem Problem den Haupteinwand gegen die Formulierung unbedingter

---

1) Vgl. Abschnitt 2.2.3.1.b(4).

Wahrscheinlichkeitsrestriktionen zu sehen. Sie weisen darauf
hin, daß das Problem formal auch darin zum Ausdruck kommt,
daß diese Formulierungen unter sehr allgemeinen Voraussetzungen zu unbeschränkten Lösungen führen können; dann nämlich, wenn einem Zustand $z \in Z_t$ eine Entscheidungsvariable[1]
x_{jz} ($j \in \bar{J}_t$) mit positivem Zielfunktionskoeffizienten (bei
zu maximierender Zielfunktion) und einem $a_{tjz} > 0$ zugeordnet ist und die diesem Zustand $z \in Z_t$ zugeordnete Wahrscheinlichkeit w_z kleiner ist als die erlaubte Wahrscheinlichkeit $1 - \alpha_t$ einer Verletzung der Nebenbedingung $\tilde{H}_t \leq 0$.
In diesem Fall würde x_{jz} wegen des positiven Zielfunktionskoeffizienten bei Nicht-Vorliegen einer Obergrenzenrestriktion unendlich groß gewählt, da der dadurch bewirkte Zu-
wachs der Zielfunktion erlaubt, durch eine entsprechende
Wahl der anderen Entscheidungsvariablen die Nebenbedingung
des Zeitpunkts t in allen anderen Zuständen zu erfüllen.
Dieser Einwand der Unbeschränktheit der Lösung erscheint
mir jedoch zu formal, da er offensichtlich auf einer unzu-
lässigen Vernachlässigung einer nicht nur mathematisch,
sondern auch aus ökonomischen Gründen erforderlichen Obergrenzenrestriktion für x_{jz} beruht. Entscheidend ist - was
wohl auch von Eisner/Kaplan/Soden gesehen wurde - nicht
dieses formale Problem, sondern die Tatsache, daß x_{jz} auf
Basis eines Modells bestimmt wird, das nicht die im Zustand
$z \in Z_t$ gegebene Entscheidungssituation widerspiegelt.

Diese Überlegungen zeigen das Dilemma flexibler Modelle
mit Wahrscheinlichkeitsrestriktionen: Vom Planungszeitpunkt t = 0 aus betrachtet können nur die Wahrscheinlichkeiten $P(\tilde{H}_t \leq 0)$ (t = 1,...,T) interessieren,[2] sollten

---

1) Die Schreibweise ist der Formulierung (2.2.52a*) angepaßt. Diese Formulierung ist für $R_j = Z_t$ (für alle
   $j \in \bar{J}_t$, t = 1,...,T) identisch mit der Variante 1 der
   unbedingten Restriktionen, denn dann ist $x_{jr(j,z)}$
   ($j \in J_{t'}$) aus (2.2.52a*) identisch mit dem j-ten Element des Vektors $x_{t'z(t')}$ aus (2.2.48).
2) Dies wird in 2.2.3.2.2.b noch näher begründet werden.

also Sicherheitsniveaus (die Risikonutzenvorstellungen
zum Ausdruck bringen) für diese Wahrscheinlichkeiten
gesetzt werden; für die im flexiblen Modell erforderliche
Bestimmung der im Zeitpunkt t zu realisierenden Entscheidungsvariablen x_{jz} ($j \in \tilde{J}_t$, $z \in Z_t$) wären aber für alle
Zeitpunkte $t' \geqslant t$ die bedingten Wahrscheinlichkeiten
$P(\tilde{H}_{t'} \leqslant 0 | z_t)$[1] maßgebend, sollten also die Sicherheitsniveaus für diese bedingten Wahrscheinlichkeiten gesetzt
werden.[2] Geht man von Variante 3 (also von auf R_t definierten Entscheidungsfunktionen) aus, und nimmt man für
$\{R_0, R_1, \ldots, R_T\}$ "Baumstruktur" an (R_t immer Verfeinerung
von R_{t-1}), so müßte für <u>jeden Zustand</u> $r \in \{R_0, R_1, \ldots, R_T\}$
das <u>System</u> von Nebenbedingungen[3]

$$(2.2.53,r) \qquad P(\tilde{H}_{t'} \leqslant 0 | r_t) \geqslant \alpha_{rt'} \qquad (t' = t, \ldots, T)$$

formuliert werden. Dieses System von bedingten (Bedingung
immer r_t, unabhängig von t'!) Restriktionen könnte man auch
auffassen als System von "totalen" Restriktionen "in bezug
auf r_t". Damit soll gesagt sein, daß jedem Zeitpunkt $t' \geqslant t$
nur <u>eine</u> Nebenbedingung entspricht. Das dem Zustand $r \in R_t$
zugeordnete System (2.2.53,r) beschreibt jedoch noch nicht
das diesem Zustand zugeordnete Teilproblem. Dieses Teilproblem (formuliert auf dem von $r \in R_t$ ausgehenden "Teilzu-
standsbaum") enthält zusätzlich noch für jeden im Zustandsbaum auf den betrachteten Zustand $r \in R_t$ folgenden Zustand
$r' \in R_{t'}$, ($t' = t+1, \ldots, T$) ein entsprechendes System
(2.2.53,r'). Abgesehen von der Frage, ob für ein derartiges
komplexes Problem praktikable Lösungstechniken entwickelt
werden können, und der Schwierigkeit der Bestimmung der Folge

---

1) Die Bedingung z_t könnte in der für Zufallsvariablen üblichen Form ausführlicher geschrieben werden als
$(\tilde{Y}_1, \ldots, \tilde{Y}_t) = (Y_1(z_t), \ldots, Y_t(z_t))$.

2) Modelle, die <u>nur</u> bedingte Restriktionen aufweisen, werden in 2.2.3.<u>2</u>.2 dargestellt.

3) Das folgende System ist für einen Zustand $r \in R_t$ formuliert.

von Sicherheitsniveaus $\{\alpha_{rt'} \mid t' \geqslant t\}$ für jeden Zustand
$r \in R_t$ $(t \geqslant 1)$, ist es sehr schwierig, sinnvolle Bedingungen anzugeben, die erfüllt sein müssen, wenn davon gesprochen werden soll, daß das <u>gesamte</u> Problem eine zulässige
Lösung hat.[1]

Ein etwas einfacherer Ansatz dieses Typs wurde von
Eisner/Kaplan/Soden[2] unter der Bezeichnung "Conditional-
Go Approach" vorgeschlagen. Die Vereinfachung liegt vor
allem in der Konstruktion der Entscheidungsfunktion. In
den Nebenbedingungen, die dem System (2.2.53,r) $(r \in R_t)$
entsprechen, wird bei Eisner/Kaplan/Soden unterstellt,
daß nicht nur $\tilde{x}_t$, sondern auch die Entscheidungsfunktionen
$\tilde{x}_{t'}$ $(t' > t)$ auf R_t definiert sind, also in bezug auf das
einem bestimmten Zustand $r \in R_t$ entsprechende System
(2.2.53,r) als <u>starr</u> angesehen werden können.[3] Dadurch
wurden die rechentechnischen Schwierigkeiten der <u>flexiblen</u>
Programme mit unbedingten Wahrscheinlichkeitsrestriktionen
vermieden, denn das gesamte Problem stellt sich dar als eine
Sequenz von Systemen, die keine Entscheidungs<u>funktionen</u>,
sondern nur mehr einfache Entscheidungsvariablen enthalten.
Auf die Beschreibung der Anforderungen an eine zulässige
Lösung sei hier nicht weiter eingegangen,[4] da dieser Ansatz nicht weiter verfolgt werden soll. Allein die rechen-

---

1) Müssen alle Teilprobleme zulässige Lösungen haben? Wenn
   nicht - wie werden dann die entsprechenden Entscheidungsvariablen, die ja auch in die Teilprobleme der Vorzu-
   stände eingehen, festgelegt? Das Problem wird näher nach
   Darstellung der Modelle mit ausschließlich bedingten
   Wahrscheinlichkeitsrestriktionen behandelt (siehe Abschnitt 2.2.3.2.2.b(2)).

2) Eisner/Kaplan/Soden (1971), S. 344 ff.; vgl. auch
   Kramm (1977), S. 79 - 88.

3) Somit entsprechen den Teilproblemen verschiedener Entscheidungsstufen verschiedene Definitionen der Entscheidungsfunktionen, was zu speziellen Problemen bei
   der Festlegung der Bedingungen für die Zulässigkeit
   einer Lösung führt.

4) Siehe Eisner/Kaplan/Soden (1971), S. 345 ff. Eine allgemeinere Betrachtung dieses Problems erfolgt in
   2.2.3.2.2.b(2).

technischen Probleme stehen einer praktischen Anwendung
dieser Modelle entgegen.[1] Der Hinweis auf diesen allgemeinen, auf den Nebenbedingungen (2.2.53,r) basierenden
Ansatz erfolgte nicht im Sinne eines Lösungsvorschlags.
Es wird sich aber später als zweckmäßig erweisen, bestimmte Probleme einfacherer Modelle von dieser allgemeinen
Basis aus zu untersuchen.

---

1) Der Ansatz wurde nur für den Fall zufälliger Größen
$\tilde{b}_t$ und konstanter Koeffizienten $a_{tt'}$ formuliert. Im allgemeinen Fall würde der bei der Methode der dynamischen
Programmierung erforderliche Rechenaufwand so stark an-
steigen, daß keine praktikablen Lösungsmöglichkeiten
für größere Probleme in Sicht sind.

2.2.3.2.2 <u>Bedingte Wahrscheinlichkeitsrestriktionen</u>

a) <u>Formulierungen und Lösungsverfahren</u>

(1) <u>Das Problem</u>

In Modellen mit <u>unbedingten (totalen)</u> Restriktionen wurde gefordert, daß die einem bestimmten Zeitpunkt t entsprechende Nebenbedingung $\tilde{H}_t \leq 0$ mindestens mit der (unbedingten) Wahrscheinlichkeit α_t erfüllt sein muß, wobei es gleichgültig war, in welchen der Zustände $z_t \in Z_t$ sie erfüllt und in welchen sie verletzt ist. Maßgeblich war bloß die <u>Summe</u> der Wahrscheinlichkeiten w_z jener Zustände, in denen die Nebenbedingung erfüllt ist. Dies kam zum Ausdruck in der in (2.2.47,t) enthaltenen Forderung[1] [2]

$$\sum_{z \in Z_t} w_z u_z \geq \alpha_t .$$

Von einer <u>bedingten</u> Wahrscheinlichkeitsrestriktion möge nun dann gesprochen werden, wenn eine entsprechende Forderung nicht global für die Menge Z_t gestellt wird, sondern für eine Teilmenge $r_t \subseteq Z_t$, also [3]

---

1) Es sei daran erinnert, daß bei Erfüllung der Nebenbedingung $u_z = 1$ und bei Verletzung der Nebenbedingung $u_z = 0$ gilt.

2) Die Summenschreibweise unterstellt natürlich diskrete Verteilungen, doch ist der Grundgedanke auch auf stetige Verteilungen anwendbar.

3) Wie immer soll R_t sowohl als Menge von Ereignissen $\{r_t \mid r_t \in R_t\}$ als auch als entsprechende Indexmenge $\{r \mid r \in R_t\}$ aufgefaßt werden. Den beiden Systemen von Partitionen $\{Z_0, Z_1, \ldots, Z_T\}$ und $\{R_0, R_1, \ldots, R_T\}$ entsprechen daher zwei Indexreihen, deren Elemente mit $z \in \{Z_0, Z_1, \ldots, Z_T\}$ bzw. $r \in \{R_0, R_1, \ldots, R_T\}$ bezeichnet werden. r_t kann aufgefaßt werden als Element aus R_t (und wird dann durch einen Index $r \in R_t$ repräsentiert) oder als Teilmenge der Menge Z_t (und umfaßt dann mehrere Indizes $z \in Z_t$).

$$\sum_{z \, \in \, r_t} w_z u_z \; \geqslant \; \alpha_r w_r .$$

Hier sei

w_z die dem Ereignis $z_t \in Z_t$ zugeordnete (unbedingte) Wahrscheinlichkeit,

w_r die dem Ereignis $r_t \subset Z_t$ zugeordnete (unbedingte) Wahrscheinlichkeit, also

$$w_r = \sum_{z \, \in \, r_t} w_z$$

Die bedingte Wahrscheinlichkeit, daß z_t eintritt, falls r_t gegeben ist, erhält man deshalb mit w_z/w_r.

Die bedingte Wahrscheinlichkeitsrestriktion für "Zustand r"[1)]

> "Erfüllung der Nebenbedingung $\widetilde{H}_t \leq 0$ mindestens
> mit der (bedingten) Wahrscheinlichkeit α_r, falls
> Zustand r gegeben ist"

fordert also, daß die Summe jener bedingten Wahrscheinlichkeiten w_z/w_r, die den Zuständen $z \in r_t$ zugeordnet sind, in denen die Nebenbedingung erfüllt ist, mindestens gleich α_r sein muß.

Betrachtet man nun ein beliebiges[2)] Modell mit totalen Wahrscheinlichkeitsrestriktionen, so kann dieses etwa derart in ein Modell mit bedingten Restriktionen transformiert wer-

---

1) In Verallgemeinerung des bisher verwendeten Begriffs
   des Zustands, der ja immer ein Ereignis (definiert
   als Teilmenge des Stichprobenraums Z_T) meint, möge
   nun auch das Ereignis $r \in R_t$ als "Zustand r" bezeichnet
   werden.

2) "Beliebig" insofern, als nichts über den Typ der Entscheidungsfunktion ausgesagt sei. Diese möge starr oder
   mehr oder weniger flexibel konstruiert sein. Vgl. dazu
   Kapitel 2.2.3.2.1.a.

den, daß für jeden Zeitpunkt $t \geqslant 1$ eine Partition R_t des
Zustandsraums Z_T gebildet wird (die gröber als Z_t ist,
aber Z_T in mindestens zwei Teilmengen zerlegt) und für
jedes $r \in R_t$ $(t = 1,..,T)$ eine Mindestwahrscheinlichkeit
α_r für die Erfüllung der Nebenbedingung angegeben wird. Die
Entscheidungsfunktionen mögen nicht geändert werden, die
"Flexibilität der Planung" also gleich bleiben. Es gelte
- nur in dem hier betrachteten Sonderfall! - die Beziehung
$\alpha_r = \alpha_t$ für alle $r \in R_t$. Auch für das Modell mit <u>beding-
ten</u> Restriktionen folgt daraus $P(\tilde{H}_t \leqslant 0) \geqslant \alpha_t$, obwohl dies
nicht explizit verlangt wird. Die (unbedingte) <u>Mindestwahr-
scheinlichkeit</u> für die Erfüllung der Nebenbedingung im
Zeitpunkt t bleibt also unverändert.[1] Trotzdem ist das Modell mit bedingten Restriktionen das strengere, denn während es früher (bei totalen Restriktionen) im Zeitpunkt t
gleichgültig war, in welchem Zustand $z \in Z_t$ die Nebenbedingung erfüllt ist, ist dies jetzt nicht mehr gleichgültig.
Die Zustände $z \in Z_t$, in denen die Nebenbedingung erfüllt
ist, müssen sich sozusagen "mehr oder weniger gleichmäßig"
über den ganzen Zustandsraum Z_t verteilen, nämlich auf die
einzelnen Teilmengen $r_t \subseteq Z_t$ aufteilen.

Es ist wichtig, sich klar zu machen, daß die Partitionierung
des Zustandsraums zum Zweck der Formulierung bedingter Wahrscheinlichkeitsrestriktionen zunächst völlig unabhängig ist
von der Gestaltung der Entscheidungsfunktionen. Diese können grundsätzlich auf gröberen oder feineren Mengen definiert werden. Während die Partitionen des Stichprobenraums,
auf denen die Entscheidungsfunktionen zu definieren sind,
theoretisch so fein wie möglich sein sollten (wegen der
möglichst lückenlosen Berücksichtigung aller Anpassungsmöglichkeiten, also wegen des Strebens nach Flexibilität
der Planung), kann eine solche Aussage über die Feinheit

---

1) Das heißt aber <u>nicht</u>, daß die sich <u>tatsächlich</u> ergebende (unbedingte) Wahrscheinlichkeit der Verletzung der
   Nebenbedingung im Zeitpunkt t beim Übergang vom "unbedingten" zum "bedingten" Modell unverändert bleibt!

der für die bedingten Wahrscheinlichkeitsrestriktionen maß-
geblichen Partitionen nicht gemacht werden.

(2) Ein spezielles Modell

Es ergeben sich jedoch entscheidende rechentechnische Vor-
teile, wenn die bedingten Wahrscheinlichkeitsrestriktionen
auf demselben Ereignissystem aufbauen, auf dem auch die
Entscheidungsfunktionen definiert sind. Ferner ist es nahe-
liegend, R_t jeweils als Verfeinerung von R_{t-1} zu konstruieren, also jeweils mehrere Elemente $r_t \in R_t$ zu einander
ausschließenden Teilmengen r_{t-1} (die ihrerseits die Elemente
der Menge R_{t-1} bilden) zusammenzufassen, was der Konstruktion eines "vereinfachten Zustandsbaums" im Sinne von
Hax (1976a, S. 171) entspricht. Dieser Konstruktion entspricht die folgende Formulierung bedingter Wahrscheinlichkeitsrestriktionen für den Zeitpunkt t:

$$(2.2.54,r) \qquad P(\tilde{H}_r \leq 0) \geq \alpha_r \qquad (r \in R_t)$$

$$(2.2.55,r) \qquad \tilde{H}_r := \sum_{t'=0}^{t} \tilde{a}'_{tt'r}\, x_{t'r(t')} - \tilde{b}_{tr} \qquad (r \in R_t).$$

$\tilde{H}_r$ ist nichts anderes als die bedingte Zufallsvariable
"$\tilde{H}_t$ unter der Bedingung, daß das Ereignis $r_t \in R_t$ eintritt". Die Indizierung erfolgte nach dem Prinzip, das
auch bei Definition von H_z in (2.2.48) angewandt wurde. An
die Stelle der in $\tilde{H}_t$ enthaltenen (vektoriellen) Zufallsvariablen $\tilde{a}'_{tt'}$ treten die entsprechenden <u>bedingten</u> Zufallsvariablen $\tilde{a}'_{tt'r}$. Im Unterschied zu $a'_{tt'z}$, das ein Konstan-
tenvektor ist, ist $\tilde{a}'_{tt'r}$ im allgemeinen ein Zufalls-
variablenvektor, da r_t mehrere Elemente (Zustände) z_t umfaßt. Analog zur Definition des Indexes $z(t')$ steht der
Index $r(t')$, der sich immer auf ein Ereignis $r_t \in R_t$ bezieht, für jenes Ereignis $r_{t'} \in R_{t'}$ $(t' \leq t)$, in dem das
Ereignis $r_t \in R_t$ enthalten ist.[1] Im vereinfachten Zu-

---

1) Man sieht, daß diese Definition die "Zustandsbaumstruktur" der Mengen $R_0, \ldots, R_T$ voraussetzt.

standsbaum geht also der Knoten $r(t')$ im Zeitpunkt t' dem
Knoten r des Zeitpunkts t voraus. Wie man nun erkennt,
entspricht diesem Modell eine Definition der Entscheidungsfunktion gemäß (2.2.51), das heißt, es wird jedem Zustand
$r \in R_t$ eine Ausprägung der Entscheidungsfunktion $\tilde{x}_t$ zugeordnet.

Ein Modell dieses Typs wurde von Hax (1976a, S. 185; 1976b,
S. 138) für die Investitionsplanung bei Unsicherheit vorgeschlagen. Die Identität dieses Modells mit dem hier dargestellten wird nach einer Änderung der Indizierung erkennbar:[1] Die aus skalaren Entscheidungsvariablen bestehende
Menge $\{x_{jr(t')} \mid j \in \mathfrak{J}_{t'}\}$ umfasse die Elemente des Vektors $x_{t'r(t')}$. Die Elemente der Menge $\{\tilde{a}_{jr} \mid j \in \mathfrak{J}_{t'}\}$
bilden die Elemente des Vektors $\tilde{a}'_{tt'r}$ $(r \in R_t)$. $\tilde{H}_r$ ist
dann zu schreiben als[2]

$$\tilde{H}_r := \sum_{t'=0}^{t} \sum_{j \in \mathfrak{J}_{t'}} \tilde{a}_{jr} x_{jr(t')} - \tilde{b}_{tr} \qquad (r \in R_t).$$

Ändert man nun die Indizierung und numeriert mit j nicht
mehr die einem bestimmten Entscheidungszeitpunkt t zugeordneten Projekte, sondern die den einzelnen Ereignissen
entsprechenden Ausprägungen (Aktivitätsniveaus) dieser
Projekte, wird (2.2.55,r) zu[3]

$$(2.2.56,r) \qquad \tilde{H}_r := \sum_{j \in K'_r} \tilde{a}_{jr} x_j - \tilde{b}_r \qquad (r \in R_t).$$

---

1) Vgl. auch die Erläuterung von (2.2.31,t). Die Überlegungen, die sich dort auf den "idealen" Zustandsbaum
   beziehen, beziehen sich hier auf den "vereinfachten"
   Zustandsbaum.

2) Vgl. (2.2.52a,*).

3) Vgl. (2.2.52a,**).

Die Menge K'_r ($r \in R_t$) sei die Indexmenge aller für den Zustand $r \in R_t$ relevanten "Projekte", also jener, die auf dem Pfad $\{r(0),\ r(1),\ldots,r(t-1),\ r\}$ liegen:

$$K'_r := J_0 \cup J'_{r(1)} \cup \ldots \cup J'_{r(t-1)} \cup J'_r \qquad (r \in R_t)$$

$J'_r :=$ Indexmenge aller "Projekte" (Aktivitätsniveaus), die dem Ereignis (Zustand) $r \in R_t$ zugeordnet sind.

Derartige Modelle mit bedingten Wahrscheinlichkeitsrestriktionen weisen rein rechentechnisch, wie man sieht, die Struktur "normaler" starrer Chance-Constrained Programme auf und können daher mit den in 2.2.3.1.a dargestellten Methoden gelöst werden. Die Probleme der Lösung flexibler Modelle mit unbedingten Wahrscheinlichkeitsrestriktionen treten hier nicht auf, da die für einen Zustand $r \in R_t$ formulierte Nebenbedingung keine Entscheidungsfunktionen, sondern nur mehr einfache Entscheidungsvariablen (nämlich die dem Zustand r entsprechenden Ausprägungen der gemäß (2.2.51) definierten Entscheidungsfunktionen) enthält.

Man bedenke jedoch, daß diese Konstruktion der Entscheidungsfunktionen nur dann zu einem rechentechnischen Vorteil führt, wenn man auf Lösungsverfahren, welche auf stetigen Verteilungen basieren, also etwa auf eine Normalverteilungsapproximation, zurückgreifen kann. Arbeite man dagegen (z.B. als Approximationsverfahren) mit diskreten Verteilungen, so führt dies zu folgendem Lösungsansatz:

$$(2.2.57,r) \qquad \left. \begin{array}{l} \left. \begin{array}{l} H_z \leq (1-u_z)U \\[4pt] u_z = 0 \text{ oder } 1 \end{array} \right\} z \in r_t \\[20pt] \displaystyle\sum_{z \in r_t} w_z u_z \geq \alpha_r w_r \end{array} \right\} r \in R_t$$

H_z definiert gem. (2.2.52)

Diese Formulierung bringt aber offensichtlich gegenüber
dem Problem mit totalen Restriktionen (vgl. dort Variante 3) keinen Vorteil und ist somit nur dann sinnvoll, wenn
der Ansatz bedingter Wahrscheinlichkeitsrestriktionen aus
rein entscheidungstheoretischen Gründen vorgezogen wird
(wenn z.B. verschiedene Nutzenvorstellungen hinsichtlich
der Verletzung der Nebenbedingung in verschiedenen Zuständen
$r \in R_t$ bestehen). Im Falle diskreter Verteilungen ist folglich auch nicht mehr klar, warum die Partitionen R_t, welche
die Feinheit des Systems der bedingten Restriktionen bestimmen, gleichzeitig die Feinheit der Konstruktion der Entscheidungsfunktionen bestimmen sollen. Da im Zeitpunkt t
ohnehin für jeden Zustand $z \in Z_t$ eine Nebenbedingung zu
formulieren ist, würde eine Verfeinerung der Entscheidungsfunktionen keine Vermehrung der Nebenbedingungen, sondern nur
mehr eine Vermehrung der Variablen erforderlich machen.

(3) Allgemeine Formulierungen

Aber auch dann, wenn das Modell mit den Nebenbedingungen
(2.2.54,55) mit den auf stetigen Verteilungen beruhenden
Verfahren gelöst werden kann, wäre noch zu überlegen, ob
eine Reduzierung der Zahl der Variablen durch Vergröberung
der Entscheidungsfunktionen zweckmäßig ist und ob (analog
zu Variante 3a des Modells mit totalen Restriktionen) die
Partitionen des Stichprobenraums, auf denen die Entscheidungsfunktionen definiert werden, projektabhängig sein
sollen. Das Modell mit bedingten Wahrscheinlichkeitsrestriktionen soll daher in allgemeiner Form dargestellt werden:

1) $\bar{R}_1,\ldots,\bar{R}_T$ seien Partitionen des Stichprobenraums Z_T.
   Für Zeitpunkt t werde für jedes Ereignis $\bar{r}_t \in \bar{R}_t$ eine
   (bedingte) Wahrscheinlichkeitsrestriktion formuliert.
   Es sei nichts darüber ausgesagt, welche dieser Partitionen feiner und welche gröber sind.

2) Für jedes Projekt $j \in \bar{J}_t$ wird eine Partition R_j defin-
   niert, so daß die Entscheidungsfunktionen die Form
   (2.2.51a) annehmen können. Von der Partition R_j $(j \in \bar{J}_t)$

wird nur verlangt, daß sie nicht feiner als Z_t ist.
Sie kann also im allgemeinen feiner oder gröber als
R_j ($j \in \bar{J}_{t'}$, $t' \neq t$) oder als eine der Mengen
$\bar{R}_1, \ldots, \bar{R}_T$ sein. Wenn für einen Zeitpunkt t alle
Partitionen R_j ($j \in \bar{J}_t$) gleich sind, können diese
mit R_t bezeichnet werden. Die Entscheidungsfunktionen haben dann die Form (2.2.51).

In diesem allgemeinen Modell entspricht jedem Zeitpunkt t
das System von Nebenbedingungen:

$$
\begin{array}{ll}
(2.2.58, \bar{r}) & P(\tilde{H}_{\bar{r}} \leq 0) \geq \alpha_{\bar{r}} \\[2ex]
(2.2.59, \bar{r}) & \tilde{H}_{\bar{r}} := \sum_{t'=0}^{t} \tilde{a}'_{tt'\bar{r}} \tilde{x}_{t'}(\bar{r}) - \tilde{b}_{t\bar{r}}
\end{array}
\right\} \; \bar{r} \in \bar{R}_t
$$

Oberflächlich betrachtet hat dieses Modell dieselbe Struktur wie (2.2.54,55). Allerdings entsprechen nun (im allgemeinen) jedem Ereignis $\bar{r}$ nicht mehr genau definierte Ausprägungen der (vektoriellen) Entscheidungsvariablen, sondern mehrwertige Funktionen $\tilde{x}_{t'}(\bar{r})$. Das Modell ist daher
erst dann vollständig beschrieben, wenn man noch zusätzlich
die Funktionen $\tilde{x}_t$ gemäß (2.2.51) bzw. $\tilde{x}_j$ gemäß (2.2.51a)
definiert. Aus diesen Definitionen kann abgeleitet werden,
welche Elemente der Wertebereiche der Funktionen $\tilde{x}_t$ im
Zustand $\bar{r}$ relevant sind. Diese Elemente bilden dann die Wertebereiche der Funktionen $\tilde{x}_t(\bar{r})$.

Bei Anwendung der Entscheidungsfunktion (2.2.51) gilt folgende Überlegung: Die dem Ereignis $\bar{r}_t \in \bar{R}_t$ entsprechende
Zufallsvariable $\tilde{H}_{\bar{r}}$ ordnet jedem Ereignis (Zustand) $z_t \in \bar{r}_t$
eine Ausprägung H_z, definiert gemäß (2.2.52), zu. Die zur
Definition von $\tilde{H}_{\bar{r}}$ ($\bar{r} \in \bar{R}_t$) herangezogene Folge von (vektoriellen) Entscheidungsfunktionen

$$
\{ x_0, \; \tilde{x}_1(\bar{r}), \ldots, \tilde{x}_{t'}(\bar{r}), \ldots, \tilde{x}_t(\bar{r}) \}
$$

ist also so zu interpretieren, daß jedem Zustand $z_t \in \bar{r}_t$
(bezeichnet durch einen Index $z \in Z_t$) die Folge

$$\left\{ x_0, \; x_{1r(z,1)}, \dots, \; x_{t'r(z,t')}, \dots, \; x_{tr(z,t)} \right\}$$

entspricht, welche die "relevanten" Ausprägungen der Entscheidungsfunktionen $\tilde{x}_{t',(\bar{r})}$ umfaßt.[1] Analoge Überlegungen
gelten bei Konstruktion der Entscheidungsfunktionen gemäß
(2.2.51a). Die Zufallsvariable $\tilde{H}_{\bar{r}}(\bar{r} \in \bar{R}_t)$ umfaßt dann die
Ausprägungen $H_z(z \in \bar{r}_t)$, definiert gemäß (2.2.52a).

Weil in diesem allgemeinen Modell mit bedingten Wahrscheinlichkeitsrestriktionen die Entscheidungsvariablen des Programms die Form mehrwertiger Entscheidungsfunktionen haben,
entspricht es in seiner mathematischen Struktur den flexiblen Modellen mit totalen Wahrscheinlichkeitsrestriktionen
und weist dieselben rechentechnischen Schwierigkeiten
(und eine größere Anzahl von Nebenbedingungen!) auf. Für
den allgemeinen stetigen Fall liegen, wie erwähnt, keine
Lösungsansätze vor. (Die Probleme bei Vorgabe der Struktur
der Entscheidungsfunktionen wurden bereits diskutiert.)
Im diskreten Fall erhält man für Zeitpunkt t den Lösungsansatz

---

1) Man beachte, daß jede Ausprägung der vektoriellen
   Entscheidungsfunktion $\tilde{x}_{t',(\bar{r})}$ mit zwei Indizes zu ver-
   sehen ist, einem Zeitindex t', der angbit, daß die einzelnen Elemente des Vektors den Projekten $j \in \bar{J}_{t'}$ entsprechen, und einem "Zustandsindex" r(z,t'). Dieser
   Zustandsindex ist aus der Menge $R_{t'}$ zu entnehmen (denn
   auf ihr ist die Entscheidungsfunktion definiert) und
   nicht etwa aus $\bar{R}_{t'}$. Der Bezug zum Ereignis $\bar{r}_t \in \bar{R}_{t'}$ für
   welches die Variable $\tilde{H}_{\bar{r}}$ definiert ist, wird über das
   Element $z \in \bar{r}_t$ hergestellt.

$$(2.2.60,\bar{r}) \quad \left. \begin{array}{l} \left. \begin{array}{l} H_z \leq (1-u_z)U \\[2ex] u_z = 0 \text{ oder } 1 \end{array} \right\} z \in \bar{r}_t \\[4ex] \displaystyle\sum_{z \in \bar{r}_t} w_z u_z \geq \alpha_{\bar{r}} w_{\bar{r}} \end{array} \right\} \bar{r} \in \bar{R}_t$$

H_z definiert gem. (2.2.52) oder (2.2.52a).

Der einzige Unterschied zur Variante 3 bzw. 3a des Modells mit totalen Restriktionen liegt also nur in der letzten Bedingung aus (2.2.60,$\bar{r}$). Hier sind für jeden Zustand $\bar{r} \in \bar{R}_t$ die bedingten Wahrscheinlichkeiten $w_z / w_{\bar{r}}$ getrennt zu summieren, dort interessiert nur die Summe aller unbedingten Wahrscheinlichkeiten $w_z (z \in Z_t)$.

Will man die Lösungsmethode "normaler" starrer Modelle (insbesondere für stetige Verteilungen[1]) anwenden, ist es aber nicht notwendig, eine so strenge Koppelung der Entscheidungsfunktionen mit den die Struktur der bedingten Wahrscheinlichkeitsanforderungen bestimmenden Partitionen vorzunehmen, wie dies im Modell (2.2.54,55) geschehen ist. Dort galt für alle $j \in \bar{J}_t$ die Identität $R_j = \bar{R}_t = R_t$ und die Forderung der "Zustandsbaumstruktur" der Folge der R_t ($t = 0,\ldots,T$). Zur Anwendung der Lösungsmethoden für stetige Verteilungen, wie sie in 2.2.3.1.a beschrieben wurden, genügt aber offenbar die Bedingung, daß alle Restriktionen nur einwertige Entscheidungsvariablen enthalten, also keine mehrwertigen Entscheidungsfunktionen. Diese Bedingung erfordert bloß Entscheidungsfunktionen, die mindestens so grob[2] konstruiert sind, daß sie jedem Ereignis, für das

---

1) Man beachte, daß der rechentechnische Vorteil des Spezialfalles (2.2.54,55) nur bei stetigen, nicht mehr bei diskreten Verteilungen wirksam wird, wie der Vergleich von (2.2.57,r) mit (2.2.60,$\bar{r}$) zeigt.

2) Auch jede gröbere Entscheidungsfunktion erfüllt also diese Bedingung.

eine Nebenbedingung formuliert wird, eindeutig eine Ausprägung dieser Funktionen zuordnen. Sind die Entscheidungsfunktionen gemäß (2.2.51) definiert, muß demnach verlangt
werden, daß die Menge $R_{t'}$ nicht feiner als jede der Mengen
$\tilde{R}_t (t \geqslant t')$ ist, daß also jede der Mengen $\tilde{R}_t$ entweder identisch mit $R_{t'}$ ist oder eine Verfeinerung von $R_{t'}$ darstellt.
So kann jedem $\bar{r} \in \tilde{R}_t$ eindeutig im Zeitpunkt $t' \leqslant t$ ein
 $r \in R_{t'}$ (und somit eine entsprechende Ausprägung der Entscheidungsfunktion) zugeordnet werden. Indiziert man dieses
Ereignis mit $r(\bar{r},t')^{[1]}$, so kann $\tilde{x}_{t'}(\bar{r})$ geschrieben werden
als $x_{t'r(\bar{r},t')}$ und (2.2.59,$\bar{r}$) wird zu

$$(2.2.61,\bar{r}) \qquad \tilde{H}_{\bar{r}} := \sum_{t'=0}^{t} \tilde{a}'_{tt'\bar{r}} x_{t'r(\bar{r},t')} - \tilde{b}_{t\bar{r}} \qquad (\bar{r} \in \bar{R}_t).$$

Definiert man die Entscheidungsfunktionen gemäß (2.2.51a),
konstruiert man also die Partitionen R_j projektunabhängig,
so muß gefordert werden, daß jede Menge R_j ($j \in \bar{J}_{t'}$)
nicht feiner sein darf als jede der Mengen $\tilde{R}_t$ ($t \geqslant t'$).
Dann kann mit dem Index $r(\bar{r},j) \in R_j$ ($j \in \bar{J}_{t'}$) jene Menge
r_j bezeichnet werden, in der das Ereignis $\bar{r}_t \in \tilde{R}_t$ enthalten
ist und somit für jedes solche Ereignis $\bar{r}_t \in \bar{R}_t$ eindeutig
die Ausprägung der Entscheidungsfunktion für Projekt j
im Zeitpunkt $t' \leqslant t$ bestimmt werden. (2.2.59,$\bar{r}$) wird dann$^{[2]}$
zu

$$(2.2.62,\bar{r}) \qquad \tilde{H}_{\bar{r}} := \sum_{t'=0}^{t} \sum_{j \in \bar{J}_{t'}} \tilde{a}_{jr} x_{jr(\bar{r},j)} - \tilde{b}_{tr} \qquad (\bar{r} \in \bar{R}_t).$$

Die Formulierung (2.2.62,$\bar{r}$) charakterisiert in Zusammenhang
mit (2.2.58,$\bar{r}$) die allgemeinste Form eines flexiblen Modells mit bedingten Wahrscheinlichkeitsrestriktionen, dessen
Lösung noch mit den für starre Chance-Constrained Modelle
entwickelten Verfahren erfolgen kann. Voraussetzung ist nur

---

1) Es gilt $r(\bar{r},t') \in R_{t'}$!
2) Vgl. auch (2.2.52,a $*$).

eine endliche (und hinreichend kleine) Zahl von Zuständen $\bar{r}$, da für jeden dieser Zustände eine Nebenbedingung, eine "starre" Wahrscheinlichkeitsrestriktion, formuliert werden muß. Aus dieser Voraussetzung folgt, daß die Entscheidungsfunktionen $\tilde{x}_t$ bzw. $\tilde{x}_j$ diskret sein müssen. Aus dieser Voraussetzung folgt hingegen nichts über den Typ der Verteilung von $\tilde{H}_t$. Die genaue Gestalt dieser Verteilung wird zwar durch die Art der Entscheidungsfunktionen bestimmt, kann aber sowohl stetig als auch diskret sein.

Hebt man diese Voraussetzung auf, kann also der durch $\bar{R}_1,\ldots,\bar{R}_T$ beschriebene "Zustandsbaum" kontinuierlich sein, also unendlich viele Äste aufweisen, so sind mit $(2.2.62,\bar{r})$ auch stetige Entscheidungsfunktionen $\tilde{x}_j$ vereinbar. Unabhängig vom Typ der Entscheidungsfunktionen - stetig oder diskret - gilt dann zwar nach wie vor für jeden Zustand $\bar{r}$ die Nebenbedingung $(2.2.58,\bar{r})$, doch sind dies nun unendlich viele Nebenbedingungen. Dann sind die in 2.2.3.1.a dargestellten Lösungsmethoden für starre Modelle nicht mehr anwendbar. Im Prinzip können solche Modelle zwar mit Hilfe der dynamischen Programmierung gelöst werden (Gochet/Padberg, 1974), doch sind hier sehr bald rechentechnische Grenzen erreicht, was wiederum eine radikale Vereinfachung der Problemstellung erfordert.[1]

---

[1] Einen Überblick über Lösungsverfahren für Modelle mit deterministischer Koeffizientenmatrix (Zufallsvariablen also lediglich im Beschränkungsvektor $\tilde{b}$ und in der Zielfunktion) gibt Kramm (1977, S. 42 - 47, 70 - 100). Für den hier interessierenden Bereich der Investitionsplanung sind diese Modelle somit nicht von Interesse, da sie nicht erlauben, die mit den einzelnen Projekten verknüpften Zahlungen als Zufallsvariablen zu betrachten. Auch lassen die dort gerechneten Demonstrationsbeispiele mit nur sehr wenigen Variablen keinen Schluß auf die praktische Anwendbarkeit dieser Methode auf größere Probleme zu.

b) <u>Zur Interpretation der Modelle</u>

(1) <u>Zur Feinheit der Partitionierung des Zustandsraums</u>

Wie die bisherigen Ausführungen zeigen, ist es bei Formulierung von flexiblen Modellen mit bedingten Wahrscheinlichkeitsrestriktionen wichtig zu beachten, daß die Entscheidungsfunktionen auf einem System von Partitionen des
Stichprobenraums zu definieren sind, das sich unterscheiden kann vom System jener Ereignismengen, für welche die
Mindestwahrscheinlichkeiten für die Erfüllung der Nebenbedingungen gelten müssen. Aber auch dann, wenn man sich auf
die Betrachtung des einfachen Modells (2.2.54,55) beschränkt,
man also $\bar{R}_t$ gleich R_t setzt, ist es für eine Beurteilung
der Auswirkung der Feinheit der Partitionierung des Zustandsraums zweckmäßig, den Einfluß auf das System der bedingten
Sicherheitsniveaus gedanklich zu trennen vom Einfluß auf
die (durch die Gestalt der Entscheidungsfunktionen bestimmte) Flexibilität des Modells. Gedankliche Trennung soll hier
nicht heißen, daß die beiden Aspekte völlig unabhängig voneinander wären. Natürlich erfordert z.B. die Beurteilung
der Höhe der bedingten Sicherheitsniveaus Kenntnis des Grades der Flexibilität des Modells, also des Typs der Entscheidungsfunktion. Es sollte jedoch beim Modell (2.2.54,55) gesehen werden, daß eine Änderung der Partitionierung des Zustandsraums das Ergebnis des Modells von zwei Seiten her
beeinflußt. Die Tendenz dieser beiden Einflüsse aber ist,
wie gezeigt werden wird, in gewissem Sinne gegenläufig.

Die Trennung dieser beiden Aspekte wurde in der Literatur
bisher, sieht man von der auf Charnes/Kirby (1966) zurückgehenden Unterscheidung der flexiblen Modelle in solche mit
totalen und solche mit bedingten Wahrscheinlichkeitsrestriktionen ab, nicht klar genug vorgenommen. Alle mir bekannten
Modelle mit bedingten Wahrscheinlichkeitsrestriktionen unterstellen eine Koppelung von $\bar{R}_t$ mit R_t.

Das von Hax (1976a, 1976b) für die Investitionsplanung
vorgeschlagene Modell hat, wie gezeigt, Nebenbedingungen des
Typs (2.2.54,55). Es gilt also $\bar{R}_t = R_t$. Dieses Modell
stellt eine Verallgemeimerung eines von Hillier (1967,
S. 53 - 55; 1969, S. 74 ff.) vorgeschlagenen Ansatzes
dar. Hillier sieht für sein Mehrperiodenproblem nur eine
einzige Partitionierung des Stichprobenraums vor, die
durch $\bar{R}_t = R_t = R$ (für alle $t \geqslant 1$) charakterisiert werden
könnte. Bei beiden Autoren wird die Definition der Partitionen $\bar{R}_t = R_t$ bewußt als eine Vereinfachung des Stichprobenraums gesehen. Hilliers Ausgangspunkt ist ein Modell mit
totalen Wahrscheinlichkeitsrestriktionen und mit Entscheidungsfunktionen (mit fest vorgegebener Struktur), definiert
auf den bis dahin realisierten (als stetig angenommenen)
Zufallsvariablen. Da dieser Ansatz keine diskreten Entscheidungsvariablen erlaubt, schlägt Hillier eine vereinfachte Entscheidungsfunktion vor, die jedem Element von R
einen Wert zuordnet, für den dann natürlich Ganzzahligkeitsbedingungen gelten dürfen (Hillier, 1967, S. 53). Hax geht
aus von einem flexiblen Modell der mehrstufigen stochastischen Programmierung mit strengem Zulässigkeitskriterium
und vereinfacht dann den Zustandsraum, auf dem die Entscheidungsvariablen definiert werden. Die Definition der Entscheidungsvariablen $\tilde{x}_t$ auf R_t bewirkt, daß jeder Ausprägung
der Entscheidungsvariablen nur eine Wahrscheinlichkeitsverteilung von Zahlungen (und keine eindeutige Zahlung) zugeordnet werden kann. Als die diesem Problem adäquate Lösung
wird die Formulierung von Wahrscheinlichkeitsrestriktionen
für jeden Zustand r_t angesehen (Hax 1976b, S. 136 f.).
Für beide Autoren ist also charakteristisch, daß das Modell
mit bedingten Wahrscheinlichkeitsrestriktionen nicht
eigentlich wegen der bedingten Sicherheitsniveaus vorgeschlagen wird, sondern daß ausgehend von Modellen, deren Entscheidungsfunktionen $\tilde{x}_t$ auf Z_t definiert sind, zunächst

diese Entscheidungsfunktionen vergröbert werden[1] und erst als Folge davon eine Änderung des Typs der Wahrscheinlichkeitsrestriktionen als notwendig erachtet wird. Bei Hillier erscheint der Übergang von unbedingten zu bedingten Restriktionen willkürlich und dürfte lediglich aus rechentechnischen Gründen vorgenommen worden sein. Für Hax scheint entscheidend gewesen zu sein, daß die Beibehaltung des strengen Zulässigkeitskriteriums bei Verminderung der Flexibilität des Modells zu restriktiv wäre.

Anders als bei Hax und Hillier, die die Vergröberung der Entscheidungsfunktionen in den Mittelpunkt der Betrachtung stellen, gehen Charnes/Kirby (1966)[2] von der Betrachtung der beiden Arten von Wahrscheinlichkeitsrestriktionen - total oder bedingt - aus, wobei die Entscheidungsfunktionen unverändert bleiben.[3] Ihr Modell mit bedingten Wahrschein-

---

1) Bei Hillier (1967) allerdings ist dies nicht nur eine Vergröberung der Entscheidungsfunktion, sondern gleichzeitig auch eine Verallgemeinerung ihres Typs; ein Tatbestand, auf den er selbst nicht hinweist!

2) Zur weiteren Diskussion dieses Modells vgl. Kortanek/ Soden (1967), Eisner/Kaplan/Soden (1971), Gochet/Padberg (1974) und Kramm (1977).

3) Ihr Anliegen ist allerdings nicht eine entscheidungstheoretische Analyse der Vorziehenswürdigkeit des einen oder anderen Typs von Wahrscheinlichkeitsrestriktionen (vgl. zu einigen Problemen dazu Eisner/Kaplan/Soden, 1971). Vielmehr gehen sie von der Vorstellung einer Äquivalenz dieser beiden Modelltypen aus, wobei sie bemerken (S. 21), daß ein "außerordentlich schwieriges" Problem in der Bestimmung der $\alpha_{\bar{r}}(\bar{r} \in \bar{R}_t)$ für gegebenes α_t liege, ohne dieses Problem zu lösen. Eisner/Kaplan/Soden (1971, S. 341) haben später gezeigt, daß es nicht immer möglich ist, solche $\alpha_{\bar{r}}$ zu finden, die bewirken, daß alle bedingten Restriktionen der Zustände $\bar{r} \in \bar{R}_t$ mindestens mit Wahrscheinlichkeit $\alpha_{\bar{r}}$ dann und nur dann erfüllt sind, wenn die totale Restriktion mindestens mit Wahrscheinlichkeit α_t erfüllt ist. Die Ergebnisse, die Charnes/ Kirby hinsichtlich des Typs der optimalen Entscheidungsfunktion erhalten - sie wollen Optimalität stückweise linearer Funktionen nachweisen - interessieren hier nicht, da sie für die hier zu betrachtenden Probleme der Investitions- und Finanzplanung auf zu engen Modelprämissen beruhen und auch nicht korrekt sind. Eine kurze Zusammenfassung dieses Problems mit Literaturhinweisen geben Bühler/Dick (1973, S. 106 f.).

lichkeitsrestriktionen verlangt Erfüllung der Nebenbedin-
gungen mit Mindestwahrscheinlichkeit $\alpha_{\bar{r}}(\bar{r} \in \bar{R}_t)$ für jeden
der diesem Zustand vorhergehenden Zustände z_{t-1} und weist
auf Z_{t-1} definierte Entscheidungsfunktionen $\tilde{x}_t$ auf, läßt
sich also rein formal wie die Modelle von Hax und Hillier
durch $\bar{R}_t = R_t$ charakterisieren, mit der zusätzlichen Präzisierung $\bar{R}_t = R_t = Z_{t-1}$. Allerdings nehmen Charnes/Kirby an,
daß die Entscheidungsfunktion $\tilde{x}_t$ nicht von $\tilde{Y}_t$ abhängen <u>kann</u>
(da dessen Realisationen noch nicht bekannt sind) und des-
wegen auf Z_{t-1} zu definieren ist.[1] Bei konsequenter Anwendung der Terminologie dieser Untersuchung muß daher diese Entscheidungsfunktion als $\tilde{x}_{t-1}$ bezeichnet werden,[2]
woraus $R_t = Z_t$ folgt und das Modell durch $\bar{R}_t = R_{t-1} = Z_{t-1}$
charakterisiert werden muß. Obwohl nun dies die Formulie-
rung $(2.2.61,\bar{r})$ unmöglich erscheinen läßt,[3] hat man es
trotzdem mit einem Modell dieses Typs zu tun, da der Entscheidungsvariablen $\tilde{x}_{t-1}$ erst ab Zeitpunkt t von Null verschiedene Koeffizienten zugeordnet werden, diese Variable
also erst ab Zeitpunkt t in den Nebenbedingungen zu berücksichtigen ist. Keine Nebenbedingung des Zeitpunktes t enthält
daher Entscheidungsvariablen, deren Ausprägungen im Zustand
$\bar{r} \in \bar{R}_t$ (man könnte auch schreiben $\bar{r} \in Z_{t-1}$) noch nicht eindeutig bestimmt sind. So gesehen ist dieses Modell in seiner
Struktur mit dem von Hax (1976b) vorgestellten identisch,
könnte also für diskrete stochastische Prozesse (endliche
und hinreichend kleine Anzahl von Ereignissen $\bar{r}$) mit den
für "starre" Modelle entwickelten Methoden gelöst werden.
Die formale Identität dieser beiden Modelle kommt deutlicher
zum Ausdruck, wenn man das von Charnes/Kirby beschriebene
Modell etwas unkorrekt durch $\bar{R}_t = R_t = Z_{t-1}$ charakterisiert.

---

1) Charnes/Kirby (1966), S. 18.
2) Vgl. auch die Diskussion von (2.2.49).
3) Voraussetzung für diese Formulierung war unter anderem,
   daß R_t nicht feiner als $\bar{R}_t$ sein darf, was hier wegen
   der Beziehung "$R_t = Z_t$ ist feiner als $\bar{R}_t = Z_{t-1}$"
   nicht gegeben ist!

Tatsächlich liegt der entscheidende Unterschied der Modelle nur in der _Begründung_ der Gestalt der Entscheidungsfunktion.[1] Während bei Hax die Definition der Entscheidungsfunktionen auf R_t, einer gröberen Menge als Z_t, als eine Vereinfachung der Problemstellung aufzufassen ist, also bewußt die Möglichkeiten flexibler Planung aus rechentechnischen Gründen nicht voll ausgeschöpft werden, ist bei Charnes/Kirby eine feinere Definition der Entscheidungsvariablen nicht mehr möglich, da sie ja eine Abhängigkeit der in der Nebenbedingung des Zeitpunkts t zu berücksichtigenden Entscheidungen von den in diesem Zeitpunkt bekannt werdenden Realisationen der Zufallsvariablen $\tilde{Y}_t$ ausschließen.

Für die hier interessierenden Modelle der Investitionsplanung ist es sinnvoll, ein flexibles Modell mit $\bar{R}_t = R_t$ so zu interpretieren, wie dies auch Hax und Hillier tun: Es ist anzunehmen, daß es in jeder Nebenbedingung des Zeitpunkts t eine mit von Null verschiedenen Koeffizienten verknüpfte Entscheidungsfunktion gibt, deren Wert auch von den Realisationen der Zufallsvariablen $\tilde{Y}_t$ abhängen könnte, wenn das Modell fein genug formuliert worden wäre. Es gibt also in jeder Nebenbedingung des Zeitpunkts t mindestens eine Entscheidungsvariable, mit der schon in diesem Zeitpunkt Zahlungen verbunden sind und deren Niveau erst in diesem Zeitpunkt festgelegt werden muß. Diese Annahme besagt natürlich nicht, daß etwa alle Investitionsentscheidungen erst dann

---

1) Daß Charnes/Kirby stetige Verteilungen nicht ausschließen (wie ihre Formulierungen der Wahrscheinlichkeitsverteilungen mit Hilfe von Stieltjes-Integralen zeigen) und daher $\bar{R}_t = Z_{t-1}$ nicht als endliche Menge aufgefaßt werden kann, verweist sie auf die Lösungstechnik der dynamischen Programmierung, während bei Hax die Anzahl der Ereignisse $\bar{r}$ immer als endlich und hinreichend klein unterstellt ist, um die für starre Probleme entwickelten Lösungsmethoden verwenden zu können. Dieser Unterschied trifft aber nicht den Kern des Modells, sondern nur die Lösungstechnik.

zu treffen sind, wenn auch die ersten Zahlungen der betreffenden Projekte auftreten. Häufig wird es so sein, daß die Durchführung eines Projekts, das ab Zeitpunkt t Zahlungen aufweist, schon im Zeitpunkt t-t' beschlossen werden muß. Dann ist diesem Projekt eine Entscheidungsvariable aus dem Vektor $\tilde{x}_{t-t'}$ zuzuordnen.[1] Irgendwelche sofort liquiditätswirksamen Entscheidungen wird es aber immer geben, z.B. Entscheidungen über bestimmte Arten von Geldanlagen oder Rückzahlung von Krediten. Modelle zur Investitionsplanung werden also die Eigenschaft haben, daß jede Liquiditätsnebenbedingung des Zeitpunkts t Entscheidungsfunktionen $\tilde{x}_t$ enthält, die auf Z_t definiert werden könnten, weshalb eine Definition dieser Funktionen auf einer gröberen Menge R_t immer eine bewußte Vereinfachung der Problemstellung bedeutet.

Bei der Beurteilung der Frage, ob eine Verfeinerung der Menge R_t die damit verbundene Erhöhung des Rechenaufwands noch rechtfertigt, ist natürlich entscheidend, ob dadurch noch ein Einfluß auf den sofort zu realisierenden Entscheidungsvektor x_0 ausgeübt wird.[2] Hier ist man auf Vermutungen angewiesen, da eine exakte Beantwortung dieser Frage die Lösung des Modells erfordern würde. Abgesehen von dieser Entscheidung über den "optimalen Komplexionsgrad" des Modells soll nun aber die Frage aufgeworfen werden, ob eine __beliebig__ feine Partitionierung des Zustandsraums einer sinnvollen Interpretation zugänglich ist.

---

1) Besteht im Zeitpunkt t dennoch die Möglichkeit, von der Realisation dieses Projekts (etwa wegen Liquiditätsmangel) abzusehen, so kann dies mit Hilfe einer weiteren Entscheidungsvariablen, deren Ausprägung von den im Zeitpunkt t realisierten Zufallsvariablen abhängt, berücksichtigt werden.

2) Vgl. dazu auch Hax (1976b), S. 139 f.

Während ein Modell mit totalen Wahrscheinlichkeitsrestriktionen und Definition der Entscheidungsfunktion $\tilde{x}_t$ auf $R_t = Z_t$ durchaus als ein flexibles Chance-Constrained Modell interpretiert werden kann, ist das Problem bei bedingten Wahrscheinlichkeitsrestriktionen etwas heikler. Legt man sich nämlich auf $\overline{R}_t = R_t$ fest, dann haben im Falle $R_t = Z_t$ Wahrscheinlichkeitsrestriktionen keinen Sinn, da jedem Element dieser Menge definitionsgemäß nur mehr <u>eine</u> Ausprägung der Zufallsvariablen entspricht, also jedes Sicherheitsniveau $\alpha_{\overline{r}} > 0$ die Anforderungen des strengen Zulässigkeitskriteriums (Erfüllung der Nebenbedingungen in t in jedem Zustand $z \in Z_t$) erfüllt und somit willkürlich gewählt werden könnte. Jedes Modell mit Wahrscheinlichkeitsrestriktionen ist nur dann sinnvoll interpretierbar, wenn $\overline{R}_t$ gröber als Z_t gewählt wird.

Wählt man bei auf R_t definierten Entscheidungsfunktionen die Menge $\overline{R}_t$ gröber als R_t[1], dann hat formal die Nebenbedingung für einen Zustand $\overline{r} \in \overline{R}_t$ die Eigenschaften einer "totalen" Wahrscheinlichkeitsrestriktion. Dies verursacht nicht nur analoge rechentechnische Probleme, sondern auch analoge Probleme der Interpretation. Das entscheidende Problem liegt dann also in dem Umstand, daß das Niveau der Entscheidungsvariablen $\tilde{x}_t$ in einem bestimmten Zustand $r \in R_t$ davon abhängig gemacht wird, wie groß die Wahrscheinlichkeit der Erfüllung der Nebenbedingung in anderen (also nicht eingetretenen!) Zuständen $r \in \overline{r}_t \subset R_t$ gewesen wäre. Dies ist aber keine sinnvolle Ausgangsbasis zur Bestimmung der im Zeitpunkt t zu realisierenden Projekte. Andererseits erscheinen vom Zeitpunkt O aus betrachtet zur Festlegung des Niveaus des Entscheidungsvektors x_O nur die unbedingten

---

1) Es sei hier der Fall betrachtet, wo jedes Ereignis $r_t \in R_t$ zur Gänze in einem der einander ausschließenden Ereignisse $\overline{r}_t \in \overline{R}_t$ enthalten ist. Ein Zustand (ein Ereignis) r_t kann daher mit einem Index r aus einer (jetzt als Indexmenge aufzufassenden) Menge $\overline{r}_t$ bezeichnet werden und man kann schreiben: $r \in \overline{r}_t \subset R_t$.

Wahrscheinlichkeitsverteilungen von $\tilde{H}_1,\ldots,\tilde{H}_T$ von Interesse bzw. deren Charakterisierung durch Mindestwerte für die Wahrscheinlichkeit $P(\tilde{H}_t \leqslant 0)$.[1] Für die in einem Zustand $r \in R_t$ zu treffenden Entscheidungen[2] interessieren demnach die Verteilungen der Variablen $\tilde{H}_t,\ldots,\tilde{H}_T$ unter der Bedingung r_t.[3] (Dem entspräche im Zeitpunkt t das Partitionensystem $\bar{R}_t = \ldots = \bar{R}_T = R_t$.[4]) Vernachlässigt man nun, daß diese Überlegungen für jede Entscheidungsstufe (jeden Entscheidungszeitpunkt) t ein eigenes System von Partitionen $\{\bar{R}_t,\ldots, \bar{R}_T\} = \{R_t,\ldots, R_t\}$ erfordern würde[5] und baut man das Modell auf einem <u>einzigen</u> System $\{\bar{R}_1,\ldots, \bar{R}_T\}$ auf, so muß man bei der Interpretation von $\bar{R}_t$ bedenken, daß hinsichtlich verschiedener Entscheidungsstufen (t oder früher) die Feinheit der Partition $\bar{R}_t$ unterschiedlich zu beurteilen sein wird. Selbst wenn für alle $t \geqslant 1$ $\bar{R}_t$ gröber als R_t ist, so wird im allgemeinen für bestimmte $t' < t$ die Menge $\bar{R}_t$ feiner als $R_{t'}$ sein.

---

1) Vgl. aber zur Kritik der Charakterisierung einer Wahrscheinlichkeitsverteilung durch solche Mindestwahrscheinlichkeiten für ein Intervall Abschnitt 2.2.3.1.b(2).

2) Natürlich kann tatsächlich die Entscheidung $\tilde{x}_t$ vom eingetretenen Zustand $z \in Z_t$ abhängig gemacht werden, was jedoch in dem gröberen Modell mit auf R_t definierten Entscheidungsfunktionen nicht berücksichtigt wird.

3) Hier liegt eine Analogie zu dem von Eisner/Kaplan/Soden (1971) unter der Bezeichnung "Conditional-Go Approach" vorgeschlagenen Ansatz vor, wobei aber die Entscheidungsfunktionen nicht so grob wie dort definiert wurden. Vgl. dazu die Diskussion von (2.2.53,r) in Abschnitt 2.2.3.2.1.b.

4) Die Folge von Partitionen $\{\bar{R}_t,\ldots, \bar{R}_T\} = \{R_t,\ldots, R_t\}$ beschreibt also eine Menge von "Zustandsbäumen" in "Pfahlform", je einen für jeden Zustand $r \in R_t$.

5) Für jeden Entscheidungszeitpunkt t wäre dann also ein entsprechendes Restriktionssystem aufzustellen, das Restriktionen auch für alle folgenden Zeitpunkte enthalten müßte. Die Problematik einer derartigen Konzeption wird im nächsten Abschnitt diskutiert.

Man bedenke in diesem Zusammenhang die folgende Entscheidungssituation: Es gebe zwei Aktionspläne (A und B) und zwei mögliche Zustände (r = 1,2). Der Zustand r sei so definiert, daß ihm nicht ein eindeutiges Ergebnis, sondern eine Wahrscheinlichkeitsverteilung von Ergebnissen zugeordnet werden kann. Beide Zustände seien gleich wahrscheinlich. Als Ergebnisse seien nur e und $\bar{e}$ möglich. Die Zufallsvariable $\tilde{E}$ sei dadurch charakterisiert, daß e und $\bar{e}$ jeweils mit Wahrscheinlichkeit 0,5 eintreten. Es gebe eine (vom eingetretenen Zustand unabhängige) Bernoulli-Nutzenfunktion[1] mit $U(\tilde{E}) = 0,5 \left[u(e) + u(\bar{e}) \right] = \bar{u}$. Die Ergebnisse der beiden Aktionspläne sind in der folgenden Ergebnismatrix zusammengefaßt:

	r = 1	r = 2
A	$\tilde{E}$	$\tilde{E}$
B	e	$\bar{e}$

Während also bei B nach Kenntnis des Zustands das Ergebnis mit Sicherheit feststeht, ist bei A auch dann nur eine Wahrscheinlichkeitsverteilung der Ergebnisse bestimmt. Die den beiden Aktionsplänen entsprechenden unbedingten Wahrscheinlichkeitsverteilungen der Ergebnisse sind jedoch identisch. Folgt man dem Bernoulli-Prinzip, so ist jedem der beiden Aktionspläne der gleiche Nutzen, und zwar $U(\tilde{E}) = \bar{u}$, zuzuordnen.

Obwohl B nach Information über den eingetretenen Zustand ein sicheres Ergebnis bringt und bei A auch dann noch Unsicherheit besteht, gibt es keinen Grund, einen der beiden Aktionspläne vorzuziehen, solange man die Axiome der Bernoulli-Nutzentheorie anerkennen will.[2] Diese Bedeutung der

---

[1] Jedem möglichen Ergebnis e wird der Nutzen u(e) zugeordnet. Der Nutzen $U(\tilde{E})$ einer Wahrscheinlichkeitsverteilung (Verteilung der Ergebnisse) der Variablen $\tilde{E}$ ist dann gleich dem Erwartungswert der den einzelnen Ergebnissen zugeordneten Nutzen u(e).

[2] Einen Überblick über das Problem der Berücksichtigung des Risikos in der Bernoulli-Nutzentheorie und eine Kritik dieser Position bringt z.B. Hieronimus (1979).

unbedingten Wahrscheinlichkeitsverteilung bleibt auch dann
erhalten, wenn man A und B als Strategien, bestehend aus
sofort zu realisierenden Aktionen und solchen, die vom Umweltzustand r abhängen können, interpretiert. Selbst wenn
man beachtet, daß man bei einer sequentiellen Analyse des
Problems auf der zweiten Stufe die vom Umweltzustand abhängigen, also bedingten Wahrscheinlichkeitsverteilungen beurteilt, so liegt hier kein Widerspruch zur Beurteilung von
Strategien aufgrund der unbedingten Wahrscheinlichkeitsverteilungen ihrer Ergebnisse vor. Dies liegt an der Konstruktion des Erwartungsnutzens und vor allem daran, daß bei einer
Entscheidungsbaumanalyse auf der zweiten Stufe keine Einschränkung des Zulässigkeitsbereichs durch Setzen etwa von
Nutzengrenzen erfolgt.

Da aber der Ansatz von Wahrscheinlichkeitsrestriktionen sowohl deswegen, weil Mindestwahrscheinlichkeiten nicht eindeutig bestimmten Nutzenwerten zugeordnet werden können,
als auch wegen der Tatsache, daß überhaupt Restriktionen
(welche einen "Mindestnutzen" garantieren sollen) gesetzt
werden, nicht mit der Bernoulli-Nutzentheorie in Einklang
zu bringen ist, entstehen Widersprüche zwischen der Beurteilung von unbedingten und bedingten Wahrscheinlichkeitsrestriktionen. Zur Bestimmung der Ausprägung der Entscheidungsfunktion $\tilde{x}_t$ im Zustand $r \in R_t$ erscheint für alle Zeitpunkte
t' > t nur die Betrachtung der Wahrscheinlichkeitsverteilungen unter der Bedingung r_t (der Bedingung, daß eben dieser
Zustand $r \in R_t$ eingetreten ist) sinnvoll. Nun kann man zwar
ein Ereignis $\bar{r} \subseteq R_t$ aufspalten in einander ausschließende
Ereignisse $\bar{\bar{r}} \in \bar{r} \subseteq R_t$ und die Wahrscheinlichkeitsrestriktion für $\bar{r}$ ersetzen durch mehrere Wahrscheinlichkeitsrestriktionen, je eine für jedes $\bar{\bar{r}} \in \bar{r}$. Setzt man dann
$\alpha_{\bar{r}} = \alpha_{\bar{\bar{r}}}$, so ist (gleichbleibende Entscheidungsfunktion
$\tilde{x}_t$, also unveränderte Partitionierung R_t vorausgesetzt)
das feinere Restriktionensystem strenger. Man kann sich
aber auch bemühen, für gegebenes $\alpha_{\bar{r}}$ ein System von "äquivalenten" $\alpha_{\bar{\bar{r}}}$ zu suchen. Da ein solches "äquivalentes" Sy-

stem von Sicherheitsniveaus nicht immer existiert,[1] wird
man sich oft mit solchen $\alpha_{\underline{\underline{r}}}$ begnügen müssen, die ein "ähnliches Ergebnis" erwarten lassen wie das Niveau $\alpha_{\overline{r}}$ bei der
auf $\overline{r}$ definierten Wahrscheinlichkeitsrestriktion. Nun
scheinen aber kaum Aussagen über eine zweckmäßige Wahl
der $\alpha_{\underline{\underline{r}}}$ bei gegebenem $\alpha_{\overline{r}}$ möglich zu sein,[2] so daß das
Ersetzen einer Wahrscheinlichkeitsrestriktion für $\overline{r}$ durch
mehrere Restriktionen für die Teilmengen $\underline{\underline{r}}$ riskant bleibt.

Die mit Hilfe des obigen Beispiels demonstrierte Plausibilität der Verwendung von totalen Wahrscheinlichkeitsrestriktionen für die Bestimmung von x_O bzw. von bedingten Wahrscheinlichkeitsrestriktionen (Bedingung, daß Zustand r_t
eingetreten ist) für die Bestimmung der Ausprägung von $\tilde{x}_t$
im Zustand r_t basierte auf der Annahme zustandunabhängiger
Nutzenfunktionen. Unter dieser Annahme führte die Identität
der Wahrscheinlichkeitsverteilung der Ergebnisse von A und
B zu Gleichheit des Nutzens der Aktionspläne A und B. Nimmt
man jedoch zustandsabhängige Nutzenfunktionen an, so sind
A und B im allgemeinen unterschiedlich zu beurteilen, haben
also nicht den gleichen Nutzen. Da nun nicht nur die aggre-
gierte Wahrscheinlichkeitsverteilung maßgebend ist, sondern
darüber hinaus auch noch relevant ist, welchen Zuständen die
einzelnen Ergebnisse zuzuordnen sind, erscheint es plausibel, statt einer einzigen totalen Wahrscheinlichkeitsrestriktion eine Reihe von bedingten Wahrscheinlichkeitsrestriktionen zu verwenden, wobei die Höhe der bedingten Sicherheitsniveaus durch die zustandsabhängigen Nutzenfunktionen determiniert wird. Je schwerer in einem bestimmten Zustand die Verletzung der Nebenbedingung wiegt, desto höher

---

1) Vgl. Eisner/Kaplan/Soden (1971), S. 341.
2) Dieses Problem ist Gegenstand der beiden folgenden Abschnitte (2) und (3).

sollte das entsprechende Sicherheitsniveau sein.[1]
Offen bleibt aber die Frage einer Substitution von höheren
Sicherheitsniveaus für bestimmte Zustände durch niedrigere
Sicherheitsniveaus für die anderen Zustände. Dieses Substitutionsproblem hat aber nichts mit zustandsabhängigen Nutzenfunktionen zu tun, es ergibt sich vielmehr immer dann,
wenn man ein System von bedingten Wahrscheinlichkeitsrestriktionen als Ersatz für eine totale Wahrscheinlichkeitsrestriktion betrachtet, also auch bei zustandsabhängigen Nutzenfunktionen.

Diese Überlegungen zeigen, daß man bedingte Wahrscheinlichkeitsrestriktionen in zweifacher Weise interpretieren
kann:

---

1) Daß die Anwendung bedingter Sicherheitsniveaus bei zustandsabhängigen Nutzenfunktionen keineswegs eine voll
   befriedigende Lösung des Problems ist, sieht man daran,
   daß diese Methode nicht bis zur letzten Konsequenz durchgehalten werden kann. Betrachten wir die Nebenbedingungen des Zeitpunkts t: Wenn $R_t = Z_t$ gilt und für jeden
   Zustand z_t eine zustandsabhängige Nutzenfunktion existiert, kann trotzdem nicht für jeden dieser Zustände
   eine Wahrscheinlichkeitsrestriktion formuliert werden,
   da dann jedem Zustand nicht mehr Zufallsvariablen, sondern einwertige Größen zuzuordnen sind und somit Wahrscheinlichkeitsrestriktionen sinnlos wären. Je weniger
   Ereignisse $z \in Z_t$ die Zustände $r \in R_t$ enthalten, desto
   problematischer ist offenbar der Versuch, vom Zustand r_t
   abhängige Nutzenfunktionen durch entsprechende zustandsabhängige Wahrscheinlichkeitsrestriktionen im Modell zu
   berücksichtigen. Dies ist eine Folge des in 2.2.3.1.b(2)
   erläuterten Problems der Unmöglichkeit der exakten Berücksichtigung von Nutzenvorstellungen durch die Forderung nach Einhaltung von Sicherheitsniveaus, obwohl
   diese Sicherheitsniveaus ökonomisch mit Nutzenüberlegungen ("Wie schwer wiegt die Verletzung einer Nebenbedingung?") zu begründen wären.

(1) Insofern sie die Entscheidungssituation im Zustand $\bar{r}_t$
beschreiben sollen, ist es irrelevant, was in den anderen Zuständen dieses Zeitpunkts, die eben nicht eingetreten sind, geschehen wäre. Substitutionsprobleme
zwischen den Sicherheitsniveaus einzelner Zustände kann
es daher nicht geben.

(2) Insofern diese bedingten Wahrscheinlichkeitsrestriktionen für $\bar{r}_t$ aber Entscheidungssituationen in den Zeitpunkten $t' < t$ beschreiben sollen und daher als Ersatz
für gröbere Wahrscheinlichkeitsrestriktionen anzusehen
sind,[1] besteht das Substitutionsproblem zwischen den
Sicherheitsniveaus der einzelnen Zustände.

Bei dem hier zur Diskussion stehenden Modell, das nur bedingte Wahrscheinlichkeitsrestriktionen kennt (also ein einziges Partitionensystem $\{\tilde{R}_1,\ldots,\bar{R}_T\}$ gegeben ist), ergibt
sich daher das Problem, daß die gewählten Sicherheitsniveaus
beiden Aspekten der Wahrscheinlichkeitsrestriktionen Rechnung tragen sollen.

Die Diskussion des Falles "$\bar{R}_t$ feiner als R_t" kann nun kurz
gefaßt werden: Wenn in allen Zeitpunkten $t \geqslant 1$ die Menge
$\bar{R}_t$ feiner als R_t ist, so wird meist auch gelten, daß
$\bar{R}_t$ feiner als <u>alle</u> $R_{t'}$ ($t' \leqslant t$) ist. Das besagt, daß die
einem bestimmten Zustand $r \in R_t$ entsprechenden Variablen
des Programms (die diesem Zustand entsprechenden Niveaus
der Entscheidungsfunktionen $x_O, \tilde{x}_1,\ldots,\tilde{x}_t$) in jeweils mehreren Nebenbedingungen dieses Zeitpunkts auftreten. Der
Extremfall wäre ein völlig starres Chance-Constrained Modell
mit bedingten Wahrscheinlichkeitsrestriktionen. Die bedingten Restriktionen lassen sich dann nicht mehr mit dem Argument rechtfertigen, daß zur Bestimmung des Niveaus der Ent-

---

1) Diese Ersatzfunktion können bedingte Restriktionen aus
zwei Gründen haben: In einem Modell, das unbedingte und
bedingte Restriktionen berücksichtigt, können die unbedingten wegen der Zustandsabhängigkeit der Nutzenfunktionen durch mehrere bedingte ersetzt werden. In einem Modell,
das nur bedingte Restriktionen kennt, haben diese immer
beide Funktionen: die Beschreibung der Entscheidungssituation des Zustandes, für den sie formuliert sind, und die
Ersatzfunktion für die nicht explizit formulierte unbedingte Restriktion.

scheidungsvariablen im Zustand $\bar{r}_t$ die Wahrscheinlichkeit
der Erfüllung der Nebenbedingung in den anderen (nicht
eingetretenen) Zuständen des Zeitpunkts t unwichtig ist.
Da ja die Entscheidungsvariablen gar nicht zustandsabhängig
konstruiert sind, kann nicht gesagt werden, daß eine für
$\bar{r}_t$ formulierte Wahrscheinlichkeitsrestriktion der Festsetzung des Niveaus der Entscheidungsvariablen in diesem Zustand dient. Auch die Interpretation des Systems von bedingten Sicherheitsniveaus als Approximationsverfahren zur
Berücksichtigung zustandsabhängiger Nutzenfunktionen ist
kaum noch sinnvoll. Da schon dann, wenn die einem bestimmten Zustand entsprechenden Ausprägungen der Entscheidungsvariablen bekannt sind, zustandsabhängige Nutzenfunktionen
nicht völlig befriedigend durch zustandsbezogene Wahrscheinlichkeitsrestriktionen berücksichtigt werden können, so
ist bei starren Entscheidungsfunktionen nicht zu erwarten,
daß eine Beurteilung der zustandsbezogenen (bedingten) Wahrscheinlichkeitsverteilungen sinnvoll sein könnte, da dann
das Programm diese bedingten Wahrscheinlichkeitsverteilungen
auf Basis von nicht-zustandsbezogenen Werten der Entscheidungsfunktionen berechnen würde. Die derart berechneten bedingten Verteilungen könnten zwar noch als Schätzung der
sich tatsächlich ergebenden Verteilungen der Variablen $\tilde{H}_t$
bei gegebenem Zustand $\bar{r}_t$ interpretiert werden, doch wird
man im allgemeinen nicht erwarten können, daß bei Vernachlässigung der zustandsbedingten Werte der Entscheidungsfunktionen die Berücksichtigung zustandsabhängiger Nutzenfunktionen (in Form zustandsabhängiger Sicherheitsniveaus)
noch aussagefähige Ergebnisse bringt. (Anders wäre es nur dann,
wenn zwar die Nutzenfunktionen der einzelnen Zustände $\bar{r}_t$
sehr unterschiedlich wären, die sich bei einer exakten flexiblen Planung ergebenden Werte der Entscheidungsvariablen
in den einzelnen Zuständen $z_t \in r_t \supset \bar{r}_t$ sich kaum voneinander unterscheiden würden.) Im allgemeinen kann daher angenommen werden, daß es nicht sinnvoll ist, das System der
Sicherheitsniveaus auf einer feineren Menge als R_t aufzu-
bauen.

Berücksichtigt man nun die rechentechnische Problematik, die eine gröber als R_t konstruierte Menge $\bar{R}_t$ mit sich bringt, bleibt als praktikable Möglichkeit nur ein Modell mit $\bar{R}_t = R_t$. (Es soll allerdings nicht ausgeschlossen werden, daß für einzelne Projekte j die Mengen R_j aus Vereinfachungsgründen gröber gewählt werden, so wie dies in Formulierung (2.2.62) unterstellt wurde.) Natürlich ist auch in diesem Fall entscheidend, daß die Wahrscheinlichkeitsrestriktion für den Zustand $\bar{r} \in \bar{R}_t$ unterschiedlich interpretiert werden muß, je nachdem, ob man Entscheidungen der Stufe t oder früherer Entscheidungsstufen betrachtet. Die Beziehung $\bar{R}_t = R_t$ impliziert auch, daß R_t gröber als Z_t gewählt werden muß. Flexible Modelle der Investitionsplanung mit bedingten Wahrscheinlichkeitsrestriktionen müssen daher grundsätzlich mit bewußt vereinfachten Entscheidungsfunktionen arbeiten, wenn sie sinnvoll interpretierbar sein sollen. Die Problematik der Umsetzung von Nutzenvorstellungen in Sicherheitsniveaus bringt es mit sich, daß dieser an sich sehr wichtige Aspekt bei der Bestimmung der Feinheit der Partitionen $\bar{R}_t = R_t$ in den Hintergrund treten wird zugunsten einer Betrachtung des Grades der Flexibilität der Entscheidungsfunktionen. Die Sicherheitsniveaus wird man versuchen, "dementsprechend" zu wählen.[1] Ob dies möglich ist und ob sich eine Abhängigkeit der Sicherheitsniveaus von der Art der Partitionierung des Zustandsraums feststellen läßt, soll im folgenden untersucht werden.

---

1) Dies ist offenbar auch der Ansatzpunkt von Hax (1976b).

(2) <u>Zur Frage der Abhängigkeit der Höhe der Sicherheitsniveaus von der Wahrscheinlichkeit der Zustände (bei
gegebener Partitionierung des Zustandsraums)</u>

α) <u>Das Problem</u>

Betrachten wir wieder den Stichprobenraum Z_T , dessen Elementen z_T[1] die Wahrscheinlichkeiten w_z mit der Eigenschaft

$$\sum_{z \in Z_T} w_z = 1$$

zugeordnet sind. Jedem Ereignis $\bar{r} \subseteq Z_T$ kommt dann die Wahrscheinlichkeit

$$w_{\bar{r}} = \sum_{z \in \bar{r}} w_z$$

zu. Jeder Partition $\bar{R}_t$, also jeder Menge $\{\bar{r} \mid \bar{r} \in \bar{R}_t\}$ entspricht somit eine Menge von Wahrscheinlichkeiten
$\{w_{\bar{r}} \mid \bar{r} \in \bar{R}_t\}$ mit der Eigenschaft

$$\sum_{\bar{r} \in \bar{R}_t} w_{\bar{r}} = 1.$$

Da das Modell mit bedingten Wahrscheinlichkeitsrestriktio-
nen für jeden Zustand $\bar{r} \in \{\bar{R}_1, \ldots, \bar{R}_T\}$ eine Nebenbedingung
formuliert, die mindestens mit der Wahrscheinlichkeit $\alpha_{\bar{r}}$
zu erfüllen ist, ergibt sich die Frage, ob diese Sicherheits-
niveaus $\alpha_{\bar{r}}$ von der Wahrscheinlichkeit $w_{\bar{r}}$ des Zustands $\bar{r}$,
auf den sich die Nebenbedingung bezieht, abhängen sollen.
Eine solche funktionale Abhängigkeit $\alpha_{\bar{r}} = \alpha_{\bar{r}}(w_{\bar{r}})$ wurde
von Hax (1976b, S. 139) angenommen und der Vorschlag

$$(2.2.63) \qquad \alpha_{\bar{r}} = 1 - w/w_{\bar{r}} \qquad (\bar{r} \in \bar{R}_t)$$

---

1) Für Indizierungszwecke auch einfacher bezeichnet mit
   $z \in Z_T$.

zur Diskussion gestellt. w ist, wie die äquivalente Formulierung

$$(2.2.64) \qquad w = w_{\bar{r}}(1 - \alpha_{\bar{r}}) \qquad\qquad (\bar{r} \in \bar{R}_t)$$

zeigt, die dem Zustand $\bar{r} \in \bar{R}_t$ zuzuordnende unbedingte
<u>Höchstwahrscheinlichkeit</u> für eine <u>Verletzung</u> der Neben-
bedingung $\tilde{H}_t \leqslant 0$. Die totale Wahrscheinlichkeit W(t), mit
der die Nebenbedingung $\tilde{H}_t \leqslant 0$ höchstens verletzt werden
darf, ergibt sich aus der Summe der den einzelnen Zu-
ständen zugeordneten unbedingten Wahrscheinlichkeiten w:
Schreibt man die dem Zustand $\bar{r} \in \bar{R}_t$ zugeordnete Wahrscheinlichkeitsrestriktion (2.2.58,$\bar{r}$) in der äquivalenten Form

$$(2.2.65,\bar{r}) \qquad P(\tilde{H}_{\bar{r}} \geqslant 0) \leqslant (1 - \alpha_{\bar{r}}) \qquad\qquad (\bar{r} \in \bar{R}_t)$$

so folgt wegen (2.2.64)[1]

$$(2.2.66) \qquad P(\tilde{H}_t \geqslant 0) \leqslant \sum_{\bar{r} \in \bar{R}_t} w_{\bar{r}}(1-\alpha_{\bar{r}}) = wn(\bar{R}_t) =: W(t).$$

Für die Wahrscheinlichkeit 1-W(t), mit der die Nebenbedin-
gung $\tilde{H}_t \leqslant 0$ mindestens erfüllt werden muß, die also mit dem
Sicherheitsniveau des (flexiblen) Modells mit totalen Restriktionen verglichen werden kann, ergibt sich

$$(2.2.67) \quad P(\tilde{H}_t \leqslant 0) \geqslant \sum_{\bar{r} \in \bar{R}_t} w_{\bar{r}}\alpha_{\bar{r}} = 1-wn(\bar{R}_t) =: 1-W(t).$$

Entscheidend für die durch (2.2.63) beschriebene Funktion
$\alpha_{\bar{r}} = \alpha_{\bar{r}}(w_{\bar{r}})$ ist die Konstanz der unbedingten Wahrscheinlichkeit w für alle einem Zeitpunkt t zuzuordnenden Zustände
$\bar{r} \in \bar{R}_t$. Im folgenden sei daher w als w(t), also als abhängig von t interpretiert und möge nur der Einfachheit halber

---

1) Die Anzahl der Elemente der Menge $\bar{R}_t$ (also die Anzahl
   der im Zeitpunkt t für das System der bedingten Wahrscheinlichkeitsrestriktionen unterschiedenen Zustände)
   sei mit $n(\bar{R}_t)$ bezeichnet.

als w geschrieben werden.[1] Somit sei hier nichts ausgesagt über die Abhängigkeit des in (2.2.67) formulierten (totalen) "Sicherheitsniveaus" 1-W(t) vom Zeitpunkt t. Gegenstand der unmittelbar folgenden Betrachtungen ist also der Vergleich von bedingten Sicherheitsniveaus eines bestimmten Zeitpunkts in Abhängigkeit von der Höhe der Zustandswahrscheinlichkeiten $w_{\bar{r}}$ <u>bei gegebener Partitionierung</u> $\tilde{R}_t$.

β) <u>Zur Theorie des Gewinnvorbehalts</u>

Bei dieser Interpretation erinnert der Vorschlag (2.2.63) deutlich an eine bestimmte Variante der von Koch entwickelten Theorie des Gewinnvorbehalts.[2] Da die Methode des

---

1) In diesem Sinne möge auch verstanden werden, daß (2.2.63) und (2.2.64) nur für alle einem bestimmten Zeitpunkt t zuzuordnenden Zustände $\bar{r}$ formuliert wurden. Obwohl bei Hax (1976b) die Abhängigkeit der unbedingten Wahrscheinlichkeit w vom Zeitpunkt t nicht erwähnt wird, ja bei strenger Interpretation unbedingt "w(t) = w = unabhängig von t" gelesen werden muß, scheint doch die isolierte Betrachtung der bedingten Restriktionen eines bestimmten Zeitpunkts für die Formulierung (2.2.63) auschlaggebend gewesen zu sein. Andernfalls erhielte man sehr problematische Ergebnisse: Nähme man w unabhängig von t an, so müßte es im allgemeinen sehr sehr klein sein, da (2.2.63) nur dann zu nicht negativen Sicherheitsniveaus führt, wenn w kleiner als die kleinstmögliche Zustandswahrscheinlichkeit (die im Modell auf Basis eines vereinfachten Zustandsbaums regelmäßig einem Zustand $\bar{r}$ des Zeitpunkts T zukommt) ist. Dieser entscheidende Einfluß der Partitionierung des Zustandsraums des letzten Zeitpunkts T auf die Werte der bedingten Sicherheitsniveaus aller Zeitpunkte scheint nicht plausibel.

2) Zur Theorie der Sekundäranpassung und des Gewinnvorbehalts siehe Koch (1970, 1973, 1978, 1979) und Mellwig (1972a, 1972b, 1973). Im folgenden soll nicht mehr von Sekundäranpassung sondern von Gewinnvorbehalt gesprochen werden, da dieser Aspekt der Theorie (die zweistufige Auswahl, wobei das Prüfen der Erfüllung der Mindestgewinnbedingung die erste Stufe darstellt) in den neueren Veröffentlichungen immer mehr in den Vordergrund tritt (siehe Koch, 1978, 1979) und hier auch die entscheidenden Parallelen zum Problem der bedingten Sicherheitsniveaus gegeben sind. Zum Überblick über die Entwicklung dieser Theorie siehe auch Albach (1980).

Chance-Constrained Programming als Ansatz zur Lösung eines
Entscheidungsproblems bei mehrfacher Zielsetzung interpretiert werden kann, wobei jedes Sicherheitsniveau als Mindestniveau der (zu maximierenden) Zielgröße "Wahrscheinlichkeit der Erfüllung der Nebenbedingung" anzusehen ist,[1]
liegt hier ein Sonderfall von Mindestgewinnbedingungen im
Sinn der Theorie des Gewinnvorbehalts vor.[2] Verschiedene

---

1) Vgl. Abschnitt 2.2.3.1.b(3).

2) In diesem Sinne auch Koch (1979, S. 774) und Hieronimus
   (1979, S. 129). Der Begriff des "Gewinnvorbehalts" ist
   hier allgemeiner als "Zielvorbehalt" zu interpretieren.
   Vgl. dazu besonders Koch (1978). Hingewiesen sei allerdings darauf, daß die Theorie des Gewinnvorbehalts das
   Entscheidungsproblem insgesamt anders behandelt, als es
   hier vorgeschlagen wird. Während Koch (insbesondere
   1978, S. 34) die Mindestniveaus für dieselben Zielgrößen
   setzt, hinsichtlich derer anschließend (falls die Vor-
   bedingung erfüllt ist) die Zielfunktion optimiert wird,
   wird im hier betrachteten Optimierungsmodell hinsichtlich bestimmter Zielgrößen (die Wahrscheinlichkeiten der
   Erfüllung der Nebenbedingungen zu bestimmten Zeitpunkten) ein Mindestniveau gesetzt, aber die Zielfunktion
   hinsichtlich anderer Zielgrößen optimiert. Dieser Unterschied ist wichtig, wenn man ganz allgemein diese beiden
   Methoden der Vorgabe von Zielniveaus vergleichen möchte.
   (Dies möge hier jedoch nicht zur Diskussion stehen.) Dieser Unterschied ist nicht wichtig, wenn es bei gene-
   reller Akzeptierung des Setzens von Mindestniveaus
   (hier: der Vorgabe von Sicherheitsniveaus) um die Beurteilung der Zustandsabhängigkeit, der Abhängigkeit der
   Sicherheitsniveaus von den Zustandswahrscheinlichkeiten,
   geht. Ferner sei darauf hingewiesen, daß es sich bei
   den hier diskutierten Programmierungsmodellen natürlich
   um Programmplanungsmodelle handelt. Die isolierte Beurteilung einzelner Aktivitäten aus einer Menge von einander nicht ausschließenden Aktionen steht hier nicht
   zur Debatte. Wenn daher im folgenden einfachheitshalber
   gelegentlich von "Aktionen" gesprochen wird, so sind
   im Zusammenhang des hier behandelten Problems immer Elemente aus einer Menge einander ausschließender Aktionen,
   interpretierbar als "Aktionsprogramme", zu verstehen.
   Deren Ergebnisverteilungen werden danach beurteilt, ob
   sie die Mindestgewinnbedingungen erfüllen. Wenn man allerdings die Theorie des Gewinnvorbehalts so interpretiert, daß auch Aktionen aus einer Menge einander nicht
   ausschließender Aktionen isoliert der Mindestgewinnbedingung unterworfen werden, so ist damit ein zusätzli-
   ches Problem gegeben, das hier nicht zur Diskussion
   steht. Bei der folgenden Untersuchung handelt es sich
   also keineswegs um eine vollständige Beurteilung der
   Theorie des Gewinnvorbehalts, sondern um die Diskussion
   eines wichtigen Aspekts dieser Theorie, angewendet auf
   Programmplanungsmodelle, bzw. Beurteilung einander ausschließender Aktionen.

Varianten dieser Theorie gibt es hinsichtlich der Begründung der Abhängigkeit der Mindestgewinne vom betrachteten
Zustand. Solange man nur ganz allgemein davon spricht, daß
verschiedenen Zuständen (Situationen) verschiedene Mindestgewinne (Erfolgsniveaus) entsprechen sollen,[1] ist noch
eine Begründung dieser Abhängigkeit durch Verweis auf zustandsabhängige Nutzenfunktionen möglich. Dies soll hier
nicht zur Diskussion stehen. Hier interessiert nur die Variante der Abhängigkeit des Zielniveaus von der <u>Wahrschein-
lichkeit</u> des Eintretens des Zustands. Diese Form der Abhängigkeit ist, wenn auch nicht notwendig, so doch häufiger
Bestandteil der meisten Varianten der Theorie des Gewinnvorbehalts[2] und wird in der Literatur zwar z.T. abgelehnt[3],
doch auch gelegentlich mit dem Hinweis auf ihre Plausibilität verteidigt.[4]

Während die Zweistufigkeit des Auswahlverfahrens, das
Setzen von Mindestniveaus, hier nicht mehr diskutiert wer-

---

1) Vgl. z.B. Mellwig (1972), S. 735.

2) Siehe dazu Koch (1970, S. 162; 1973, S. 789 f.; 1978,
   S. 31).

3) Vgl. Schneider (1972b).

4) Obwohl z.B. Suhren (1975) die Theorie der Sekundäranpassung insgesamt scharf ablehnt (S. 155), verteidigt
   er von den Zustandswahrscheinlichkeiten abhängige Mindestzielniveaus, da ihnen Plausibilität zukomme (S. 156)
   und diese Abhängigkeit ihm als wesentlicher Bestandteil
   einer flexiblen Planung erscheint (S. 143 f.). In einem
   für die Planung von Forschungs- und Entwicklungsprojek-
   ten entwickelten mehrstufigen flexiblen Modell mit bedingten Wahrscheinlichkeitsrestriktionen wird die Zielfunktion ergänzt durch entsprechende zustandsabhängige
   Mindestzielvorgaben für das Ziel der Deckungsbeitrags-
   Maximierung. Auch für zustandsabhängige Sicherheitsniveaus findet sich der Vorschlag, diese für wahrscheinli-
   chere Zustände höher anzusetzen (S. 136). Interessant
   ist, daß dabei auf eine Präzisierung der Abhängigkeit
   verzichtet wird, da keine allgemeingültige Aussage dazu
   gemacht werden könne, und daß in diesem Zusammenhang
   der Bezug zur Theorie des Gewinnvorbehalts nicht hergestellt wird.

den soll,[1] sei die Aufmerksamkeit nun auf die Abhängigkeit
der Mindestzielniveaus von den Zustandswahrscheinlichkeiten
gelenkt. Ich meine, daß damit einer der kritischsten Punkte der Theorie des Gewinnvorbehalts berührt wird. Bei der
Analyse dieses Problems möge unterschieden werden, ob die
Zustände so definiert sind, daß ihnen eindeutige Ergebnisse zugeordnet werden können und die Mindestzielniveaus Mindestniveaus dieser Ergebnisse oder deterministischer Funktionen dieser Ergebnisse darstellen (Fall 1), oder ob den
Zuständen Wahrscheinlichkeitsverteilungen von Ergebnissen
zuzuordnen sind und die Mindestzielniveaus Mindestniveaus
für Funktionen (Parameter) dieser Wahrscheinlichkeitsverteilungen sind (Fall 2). In beiden Fällen möge angenommen
werden, daß die Nutzenvorstellungen (Nutzenfunktionen) sich
in den einzelnen Zuständen nicht voneinander unterscheiden,
so daß Unterschiede der zustandsbezogenen Zielniveaus nur
durch unterschiedliche Zustandswahrscheinlichkeiten oder
die Art der Zustandsraumpartitionierung erklärt werden
können.[2]

---

1) Insofern besteht ja eine Gemeinsamkeit mit allen Programmierungsmodellen, da jede Nebenbedingung als Ziel-
niveau interpretiert werden kann, folglich jeder Versuch einer Rechtfertigung einer Nebenbedingung die Betrachtung eines allgemeineren Modells mit expliziter Berücksichtigung mehrfacher Zielsetzung erfordert. Das Setzen von starren Mindestniveaus (wie es im Modell mit
Wahrscheinlichkeitsrestriktionen geschieht - im Gegensatz zum mehrstufigen Modell mit strengem Zulässigkeitskriterium!) stellt eine Möglichkeit der Berücksichtigung mehrfacher Zielsetzung dar und läßt sich nicht mit
der Bernoulli-Nutzentheorie in Einklang bringen. Daraus
resultieren die schon gezeigten Schwierigkeiten bei der
Bestimmung der Höhe der (totalen) Sicherheitsniveaus
schon im einfachsten Chance-Constrained Ansatz.

2) Hier und im folgenden wird unter Nutzenfunktion eine
Zuordnungsvorschrift verstanden, die jedem möglichen
Ergebnis (unter der Annahme, daß dieses Ergebnis mit
Sicherheit eintritt) einen Nutzen zuordnet. Diese Zuordnungsvorschrift sei hier unabhängig vom Zustand angenommen. Der Nutzen des Aktionsprogramms ergibt sich
natürlich aus der Beurteilung der gesamten Wahrscheinlichkeitsverteilung der Ergebnisse, ist also eine Funktion der den einzelnen Ergebnissen zugeordneten Nutzen
und der Eintrittswahrscheinlichkeiten der Ergebnisse.

Für die folgende Untersuchung ist wichtig, daß immer von einer <u>gegebenen</u> Menge $\bar{R}_t$ ausgegangen wird,[1] da es nicht ohne weiteres zulässig ist, die Ergebnisse, die durch Vergleich unterschiedlich feiner Partitionen $\bar{R}_t$ gewonnen werden, auf den Vergleich von Zielniveaus unterschiedlich wahrscheinlicher Zustände $\bar{r}$ aus einer gegebenen Menge $\bar{R}_t$ zu übertragen. Diese methodische Beschränkung schließt nicht aus, daß zusätzlich zu den Zuständen $\bar{r} \in \bar{R}_t$ auch beliebige Teilmengen der Menge $\bar{R}_t$ (bezeichnet mit $\bar{\bar{r}} \subset \bar{R}_t$) betrachtet werden, die jeweils mehrere Ereignisse $\bar{r} \in \bar{R}_t$ umfassen (also $\bar{r} \in \bar{\bar{r}}$). Entscheidend ist, daß jedem Zustand $\bar{r} \in \bar{R}_t$ ein Mindestzielniveau (Mindestgewinn-Niveau) $G_{\bar{r}}$ zugeordnet wird und man auch bei der Beurteilung eines Zustands $\bar{\bar{r}}$ tatsächlich von der Betrachtung des ganzen diesem zugeordneten Systems von Mindestniveaus $\{G_{\bar{r}} \mid \bar{r} \in \bar{\bar{r}}\}$ ausgeht.

Die hier diskutierte Variante der Theorie des Gewinnvorbehalts nimmt an, daß jedem Entscheidungsmodell ein bestimm-

---

1) In Übereinstimmung mit dem für das Modell mit bedingten Wahrscheinlichkeitsrestriktionen entwickelten System wird ein Zustand im Zeitpunkt t als Teilmenge des Stichprobenraums Z_T aufgefaßt und mit $\bar{r} \in \bar{R}_t$ (bzw. $\bar{r} \subset Z_T$) bezeichnet. Umfaßt ein Zustand $\bar{r}$ des Zeitpunkts t nur ein einziges Element der Menge Z_t (siehe Fall 1), so sei er mit z ($z \in Z_t$) bezeichnet. Die Wahrscheinlichkeit dieser Zustände sei $w_{\bar{r}}$ bzw. w_z.

tes "Niveaus an Wagemut" $W^{1)}$ vorgegeben __und__ als Funktion
$W = f(w_{\tilde{r}}, G_{\tilde{r}})$ auch jedem Zustand __isoliert__ zugeordnet,
aus der isolierten Betrachtung eines __beliebigen__ Zustands
berechnet werden kann.[2] Aus der Annahme $W = f(w_{\tilde{r}}, G_{\tilde{r}})$
= konstant folgt dann eine Abhängigkeit $G_{\tilde{r}} = G_{\tilde{r}}(w_{\tilde{r}})$.

---

1) Koch (1970, S. 161 ff.) spricht von "Niveau an Wagemut" oder "Niveau des Sicherheitsbedürfnisses" (Koch,
   1973, S. 789). Es soll hier nicht darauf eingegangen
   werden, ob eine derartige Größe, die noch nicht das
   Optimierungskriterium des Modells berücksichtigt, hin-
   reicht, um so etwas wie "Sicherheitsbedürfnis" oder
   "Risikoneigung" des Entscheidungsträgers zu beschreiben. Entscheidend ist, daß der Ansatz darauf basiert,
   unabhängig vom Optimierungskriterium die Strenge der
   Nebenbedingungen zu messen. Deshalb wird im folgenden
   ganz allgemein von "__Anforderungsniveau__" gesprochen,
   wodurch ausgedrückt werden soll, daß durch die Nebenbedingungen bestimmte Mindestanforderungen an die Wahrscheinlichkeitsverteilungen der zulässigen Aktionen
   gestellt werden, ohne sich auf einen derart engen Begriff der "Risikoneigung" festzulegen. (Zu verschiedenen Interpretationen des "Risikos" vgl. auch Hieronimus, 1979). Offenbar stellt bei der von Hax (1976b)
   vorgeschlagenen Beziehung (2.2.63) die unbedingte Wahrscheinlichkeit w ein solches Anforderungsniveau dar.
   Dieses Niveau ist um so höher (das System der Nebenbedingungen um so strenger), je kleiner w ist.

2) Die Möglichkeit der Ermittlung des Anforderungsniveaus,
   der Strenge des Modells, aus der isolierten Betrachtung
   eines Zustands ist eine wesentliche Voraussetzung für die
   Rechtfertigung von zustandsbezogenen Mindestzielniveaus.
   Nur dann hat es Sinn, eine bestimmte "Einkommens-Glaub-
   würdigkeits-Kombination" (Mellwig, 1972b, S. 736; 1973,
   S. 798) als Anforderungsniveau zu deuten, also aus gegebener Zustandswahrscheinlichkeit und gegebenem Anforderungsniveau ein zustandsbezogenes Mindestzielniveau (definiert auf der "Einkommens"-Komponente) abzuleiten.
   Bemerkenswert ist, daß Mellwig (1972a, ab S. 145) von
   dieser isolierten Beurteilung einzelner Zustände abgeht
   und die Betrachtung von (sich über alle Zustände erstrek-
   kenden) Verteilungsfunktionen verlangt, wobei allerdings
   unklar bzw. offen bleibt, ob ein flexibles Modell mit
   Wahrscheinlichkeitsrestriktionen (entweder gegebenes
   Sicherheitsniveau für ein bestimmtes Intervall oder
   mehrere Sicherheitsniveaus für mehrere Intervalle) ange-
   strebt wird oder die Verteilungen aller zulässigen Aktionen eine vorgegebene Verteilungsfunktion dominieren
   sollen (i.S. stochastischer Dominanz 1. Grades).

Ich meine, daß eine solche Funktion $G_{\bar{r}}(w_{\bar{r}})$ nur dann in sich widerspruchsfrei ist, wenn sie auch zur Konstanz von entsprechenden Anforderungsniveaus $W = f(w_{\bar{\bar{r}}}, \{ G_{\bar{r}} | \bar{r} \in \bar{\bar{r}} \})$ für beliebige Teilmengen $\bar{\bar{r}} \subset \bar{R}_t$ führt. Ob es derartige widerspruchsfreie Funktionen $G_{\bar{r}}(w_{\bar{r}})$ geben kann, ob dazu die Betrachtung der Wahrscheinlichkeit $w_{\bar{r}}$ ausreicht, sei im folgenden näher untersucht.

<u>Im Fall 1</u> ($\bar{R}_t = Z_t$) gibt es, so meine ich, keine plausible Rechtfertigung für unterschiedliche Zielniveaus in den einzelnen Zuständen. Hat ein Problem die einander ausschließenden Zustände $z = 1$ (mit der Wahrscheinlichkeit $w_1 = 0,4$) und $z = 2$ bis $z = 4$ (mit $w_2 = w_3 = w_4 = 0,2$) und nimmt man für die zustandsbezogenen Mindestzielniveaus G_z die Beziehung $G_2 = G_3 = G_4 = G < G_1$ an, mit der Begründung, daß in weniger wahrscheinlichen Zuständen die Mindestgewinne G_z kleiner sein sollen als im wahrscheinlicheren, so führt dies zu einem Widerspruch: Betrachtet man nämlich das Ereignis (den Zustand) $\bar{\bar{r}} = \{ z | z = 2,3,4 \}$, dem $w_r = 0,6$ zukommt, so erhält man $G_1 > G_{\bar{\bar{r}}} = G$, obwohl $w_1 < w_{\bar{\bar{r}}}$ ist.[1]

---

1) Man beachte hier, daß die Betrachtung des Zustands $\bar{\bar{r}}$ <u>nicht</u> als Übergang auf ein gröberes Modell, das nur die beiden Zustände $z = 1$ und $\bar{r}$ berücksichtigt, interpretiert werden darf. (Dies wäre auch nicht mit den Annahmen des Falles 1 vereinbar.) Es soll nur deutlich gemacht werden, daß in dem die Zustände $z = 1, \ldots, 4$ unterscheidenden Modell durch die Mindestniveaus für diese Zustände z auch ein Mindestniveau für den Zustand $\bar{r}$ determiniert wird. Das Niveau $G_{\bar{\bar{r}}}$ ist nicht etwa als Erwartungswert zu interpretieren, sondern besagt, in <u>jedem</u> Zustand $z \in \bar{\bar{r}}$ gilt das Mindestniveau $G_{\bar{\bar{r}}} = G$. Die Niveaus G_1 und $G_{\bar{\bar{r}}}$ sind somit vergleichbar, denn sie besagen, daß im Zustand $\bar{r}$ <u>immer</u> die Untergrenze $G_{\bar{\bar{r}}}$ und im Zustand $z = 1$ <u>immer</u> die Untergrenze G_1 gilt.

Das widerspricht somit der ursprünglichen Absicht, daß
mit der Wahrscheinlichkeit des Zustandes auch das Ziel-
niveau steigen soll. Wenn sich aber eine Abhängigkeit des
Mindestniveaus von den Zustandswahrscheinlichkeiten als
widersprüchlich erweist, muß Unabhängigkeit gefordert
werden.

Sind jedoch den einzelnen Zuständen $\bar{r}$ ($\bar{r} \in \bar{R}_t$) nicht eindeutige Ergebnisse, sondern Wahrscheinlichkeitsverteilun-
gen von Ergebnissen zuzuordnen (<u>Fall 2</u>), so erhält man zwar
einen analogen Widerspruch, der aber nicht so eindeutig
interpretiert werden kann, wie dies in Fall 1 möglich war.
Die Zielniveaus $G_{\bar{r}}$ sind dann Funktionen der den Zuständen
$\bar{r}$ zugeordneten bedingten Wahrscheinlichkeitsverteilungen.
Überträgt man eine derartige Funktion von einer bedingten
Wahrscheinlichkeitsverteilung auf eine unbedingte oder auf
eine Wahrscheinlichkeitsverteilung mit einer anderen (gröberen) Bedingung, so stellen die $G_{\bar{r}}$ und die entsprechenden,
auf umfassenderen Mengen definierten Funktionen die Niveaus von jeweils <u>verschiedenen</u> Zielgrößen dar und sind
nicht direkt miteinander vergleichbar. Dies möge am folgenden Beispiel klar gemacht werden:

Sei $G_{\bar{r}}$ eine <u>Untergrenze für den Erwartungswert</u> der bedingten Ergebnisverteilung des Zustands $\bar{r}$ und mögen im Zeitpunkt
t die vier Zustände $\bar{r} = 1$, 2, 3, 4 unterschieden werden
mit den Wahrscheinlichkeiten $w_{\bar{r}} = 0,2$ für $\bar{r} = 2$, 3, 4 und
$w_1 = 0,4$. Wenn man für weniger wahrscheinliche Zustände
auch niedrigere Mindestniveaus für gerechtfertigt hält,
wählt man (wie auch im Beispiel des Falles 1) Mindestniveaus[1] im Verhältnis $G_2 = G_3 = G_4 = G < G_1$. Betrachtet

---

1) Diese Mindestniveaus seien hier zwar genau so bezeichnet wie im Fall 1, stellen aber natürlich andere Größen dar, nämlich Funktionen von Wahrscheinlichkeitsverteilungen, in diesem Beispiel bedingte Erwartungswerte.

man nun das Ereignis $\bar{\bar{r}} = \{\bar{r} \mid \bar{r} = 2,3,4\}$, so kann G, da
es die Untergrenze für den bedingten Erwartungswert aller
Zustände $\bar{r} \in \bar{\bar{r}}$ darstellt, auch als Untergrenze $G_{\bar{\bar{r}}}$ für den
Erwartungswert, berechnet aus der dem Zustand $\bar{\bar{r}}$ zugeordne-
ten bedingten Wahrscheinlichkeitsverteilung, angesehen
werden.[1] Man kann also $G_{\bar{\bar{r}}} = G$ setzen[2] und erhält (analog

---

1) Da der Erwartungswert der $\bar{\bar{r}}$ zugeordneten Verteilung
   gleich ist der Summe der mit den (bedingten) Wahrscheinlichkeiten $w_{\bar{r}}/w_{\bar{\bar{r}}}$ gewichteten bedingten Erwartungswerte
   aus den Zuständen $\bar{r} \in \bar{\bar{r}}$, gilt auch für die Untergrenzen
   dieser Erwartungswerte die Beziehung

$$G_{\bar{\bar{r}}} = \sum_{\bar{r} \in \bar{\bar{r}}} G_{\bar{r}} w_{\bar{r}} \Big/ \sum_{\bar{r} \in \bar{\bar{r}}} w_{\bar{r}}$$

   und aus $G_{\bar{r}} = G$ ($\bar{r} \in \bar{\bar{r}}$) folgt $G_{\bar{\bar{r}}} = G$.

2) Das Gleichheitszeichen muß mit Bedacht interpretiert
   werden: Betrachtet sei die Menge $\mathcal{A}$ einander ausschließen-
   Aktionsprogramme (kurz "Aktionen"). Wenn es eine Aktion
   mit einer Ergebnisverteilung gibt, deren bedingte Erwartungswerte in allen Zuständen $\bar{r} \in \bar{\bar{r}}$ genau gleich G sind,
   so ist diese Aktion (wenn sie auch die Untergrenze G_1
   erfüllt) zulässig in bezug auf das Untergrenzensystem
   $\{G_{\bar{r}} \mid \bar{r} = 1,\ldots,4\}$ und G ist auch der Erwartungswert in
   Zustand $\bar{\bar{r}}$. Da allen anderen zulässigen Aktionen in den
   Zuständen $\bar{r}$ bedingte Erwartungswerte größer oder gleich G
   zuzuordnen sind, ist G auch die Untergrenze $G_{\bar{\bar{r}}}$. Wenn
   aber jede zulässige Aktion aus $\mathcal{A}$ in mindestens einem
   Zustand $\bar{r} \in \bar{\bar{r}}$ einen größeren Erwartungswert als G bringt,
   dann ist jeder solchen Aktion im Zustand $\bar{\bar{r}}$ ein Erwartungswert größer oder gleich G' (G' > G) zuzuordnen. Für
   eine gegebene Aktionsmenge $\mathcal{A}$ ist also durchaus
   $G_{\bar{\bar{r}}}(\mathcal{A}) > G$ möglich und es könnte somit $G_{\bar{\bar{r}}}(\mathcal{A}) \gneq G$ geschrieben werden. In diesem Sinne könnte man $G_{\bar{\bar{r}}}$ als
   "doppelte Untergrenze" interpretieren, als Untergrenze
   aller vom Aktionsraum abhängigen Untergrenzen $G_{\bar{\bar{r}}}(\mathcal{A})$,
   und schreiben $G_{\bar{\bar{r}}}(\mathcal{A}) \gneq G_{\bar{\bar{r}}} = G$.

zum Beispiel des Falles 1) das Ergebnis, daß $G_1 > G_{\bar{\bar{r}}}$ obwohl $w_1 < w_{\bar{\bar{r}}}$. Dies widerspricht der ursprünglichen Absicht,
daß für weniger wahrscheinliche Zustände auch niedrigere
Mindestniveaus gelten sollen.

Anders als im Fall 1 ist hier aber die Interpretation
dieses Widerspruchs problematisch. Entscheidend für die
folgende Überlegung ist, daß mit der Betrachtung von $\bar{\bar{r}}$
nicht etwa der Übergang zur Betrachtung eines gröberen
Modells vollzogen werden soll, sondern daß im Rahmen des
die Zustände $r = 1,..,4$ unterscheidenden Modells analysiert
wird, welche Mindestanforderungen die Untergrenzen
$G_{\bar{r}}$ ($\bar{r} \in \bar{\bar{r}}$) an jene Wahrscheinlichkeitsverteilung stellen,
die dem Zustand $\bar{r}$ zugeordnet werden kann. Das Problem liegt
in der Interpretation von $G_{\bar{\bar{r}}}$ bzw. im Vergleich von G_1
mit $G_{\bar{\bar{r}}}$. Im Fall 1 waren die Größen G_1 und $G_{\bar{\bar{r}}}$ in gleicher
Weise interpretierbar[1] und gaben die Anforderungen des
(die Zustände $z = 1,...,4$ unterscheidenden) Modells an die
beiden, den Zuständen $z = 1$ bzw. $\bar{\bar{r}}$ zugeordneten Wahrscheinlichkeitsverteilungen der Ergebnisse eines bestimmten Aktionsprogramms vollständig wieder. Im Fall 2 sind zwar
auch die Größen G_1 und $G_{\bar{\bar{r}}}$ in gleicher Weise interpretierbar, insofern sie Untergrenzen für den Erwartungswert,
berechnet aus der dem Zustand 1 bzw. $\bar{\bar{r}}$ zugeordneten bedingten Verteilung, darstellen, aber $G_{\bar{\bar{r}}}$ gibt nicht alle Anforderungen des (die Zustände $r = 1,...,4$ unterscheidenden)
Modells an die dem Zustand $\bar{\bar{r}}$ zugeordnete Wahrscheinlichkeitsverteilung wieder.

Anders gesagt: Aus $G_{\bar{r}} = G$ ($\bar{r} \in \bar{\bar{r}}$) folgt zwar $G_{\bar{\bar{r}}} = G$, aber
aus der Bedingung $G_{\bar{\bar{r}}} = G$ folgt noch nicht die Einhaltung
der Mindestniveaus $G_{\bar{r}} = G$ in allen drei Zuständen $\bar{r} \in \bar{\bar{r}}$.
Betrachtet man daher nur das Mindestniveau $G_{\bar{\bar{r}}}$ (und nicht
auch die $G_{\bar{r}}$ in den Zuständen $\bar{r} \in \bar{\bar{r}}$), so würde man damit

---

1) Beide Größen waren dort Untergrenzen, die in jedem
   Teilzustand des Zustands, dem sie zugeordnet sind, immer erfüllt sein müssen.

nicht mehr das die Zustände $r = 1, \ldots, 4$ unterscheidende
Modell, sondern ein Modell mit gröberer Partitionierung
des Zustandsraums betrachten.[1] Da somit der bloße Vergleich von G_1 und $G_{\bar{\bar{r}}}$ im Rahmen des gegebenen Modells
nicht sinnvoll interpretierbar ist, kann aus dem oben
gezeigten formalen Widerspruch nicht so einfach wie in
Fall 1 die Forderung nach Unabhängigkeit der Mindestzielniveaus von den Zustandswahrscheinlichkeiten abgeleitet
werden. Hier sieht man sich zwar Zuständen mit dem Wahr-
scheinlichkeitsverhältnis $w_1 < w_{\bar{\bar{r}}}$ gegenüber, aber aus
$G_1 > G_{\bar{\bar{r}}}$ kann nicht geschlossen werden, daß die Anforderungen des Modells im Zustand $\bar{r} = 1$ größer sind als im Zustand $\bar{\bar{r}}$. Folgt aber deshalb schon aus dieser Überlegung die
Forderung nach einer Abhängigkeit $G_{\bar{r}} = G_{\bar{r}}(w_{\bar{r}})$?

Es gibt Überlegungen, die scheinbar dafür sprechen, nicht
alle $G_{\bar{r}}$ gleich hoch anzusetzen. Geht man von einem Modell
mit gegebener Partitionierung $\bar{R}_t$ aus, so könnte man etwa
fordern, daß für alle Teilmengen $\bar{\bar{r}} \subset \bar{R}_t$ mit gleich hohen
Wahrscheinlichkeiten $w_{\bar{\bar{r}}}$ auch die "Anforderungsniveaus"[2]

---

1) Dieser Vergleich von Modellen mit unterschiedlicher
   Partitionierung des Zustandsraums erfolgt weiter unten.

2) Während mit "Zielniveaus" oder "Mindestgewinn-Niveaus"
   die Niveaus $G_{\bar{r}}$ bezeichnet wurden, ist der Begriff des
   "Anforderungsniveaus" allgemeiner gefaßt. Die Bezeichnung "Anforderungsniveau" drückt aus, daß für einen
   mehrere Zustände $\bar{r} \in \bar{R}_t$ umfassenden Zustand $\bar{\bar{r}}$ die Anforderungen des Modells mit dem Zielniveau-System
   $\{G_{\bar{r}} | \bar{r} \in \bar{R}_t\}$ an die dem Zustand $\bar{\bar{r}}$ zugeordnete bedingte
   Wahrscheinlichkeitsverteilung nicht allein durch $G_{\bar{\bar{r}}}$
   beschrieben werden können, sondern von allen einzelnen
   $G_{\bar{r}}$ ($\bar{r} \in \bar{\bar{r}}$) abhängen. Das Problem liegt natürlich in
   der Messung dieses Niveaus. Dieses Problem sei aufge-
   schoben.

gleich hoch sein sollen. Im folgenden Beispiel mögen drei
Zustände $\bar{r}$ = 1, 2, 3 mit den Eintrittswahrscheinlichkeiten
w_1 = 0,5 und w_2 = w_3 = 0,25 unterschieden werden. Wenn
nun alle $G_{\bar{r}}$ ($\bar{r} \in \bar{R}_t$) gleich G gesetzt werden, so ist die
Anforderung des Modells an die Wahrscheinlichkeitsvertei-
lung des Zustands $\tilde{r} = \{\bar{r} | \bar{r} = 2, 3\}$ höher als an die Ver-
teilung des mit gleicher Wahrscheinlichkeit eintretenden
Zustands $\bar{r}$ = 1. Man könnte daher argumentieren, daß
$G_{\bar{r}} < G_1$ ($\bar{r} \in \tilde{r}$) gewählt werden solle, um die durch die
Feinheit der Zustandsgliederung (zwei Zustände $\bar{r} \in \tilde{r}$) bewirkte "hohe Anforderung" des Modells im Zustand $\tilde{r}$ auszu-
gleichen durch entsprechend niedrigeren Ansatz der $G_{\bar{r}}(\bar{r} \in \tilde{r})$.
In Verallgemeinerung dieser Überlegung könnte man fordern,
für Zustände mit geringerer Wahrscheinlichkeit $w_{\bar{r}}$ das Niveau $G_{\bar{r}}$ auch niedriger anzusetzen.

Diese Argumentation ist jedoch problematisch. Man muß zwei
Dimensionen des Problems auseinanderhalten: Wenn man ein
bestimmtes Niveau $G_{\bar{r}}$ als zu restriktiv ansieht, kann dies
dadurch begründet werden, daß es für einen zu kleinen Ausschnitt $\bar{r} \subset Z_t$ angesetzt wurde, aber auch dadurch, daß es
zu hoch ist. Die erste Dimension des Problems (der kleine
Ausschnitt aus der Menge Z_t) steht zwar im allgemeinen in
einem gewissen Zusammenhang mit der Zustandswahrscheinlichkeit $w_{\bar{r}}$, läßt sich aber damit keineswegs vollständig beschreiben. Man kann z.B. eine bestimmte Menge von Elementen
$z \in Z_t$ auf verschiedene Art und Weise auf drei einander
ausschließende Zustände $\bar{r}$ aufteilen, wobei diese verschiedenen Möglichkeiten nicht zu äquivalenten Ergebnissen führen; manche Arten der Partitionierung werden restriktiver
wirken als andere. Insbesondere hängt die Auswirkung der
Partitionierung vom gegebenen Aktionsraum ab. Das heißt
aber auch, daß bei gegebener Partitionierung ein bestimmtes
Mindestniveau $G_{\bar{r}}$ durchaus in verschiedenen Zuständen gleicher Wahrscheinlichkeit unterschiedlich restriktiv wirken
kann. Bei der Beurteilung der anderen Dimension des Problems, der Höhe der Niveaus $G_{\bar{r}}$, ergeben sich analoge Schwie-

rigkeiten: Man kann die Auswirkung einer Veränderung nicht
ohne Kenntnis des Aktionsraums beschreiben. Es existieren
keine vom Aktionsraum unabhängigen Substitutionsbeziehun-
gen zwischen $w_{\bar{r}}$ und $G_{\bar{r}}$, die es erlauben würden, bei gegebenem Zustand $\bar{r}$ jenes Niveau $G_{\bar{r}}$ zu bestimmen, das zu einer
bestimmten Strenge des Modells, zu einem bestimmten "Anforderungsniveau" führt. Im obigen Beispiel kann etwa
nicht begründet werden, warum eine Senkung von $G_{\bar{r}}$ in allen
Zuständen $\bar{r} \in \bar{\bar{r}}$ in gleicher Höhe erfolgen sollte; die Sensitivität des Modells in bezug auf die Senkung von
$G_{\bar{r}}$ ($\bar{r} \in \bar{\bar{r}}$) kann in verschiedenen Zuständen sehr unterschiedlich sein; man kann nicht einmal sagen, ob eine Sen-
kung überhaupt das Ergebnis des Modells beeinflussen würde.

Man mag hier argumentieren, daß bei allen Optimierungsmodellen mit Beschränkungen erst die optimale Lösung zeigt,
welche Beschränkungen wirksam werden und ob daher eine
Änderung einer bestimmten Beschränkung Einfluß auf die Lösung habe, doch komme es bei einer Rechtfertigung einer
solchen Beschränkung, einer solchen Untergrenze, nicht
darauf an, ob sie im Endeffekt wirksam werde. Wie aber
mißt man dann die Strenge eines bestimmten Restriktions-
systems; an welchem Maßstab mißt man das "Anforderungsniveau", das unabhängig vom Aktionsraum ist?[1]

---

[1] Die naheliegende Vorstellung, die Strenge des Modells
daran zu messen, wie sehr der Raum der zulässigen Aktionen eingeengt wird, führt nicht zum Ziel. Wollte
man das "Anforderungsniveau" daran messen, wieviele
und welche Aktionsmöglichkeiten in der Menge der zulässigen Aktionen bleiben bzw. wieviele und welche ausgeschlossen werden, so sähe man sich einem weiteren Bewertungsproblem gegenüber (denn die Zahl der Aktionsmöglichkeiten allein ist wenig aussagefähig), und es
ist klar, daß ein so gemessenes "Anforderungsniveau",
das die Einflüsse der einzelnen Mindestgewinngrenzen
aggregieren soll, vom betrachteten Aktionsraum abhängig wäre.

Geht man davon aus, daß jedem Mindestniveau $G_{\underline{r}}$ ein Ergebnis aus einer Ergebnismenge, auf der eine "Nutzenfunktion"
u(.) existiert, zugeordnet werden kann, dann könnte jedem
Niveau $G_{\underline{r}}$ ein "Mindestnutzen" zugeordnet werden, nämlich
der (zustandsbezogene) "Nutzen" $u(G_{\underline{r}})$ des Ergebnisses in
Höhe von $G_{\underline{r}}$. Doch auch diese Konzeption führt zu Schwierigkeiten beim Vergleich der Strenge des Modells in den
Zuständen 1 und $\bar{r}$.

Die Annahme, daß der "Nutzen" <u>nur</u> von jener Ergebnisgröße
(hier: vom bedingten Erwartungswert) abhängt, für die das
Mindestniveau $G_{\underline{r}}$ gesetzt wird, führt zu dem Schluß, daß
auch bei Betrachtung des Zustands $\bar{r}$ der "Nutzen" nur von
$G_{\underline{r}}$ abhängen <u>sollte</u>. Den zwei Restriktionen $G_{\underline{r}}$ ($\bar{r} \in \bar{\bar{r}}$)
käme somit der gleiche "Nutzen" zu wie einer einzigen Re-
striktion $G_{\underline{r}}$. Anhaltspunkte für eine Senkung von $G_{\underline{r}}$ ($\bar{r} \in \bar{\bar{r}}$)
ergäben sich nicht. Natürlich bleibt davon die Tatsache
unberührt, daß durch $\{ G_{\underline{r}} | \bar{r} \in \bar{\bar{r}} \}$ der Aktionsraum stärker
eingeschränkt wird als durch $G_{\underline{r}}$, aber diese Einschränkung
kommt in dieser "Nutzenbewertung" nicht zum Ausdruck.[1]

Nimmt man hingegen an, daß in $\bar{r} \in \bar{\bar{r}}$ der "Nutzen" nur von
$G_{\underline{r}}$ abhängt, bei Betrachtung von $\bar{r}$ aber nicht (nur) von $G_{\underline{r}}$,
sondern (auch) von $\{ G_{\underline{r}} | \bar{r} \in \bar{\bar{r}} \}$, dann erscheint dieses Be-
wertungskriterium sehr inkonsequent. Warum genügt dann im
ebenso wahrscheinlichen (sozusagen "gleich wichtigen") Zustand $\bar{r} = 1$ die Betrachtung von G_1? Wenn aber in $r = 1$
die Betrachtung von G_1 nicht genügt, dann widerspricht das
der hier gemachten Grundannahme, daß die Höhe des Mindestniveaus nur in Abhängigkeit von der Zustandswahrscheinlichkeit festgelegt werden soll, dann müßte man die den einzelnen Zuständen $\bar{r}$ zugeordneten Wahrscheinlichkeitsverteilungen genauer analysieren.

---

1) Würde man diese Nutzenbetrachtung ergänzen durch eine
   Bewertung der nur durch $\{ G_{\underline{r}} | \bar{r} \in \bar{\bar{r}} \}$, nicht aber durch
   $G_{\underline{r}}$ ausgeschlossenen Aktionen, so hätte man wieder eine
   Abhängigkeit der Strenge des Modells vom Aktionsraum,
   die man ja zu vermeiden suchte.

Ich meine, diese Überlegungen zeigen, daß der Versuch einer
Unabhängigkeit der Bewertung der Niveaus $G_{\bar{r}}$ vom Aktionsprogramm logisch nicht haltbar ist. Somit hat man aber keine logische Basis für eine Abhängigkeit der Höhe der Mindestniveaus von den Zustandswahrscheinlichkeiten.

Fassen wir die bisherigen Überlegungen zusammen: Ausgangspunkt war die grundsätzliche Akzeptierung der Zurechenbar-
keit von Anforderungsniveaus zu beliebigen Teilmengen
$\bar{r} \subseteq \bar{R}_t$. Während im Fall 1 ($\bar{R}_t = Z_t$) nur konstante, von $w_{\bar{r}}$
unabhängige Mindestzielniveaus bei Betrachtung beliebiger
Teilmengen des Zustandsraums $\bar{R}_t$ widerspruchsfrei sind,
könnte im Fall 2 ($\bar{R}_t$ gröber als Z_t) zwar Unabhängigkeit
der Niveaus $G_{\bar{r}}$ von den Wahrscheinlichkeiten $w_{\bar{r}}$ gefordert
werden, doch ist die Abhängigkeit vom Zustand $\bar{r}$ differenzierter zu beurteilen. Nimmt man an, daß für beliebige
Teilmengen $\bar{r}$ des Zustandsraums $\bar{R}_t$ ($\bar{r} \subseteq \bar{R}_t$) das Anforderungsniveau ausschließlich durch $G_{\bar{r}}$ gemessen wird, so er-
hält man wegen dieser definitorischen Identität von Anforderungsniveau und Mindestzielniveau natürlich dasselbe Ergebnis wie in Fall 1, also die Forderung nach $G_{\bar{r}} = G_{\bar{r}} = G$
= konstant. Sinnvoller ist aber die Annahme, daß das
Anforderungsniveau im Zustand $\bar{r}$ durch das ganze System
$\left\{ G_{\bar{r}} \mid \bar{r} \in \bar{r} \right\}$ bestimmt wird. Für diesen Fall konnte gezeigt
werden, daß zwar konstante Niveaus $G_{\bar{r}} = G$ zu Widersprüchen
(zu unterschiedlichen Anforderungsniveaus für unterschiedliche Mengen $\bar{r}$) führen, jedoch konnte keine Abhängigkeit
$G_{\bar{r}} = G_{\bar{r}}(w_{\bar{r}})$ gefunden werden. Jede sinnvolle Bestimmung von
Anforderungsniveaus muß die Betrachtung des (optimalen)
Aktionsprogramms miteinbeziehen. Damit wird aber auch die
isolierte Zurechnung solcher Niveaus zu einzelnen Zuständen
unmöglich.

γ) <u>Determinanten der Höhe der Sicherheitsniveaus</u>

Alle diese Überlegungen, denen die Interpretation von $G_{\bar{r}}$
als Erwartungswert der bedingten Verteilung der Ergebnisse einer Aktion im Zustand r zugrunde lag, sind direkt
auf das Problem zustandsabhängiger Sicherheitsniveaus
$\alpha_{\bar{r}} = \alpha_{\bar{r}}(w_{\bar{r}})$ übertragbar, da auch für $\alpha_{\bar{r}}$ die (für $G_{\bar{r}}$ an-

genommene) Beziehung

$$\alpha_r = \sum_{\tilde{r} \in \bar{r}} \alpha_{\tilde{r}} w_{\tilde{r}} \Big/ \sum_{\tilde{r} \in \bar{r}} w_{\tilde{r}}$$

gilt. Somit gilt auch für die Sicherheitsniveaus im Modell mit bedingten Wahrscheinlichkeitsrestriktionen die Aussage, daß zwar konstante $\alpha_{\tilde{r}} = \alpha$ bei Akzeptierung des Konzepts zustandsbezogener Ermittlung von (konstanten) Anforderungsniveaus zu Widersprüchen führen, aber andererseits eine Funktion $\alpha_{\tilde{r}} = \alpha_{\tilde{r}}(w_{\tilde{r}})$ logisch nicht vertretbar ist.

Könnte man aber, wenn man $\alpha_{\tilde{r}} = \alpha$ wegen des gezeigten Widerspruchs ablehnt, eine Funktion $\alpha_{\tilde{r}} = \alpha_{\tilde{r}}(w_{\tilde{r}})$ als zwar unvollkommene, aber plausible und praktikable Lösung des Problems vorschlagen? Die Funktion (2.2.63) kann dies nicht sein, denn sie führt zu Ergebnissen, die ich nicht als plausibel ansehen kann:

(1) Wegen $\alpha_{\tilde{r}} > 0$ muß gelten $w < \min_{\tilde{r} \in \bar{R}_t} w_{\tilde{r}}$. Kann diese Abhängigkeit der unbedingten Wahrscheinlichkeit w <u>ausschließlich</u> vom unwahrscheinlichsten Zustand eines Zeitpunktes sinnvoll sein?

(2) In (2.2.63) steckt offenbar die Annahme, daß w ein Maß für die Strenge des Modells ist und als Konstante vorzugeben ist. Wie aber kann plausibel gemacht werden, daß die analog definierbare unbedingte Mindestwahrscheinlichkeit w' für die Erfüllung der Nebenbedingung in einem beliebigen Zustand von der Zustandswahrscheinlichkeit $w_{\tilde{r}}$ abhängen soll, daß gelten soll

$$w' := w_{\tilde{r}} \alpha_{\tilde{r}} = w_{\tilde{r}} - w$$

obwohl die unbedingte Höchstwahrscheinlichkeit w für die Verletzung der Nebenbedingung zustandsunabhängig ist? Natürlich würde die Konstanz von w' zu einem Ergebnis führen, das man als unplausibel ansehen mag;

- 219 -

zu dem Ergebnis nämlich, daß das Sicherheitsniveau
mit steigender Zustandswahrscheinlichkeit w_r sinken
müßte.[1] Doch mag man auch w' = konstant ablehnen, so
stört doch die Abhängigkeit der einen Größe (der
Wahrscheinlichkeit w') bei Unabhängigkeit der anderen Größe (der Wahrscheinlichkeit w) von $w_{\bar{r}}$.

Sollte man in dieser Kritik lediglich eine Ablehnung der
speziellen Gestalt (2.2.63) der Funktion $\alpha_{\bar{r}} = \alpha_{\bar{r}}(w_{\bar{r}})$ sehen? Könnte man vielleicht bei grundsätzlichem Festhalten
an einer monoton steigenden Funktion $\alpha_{\bar{r}}(w_{\bar{r}})$ durch Wahl
einer gegenüber (2.2.63) etwas "abgemilderten" Form die-
ser Wahrscheinlichkeitsabhängigkeit plausiblere Ergebnisse
erzielen? Ich meine, daß dies nicht sinnvoll ist, da die
Kritik viel radikaler ansetzen muß:

Die Beurteilung der Strenge des Systems aus der isolierten
Betrachtung eines Zustandes mit Hilfe einer Funktion
$f(w_{\bar{r}}, \alpha_{\bar{r}})$ ist im Ansatzpunkt verfehlt. Die sich ergebenden
Widersprüche und Probleme sind nicht durch eine Verfeine-
rung dieser Funktion lösbar. Entscheidend ist die im vorigen Abschnitt bereits dargestellte Analyse der Struktur
des sequentiellen Entscheidungsproblems: Befindet man sich
im Zustand $\bar{r} \in \bar{R}_t$ [2], dann kann die Eintrittswahrscheinlichkeit $w_{\bar{r}}$ nicht mehr relevant sein. Befindet man sich aber
im Zeitpunkt O, dann kann dieser Zustand $\bar{r} \in \bar{R}_t$ ($t \geqslant 1$)
nicht isoliert beurteilt werden, dann kann nur das Sicher-

---

1) Weiter unten wird allerdings gezeigt, daß es auch
   Argumente <u>für</u> eine derartige Abhängigkeit des Sicherheitsniveaus von der Zustandswahrscheinlichkeit gibt!

2) Das kann heißen, daß man sich in einem solchen Zustand
   eines Zeitpunktes t' < t befindet, in dem genau bekannt
   ist, daß im Zeitpunkt t ein Zustand $z \in Z_t$ eintreten
   wird, für den gilt $z \in \bar{r} \in \bar{R}_t$, aber nicht bekannt
   ist, welcher dieser Zustände es sein wird. Eine derartige Informationsstruktur wird nicht allgemein vorausgesetzt werden können. Vielmehr ist diese Interpretation eine Hilfskonstruktion, die durch die Unvollkommen-
   heit des Modells notwendig wird.

heitsniveau α_t interessieren.[1] Da das Modell annahmegemäß nur bedingte Wahrscheinlichkeitsrestriktionen für
die Zustände $\bar{r} \in \bar{R}_t$ (t = 1,...,T) aufweist, ist aber α_t
gar nicht gesondert vorgegeben. Es ist somit in diesem Zusammenhang anzusetzen:

$$\alpha_t = \sum_{\bar{r} \in \bar{R}_t} w_{\bar{r}} \alpha_{\bar{r}}.$$

Das allein sagt jedoch noch zu wenig, denn es muß berücksichtigt werden, daß grundsätzliche Sicherheitsniveaus
keine exakten Nutzenbewertungen abbilden können (keine
exakten Nutzen-Untergrenzen darstellen können) und somit
im gegebenen Modell die Betrachtung von α_t als undiffe-
renzierte Größe für die Beurteilung des Einflusses der Nebenbedingungen des Zeitpunkts t auf die Entscheidungen des
Zeitpunkts O ungeeignet ist; maßgebend ist nicht das so er-
rechnete Niveau α_t, sondern eine <u>Funktion</u> $f(\{w_{\bar{r}}, \alpha_{\bar{r}} \mid \bar{r} \in \bar{R}_t\})$[2], die durchaus für sehr viele verschiedene Mengen $\{\alpha_{\bar{r}} \mid \bar{r} \in \bar{R}_t\}$ den gleichen Wert annehmen kann. Wegen
dieser Substitutionsmöglichkeit entbehrt eine Abhängigkeit
$\alpha_{\bar{r}} = \alpha_{\bar{r}}(w_{\bar{r}})$ jeder Grundlage. Man kann im gegebenen Modell das Verhältnis der einzelnen $\alpha_{\bar{r}}(\bar{r} \in \bar{R}_t)$ zueinander
<u>nur</u> aus dem Entscheidungszeitpunkt t heraus, genauer: aus

---

1) Insofern man im Rahmen des Chance-Constrained Programming argumentiert, "interessiert" dieses Sicherheitsniveau. Die Kritik einer Beurteilung von Wahrscheinlichkeitsverteilungen lediglich an dieser Größe soll durch
   diese Formulierung nicht berührt werden.

2) Das soll nicht etwa so interpretiert werden, daß nicht
   die ganze Wahrscheinlichkeitsverteilung, sondern nur
   das System der Sicherheitsniveaus maßgebend wäre. Diese
   Funktion drückt nur aus, daß durch $\{w_{\bar{r}}, \alpha_{\bar{r}} \mid \bar{r} \in \bar{R}_t\}$
   eine Familie von Wahrscheinlichkeitsverteilungen be-
   schrieben und durch f(.) bewertet wird.

den einzelnen Zuständen $\bar{r} \in \bar{R}_t$ heraus, begründen. Dieses
Verhältnis wird bestimmt durch die einzelnen (zustandsabhängigen) Nutzenfunktionen, hängt also davon ab, "wie
schwer die Verletzung der Nebenbedingung in den einzelnen
Zuständen $\bar{r} \in \bar{R}_t$ wiegt".[1]

Die Aussage, daß $\alpha_{\bar{r}}$ unter Berücksichtigung der Struktur
des Entscheidungsproblems nicht von der Zustandswahrscheinlichkeit $w_{\bar{r}}$ abhängen kann, ist daher zu ergänzen durch
die Aussage, daß vielmehr eine Abhängigkeit ganz anderer
Art besteht, nämlich eine Abhängigkeit von den im Zustand
$\bar{r}$ relevanten Nutzenvorstellungen. Der Vorschlag (2.2.63)
lenkt somit die Behandlung des Problems in eine völlig
falsche Richtung.

Ja, es ist sogar nicht unplausibel, daß unter den vielen
Faktoren, die im Zustand $\bar{r}$ die Höhe des Sicherheitsniveaus
$\alpha_{\bar{r}}$ beeinflussen sollten, ein Faktor ist, der bei hoher
Wahrscheinlichkeit $w_{\bar{r}}$ für ein niedriges Sicherheitsniveau
spricht: Im Modell mit $\bar{R}_t = R_t$ könnte es sein, daß wegen
der "Größe" des Zustandes $\bar{r}$, dem eine hohe Eintrittswahrscheinlichkeit $w_{\bar{r}}$ zukommt, die (in bezug auf diesen Zustand starre) Entscheidungsfunktion die Anpassungsmöglichkeiten an die einzelnen Zustände $z \in \bar{r}$ schlechter berücksichtigt, als in den Zuständen $\bar{r}$ mit niedrigeren Eintrittswahrscheinlichkeiten. (Bereits bei der Diskussion des Modells mit totalen Restriktionen wurde die Plausibilität
der Aussage begründet, daß steigende "Starrheit" der Entscheidungsfunktionen zu sinkenden Sicherheitsniveaus führen sollte.) Jedoch ist bei diesem Argument Vorsicht ge-
boten, da der entscheidende Einfluß nicht von der Wahrscheinlichkeit $w_{\bar{r}}$, sondern von der "Struktur" des Zustandes
$\bar{r}$, von den einzelnen Elementen $z \in \bar{r}$ ausgeht und die (auch

---

1) Natürlich ist das leicht gesagt und schwer getan. Das
   Problem ist im Prinzip dasselbe wie bei der Bestimmung
   der Sicherheitsniveaus im einfachen starren Modell mit
   totalen Restriktionen. Wegen der Abhängigkeit der Beurteilung der Wahrscheinlichkeitsverteilungen von der optimalen Lösung lassen sich keine allgemeinen Regeln auf-
   stellen.

vom Aktionsraum abhängige) <u>Bewertung</u> der nicht berücksichtigten Anpassungsmöglichkeiten in verschiedenen Zuständen
$\bar{r} \in \bar{R}_t$ den oben beschriebenen, von der Wahrscheinlichkeit
$w_{\bar{r}}$ ausgehenden Effekt durchaus umkehren kann.

Ein wichtiger Aspekt ist noch zu bedenken: Es wurde gezeigt, daß vom Zeitpunkt O aus sich keine Anhaltspunkte
zur Bestimmung der einzelnen $\alpha_{\bar{r}}$ ergeben, diese Sicherheitsniveaus also "aus dem Zustand $\bar{r}$ heraus" zu bestimmen sind.
Da aber das Modell annahmegemäß <u>nur</u> die bedingten Restriktionen enthält, dürfen die Sicherheitsniveaus $\alpha_{\bar{r}}$ in ihrer absoluten Höhe nicht ausschließlich durch die "Anspruchsniveaus"[1] determiniert werden, die <u>in den einzelnen</u>
<u>Zuständen $\bar{r} \in \bar{R}_t$</u> gelten. Es ist zu berücksichtigen, daß
die bedingten Restriktionen ja auch den Entscheidungsspiel-
raum im Zeitpunkt O eingrenzen.

δ) <u>Anspruchsniveaus und Zulässigkeit der Lösungen</u>

Was auf den ersten Blick als ein Problem erscheinen mag,
das nur durch die Beschränkung des Modells auf bedingte,
auf dem System $\{\bar{R}_1, \ldots, \bar{R}_T\}$ formulierten Wahrscheinlichkeitsrestriktionen verursacht wurde (die Unmöglichkeit der
exakten Berücksichtigung von vorzugebenden zustandsbezogenen Anspruchsniveaus), weil in diesem Modell die Sicher-

---

1) Mit diesem "Anspruchsniveau" sind Nutzenvorstellungen
   gemeint, die sich auf den Zustand $\bar{r}$ beziehen, unter der
   Voraussetzung, daß dieser Zustand tatsächlich eingetreten ist. Es ist also annahmegemäß völlig unabhängig von
   der Wahrscheinlichkeit $w_{\bar{r}}$ und unterscheidet sich dadurch von dem oben definierten "Anforderungsniveau"
   $W = f(w_{\bar{r}}, \alpha_{\bar{r}})$, das trotz Bestimmung durch isolierte
   Betrachtung eines Zustands eine für das ganze Modell
   konstante Größe war und sich als kein sinnvoll interpre-
   tierbares Maß erwiesen hat. In einem Modell, das bedingte <u>und unbedingte</u> Restriktionen enthält, wären die
   bedingten Sicherheitsniveaus $\alpha_{\bar{r}}$ als solche "Anspruchsniveaus" zu interpretieren.

heitsniveaus $\alpha_{\bar{r}}$ nicht allein "aus den Zustand $\bar{r}$ heraus"
begründet werden können, das weist auf ein tiefer liegen-
des, allgemeineres Problem sequentieller Entscheidungsmodelle mit Beschränkungen (interpretierbar als Anspruchsniveaus)
hin: Anspruchsniveaus sollten grundsätzlich nicht vorgegeben werden, da sie von den im Zustand $\bar{r}$ (für den sie formuliert werden) bereits realisierten Teilen des Aktionsprogramms abhängen werden. Gibt man sie trotzdem vor, so
führt dies zu Widersprüchen in der Modellstruktur.[1] Dies
sei am Beispiel der Sicherheitsniveaus $\alpha_{\bar{r}}$ erläutert:

Bei der Diskussion des flexiblen Modells mit totalen Restriktionen wurde gezeigt, daß dieses nicht die in zukünftigen Zeitpunkte $t \geqslant 1$ gegebenen Entscheidungssituationen sinnvoll beschreiben kann, weil die Bestimmung des Niveaus der dem Zustand $z \in Z_t$ zugeordneten Entscheidungsvariablen unter Berücksichtigung der dann nicht mehr relevanten anderen Zustände $z \in Z_t$, die eben nicht eingetreten
sind, erfolgt. (Dies führte zum Problem der Möglichkeit
unbeschränkter Lösungen.[2] Vom Zeitpunkt 0 aus kann dies

---

1) Man bedenke, daß bei einer exakten sequentiellen Analyse des mehrstufigen Problems (ohne Vorgabe von Anspruchsniveaus), z.B. auf Basis eines Entscheidungsbaums, die
optimale Lösung die Eigenschaft hat, daß sie "von jedem
beliebigen Zustand aus betrachtet" optimal ist. Diese
Eigenschaft haben die auf Basis des Modells mit einem
sequentiellen System von Anspruchsniveaus ermittelten
"optimalen" Strategien nicht. Insofern sei hier von
"Widersprüchen" gesprochen. Natürlich hat man das grundsätzlich (und hoffentlich auch bewußt) akzeptiert, wenn
man ein Optimierungsmodell mit als Anspruchsniveaus zu
deutenden Beschränkungen anwendet. Trotzdem ist es sinnvoll, zu versuchen, sich über die "Struktur" dieses Widerspruchs klar zu werden, um zumindest zu Plausibili-
tätsaussagen über Eigenschaften von Anspruchsniveau-
Systemen zu kommen, die nicht allzuweit von exakten
Nutzenbetrachtungen wegführen.

2) Selbst wenn man bei allen Entscheidungsvariablen tech-
nische Obergrenzen ansetzt, wird es im allgemeinen im
Zustand $z \in Z_t$ nicht sinnvoll sein, diese Obergrenzen
voll auszunützen, ohne Rücksicht darauf, in welchem
Ausmaß dadurch die Nebenbedingung (die ja für diesen
Zustand im Modell nicht formuliert wurde!) verletzt
wird.

insofern nicht beanstandet werden, als es in den Annahmen
des Chance-Constrained Modells begründet ist, daß die Nebenbedingung eben nicht immer erfüllt sein muß; aber es
stört, daß in bestimmten dieser Zustände, in denen die
Nebenbedingung verletzt ist, <u>tatsächlich</u> die Entscheidungsfunktionen im allgemeinen anders festgelegt werden, als
dies <u>im Modell</u> berücksichtigt wird.) Diesen dadurch deutlich gewordenen Mangel könnte man aber auch in Modellen
mit bedingten und unbedingten Restriktionen nur durch Behandlung der Sicherheitsniveaus als endogene Variablen be-
heben. Dieses Problem steht in Zusammenhang mit dem Problem der Definition der Zulässigkeit einer Lösung im allgemeinen sequentiellen Modell, das auf Nebenbedingungen
des Typs (2.2.53) beruht.

Betrachtet man die allgemeine Formulierung des Problems,[1]
wo in verschiedenen Zeitpunkten t auch von verschiedenen
Partitionensystemen $\{\bar{R}_t, \ldots, \bar{R}_T\} = \{R_t, \ldots, R_t\}$ ausgegangen wird, also für jeden Zustand $\bar{r} \in \bar{R}_t$ (t = O,...,T)
und jeden der auf ihn folgenden Zustände $\bar{r}$ (aus der Menge
$\{\bar{R}_{t+1}, \ldots, \bar{R}_T\}$) eine Folge von Nebenbedingungen (2.2.53,$\bar{r}$)
formuliert wird, so müßte es durchaus erlaubt sein, daß
z.B. das einem bestimmten Zustand $\bar{r} \in \bar{R}_t$ (hier gleichbedeutend mit $r \in R_t$) entsprechende Teilproblem keine Lösung
hat (z.B. schon die Nebenbedingung dieses Zustands $\bar{r}$ nicht
mit der vorgegebenen Mindestwahrscheinlichkeit erfüllt werden kann), aber trotzdem die Lösung des gesamten Problems
als zulässig bezeichnet wird, wenn alle <u>totalen</u> Wahrscheinlichkeitsrestriktionen (entsprechend dem für den Zeitpunkt
O formulierten "Teilproblem" auf Basis von $\{\bar{R}_1, \ldots, \bar{R}_T\} =$
$\{R_O, \ldots, R_O\}$) erfüllt werden können. Diese (vielleicht

---

1) Es sei von einem "vereinfachten Zustandsbaum"
   $\{R_O, R_1, \ldots, R_T\}$ ausgegangen. Alle Entscheidungsfunktionen des Zeitpunkts t sind somit auf R_t definiert und
   die R_t (t = 2,...,T) sind jeweils Verfeinerungen von
   R_{t-1}.

überraschende) Überlegung drückt aus, daß vom Entscheidungszeitpunkt O aus <u>nur</u> die totalen Restriktionen relevant
sind, wenn man grundsätzlich akzeptiert, daß das Einhalten
der Sicherheitsniveaus das Kriterium für die Zulässigkeit
eines Aktionsprogramms ist.[1] Wenn aber z.B. die Nebenbe-
dingung für den Zustand $\bar{r} \in \bar{R}_t$ (im $\bar{r}$ entsprechenden Teilproblem) nicht mit der vorgegebenen Wahrscheinlichkeit er-
füllt werden kann, so ergibt sich natürlich die Frage nach
der Bestimmung des Niveaus der Entscheidungsvariablen $\tilde{x}_t$,
die ja nicht nur in dieser Nebenbedingung enthalten sind,
sondern auch in anderen, sich auf diesen Zeitpunkt beziehenden Nebenbedingungen der "vorausgehenden" Teilprobleme
(für welche gröbere Mengen $\bar{R}_t$ maßgebend sind). Die Niveaus dieser Entscheidungsvariablen können nicht beliebig
angesetzt werden, denn tatsächlich wird man sich im Zu-
stand $\bar{r} \in \bar{R}_t$ zwar in der Situation befinden,[2] daß die Nebenbedingung nicht mit der vorgegebenen Mindestwahrscheinlichkeit erfüllt werden kann, das <u>vorgegebene</u> Anspruchsniveau also nicht erreicht wird, doch wird dies kein Grund
für eine beliebige Wahl der Entscheidungsvariablen sein.
Man wird vielmehr das Anspruchsniveau senken. In welchem
Ausmaß dies erfolgen muß, das hängt von der gegebenen Situation, also auch von den in den Vorzuständen realisierten Entscheidungen ab! Das Problem ist also nur dann
vollständig formuliert, wenn "Regeln" für diese Niveau-

---

1) Anders gesagt: Wenn man meint, daß auch vom Zeitpunkt O
   aus betrachtet nicht nur die totalen Restriktionen, sondern auch die bedingten Restriktionen Bestandteil des
   Zulässigkeitskriteriums sein sollten (und nicht bloß
   der Bestimmung des Niveaus der "später" zu realisierenden Entscheidungen dienen), dann wendet man sich gegen
   die (natürlich sehr problematischen) Grundannahmen der
   Methode des Chance-Constrained Programming.

2) Wenn man sagt, man "befinde sich" im Zustand $\bar{r}$, so argumentiert man wieder aus den vereinfachten Modellannahmen
   heraus, wobei die Entscheidungsfunktionen eben nur auf
   $\bar{R}_t$ definiert wurden (man beachte die hier vorausgesetz-
   te Identität von $\bar{R}_t$ und R_t!) und die Anpassung der Entscheidungsfunktionen an einen bestimmten Zustand $z \in Z_t$
   ausgeschlossen wurde.

anpassung formuliert werden.[1]

Wenn also im Modell mit bedingten und unbedingten Restriktionen die zulässige Lösung nur die unbedingten Restriktionen erfüllen muß, so könnte man sich einen iterativen
Prozeß vorstellen, bei dem im Ausgangspunkt das System bedingter Sicherheitsniveaus den Lösungsbereich stärker beschränkt als dies die totalen Restriktionen tun. Da aber
die bedingten Restriktionen gar nicht erfüllt sein müssen,
werden die bedingten Sicherheitsniveaus so lange herabge-
setzt, bis sie den Lösungsbereich nicht stärker beschränken,
als es die unbedingten Restriktionen tun.[2]

---

1) Die Steuerung dieses Anpassungsprozesses müßte theoretisch durch eine entsprechend erweiterte Zielfunktion
   erfolgen, die Sicherheitsniveaus also Variablen des
   Modells sein.

2) Es ist im allgemeinen nicht zu erwarten, daß dieser An-
   passungsprozeß dazu führt, daß dann alle bedingten und
   unbedingten Restriktionen genau als Gleichung erfüllt
   sein werden. Abhängig von der Art der Zufallsvariablen
   und den Anpassungsmöglichkeiten der Entscheidungsfunktionen werden bestimmte Restriktionen dann "übererfüllt"
   sein; es wird also ein Schlupf bleiben. Wichtig ist nur,
   daß die Herabsetzung der Sicherheitsniveaus nur im "unbedingt notwendigen Ausmaß" erfolgt, denn nur dies entspricht den in zukünftigen Zeitpunkten (Zuständen) gegebenen Entscheidungssituationen. Hinter dieser Überlegung
   steht die Vorstellung, daß man auch im Modell mit Beschränkungen versucht, die zukünftigen Optimierungsüberlegungen möglichst genau zu antizipieren, um zu guten
   Schätzungen der in späteren Zeitpunkten zu realisierenden Variablen zu kommen. Natürlich geht diese Konzeption über den Anspruch des Modells des Chance-Constrained Programming hinaus; sie scheint mir aber zweckmäßig,
   um die Widersprüchlichkeit bedingter Restriktionensy-
   steme zu zeigen. Ich sehe durchaus, daß diese Überlegungen auch der Rechtfertigung der totalen Sicherheitsniveaus den "theoretischen Boden" entziehen. Da es
   nicht möglich ist, ein sinnvolles widerspruchsfreies
   sequentielles Modell (mit einem System bedingter Restriktionen) nur auf der Basis des Denkens in Wahrschein-
   lichkeitsgrenzen zu entwickeln, die Untersuchung aber
   im Rahmen des Chance-Constrained Programming bleiben
   soll, wurde hier der Weg gewählt, die totalen Sicherheitsniveaus vorzugeben, die bedingten Sicherheitsniveaus aber als endogene Variablen zu betrachten. Bleibt
   man radikal bei dieser Auffassung, so wird man, von Aus-
   nahmefällen (mehrere Lösungen mit gleichem Zielfunktionswert) abgesehen, eine eindeutig bestimmte Menge von

(Fortsetzung nächste Seite)

Wendet man das Ergebnis dieser Überlegungen auf das Modell mit ausschließlich bedingten Restriktionen an, so ergibt sich, daß die Menge der bedingten Sicherheitsniveaus $\{\alpha_{\bar{r}} | \bar{r} \in \bar{R}_t\}$ so festzusetzen ist, daß die Strenge dieses Restriktionensystems einem im Modell nicht explizit berücksichtigten Sicherheitsniveau α_t entspricht, das die <u>im Zeitpunkt O</u> gestellten Anforderungen an die (unbedingte) Wahrscheinlichkeitsverteilung des Zeitpunkts t repräsentieren sollte. Unterstellt man (was realistisch ist), daß diese Menge $\{\alpha_{\bar{r}} | \bar{r} \in \bar{R}_t\}$ nicht aufgrund eines umfassenderen Optimierungsmodells als Menge endogener Variabler bestimmt wurde, sondern daß sie nur die Einhaltung eines bestimmten Anforderungsniveaus[1] gewährleisten soll, so ist sie nicht eindeutig bestimmt. Dennoch erscheint folgende sehr allgemeine und durchaus unscharfe Aussage sinnvoll:

Das System der bedingten Sicherheitsniveaus $\{\alpha_{\bar{r}} | \bar{r} \in \bar{R}_t\}$ sollte so ausgewählt werden, daß es in seiner Gesamtheit die vom Zeitpunkt O her gestellten Anforderungen an die

---

(Fortsetzung Anm. 2, S. 226).

    Sicherheitsniveaus erhalten. Betrachtet man aber den Anpassungsprozeß nicht im Rahmen eines Optimierungsmodells, sondern beachtet bei den Anpassungen nur das Erreichen bzw. Einhalten von bestimmten "Nutzen"-Grenzen, so entspricht diese Auffassung mehr dem Grundkonzept des Chance-Constrained Programming, führt aber (wie schon oben angenommen) dazu, daß die Sicherheitsniveaus im Modell mit bedingten Restriktionen nicht eindeutig interpretierbar sind.

---

1) Dieses Anforderungsniveau ist hier nicht zustandsbezogen zu interpretieren, sondern mißt die durch alle bedingten Restriktionen gemeinsam bewirkten Anforderungen an die unbedingte Wahrscheinlichkeitsverteilung des Zeitpunkts t. Es unterliegt daher nicht der oben formulierten Kritik an "zustandsbezogenen" Anforderungsniveaus und kann als Analogon zu den zustandsbezogenen "Anspruchsniveaus" interpretiert werden.

unbedingte Wahrscheinlichkeitsverteilung des Zeitpunkts t
wiedergibt; das Verhältnis der einzelnen $\alpha_{\bar{r}}$ zueinander
sollte durch das Verhältnis der Anspruchsniveaus der einzelnen Zustände $\bar{r} \in \bar{R}_t$ begründet werden. Noch gröber formuliert: Während das Verhältnis der Sicherheitsniveaus
$\alpha_{\bar{r}}$ aus den Zuständen $\bar{r} \in \bar{R}_t$ heraus zu begründen ist, bestimmt sich die absolute Höhe dieser Niveaus nach den vom
Zeitpunkt O her gestellten Anforderungen an die unbedingte
Wahrscheinlichkeitsverteilung. Anhaltspunkte für die Abhängigkeit der Sicherheitsniveaus von den Zustandswahrscheinlichkeiten $w_{\bar{r}}$ ergeben sich nicht.

Der schwächste Punkt dieser Überlegung liegt natürlich in
der Zustandsabhängigkeit der Anspruchsniveaus bzw. der Nutzenfunktionen, da hier auch eine Abhängigkeit von der Optimallösung gegeben ist. Im Einzelfall kann es aber durchaus so sein, daß bestimmte Vorstellungen über sich in den
einzelnen Zuständen stark unterscheidenden "Kosten bei
Verletzung der Nebenbedingung" gegeben sind und man annimmt, daß die Abhängigkeit vom optimalen Aktionsprogramm
diese Relationen nicht wesentlich verändert.

ϵ) <u>Zeitabhängigkeit der Sicherheitsniveaus</u>

Eine interessante Überlegung ergibt sich hinsichtlich der
Zeitabhängigkeit der bedingten Sicherheitsniveaus. Nimmt
man an, daß die Anforderungsniveaus (die nicht explizit
formulierten unbedingten Sicherheitsniveaus) zeitunabhän-
gig sind und daß die Partitionen $\bar{R}_t$ mit steigendem t
immer feiner werden, so werden die bedingten Sicherheits-
n veaus $\alpha_{\bar{r}}$ mit steigender Entfernung vom Zeitpunkt O
"tendenziell" kleiner werden,[1] wie auch die "durchschnittliche" Wahrscheinlichkeit der Zustände $\bar{r}$ sinken

---

1) In je mehr Ausschnitte $\bar{r} \subset Z_t$ der Zustandsraum Z_t
   unterteilt wird, desto restriktiver wirken vorgegebene Sicherheitsniveaus $\alpha_{\bar{r}} = \alpha$. (Analoges gilt für
   unterschiedliche $\alpha_{\bar{r}}$.)

wird. Das sieht so aus, wie eine Art "Abhängigkeit der Sicherheitsniveaus $\alpha_{\bar{r}}$ von der Wahrscheinlichkeit $w_{\bar{r}}$". Diese Betrachtung darf aber nicht mißverstanden werden. Natürlich bleibt davon völlig unberührt die Unabhängigkeit der Niveaus $\alpha_{\bar{r}}$ von $w_{\bar{r}}$, wenn man die Zustände $\bar{r}$ eines bestimmten Zeitpunkts (also alle $\bar{r} \in \bar{R}_t$) miteinander vergleicht. Der Vergleich von Zuständen unterschiedlicher Wahrscheinlichkeit aus unterschiedlichen Zeitpunkten berührt ein völlig anderes Problem! An sich erscheint die Aussage, daß die bedingten Sicherheitsniveaus mit zeitlicher Entfernung sinken, nicht unvernünftig.[1] Man kann dies durchaus auch als Ausdruck der "relativen Bedeutung" eines Zustands interpretieren, wobei diese "relative Bedeutung" nichts mit der Zustandswahrscheinlichkeit zu tun hat, sondern eher mit der Anzahl der alternativ möglichen Zustände.[2]

Interpretiert man (was, wie gezeigt wurde, durchaus sinnvoll ist) das Sicherheitsniveaus $\alpha_{\bar{r}}$ als zustandsabhängiges Anspruchsniveau,[3] wie könnte man dann die Abhängigkeit

---

1) Diese Aussage gilt noch mehr, wenn man annimmt, daß auch die unbedingten Sicherheitsniveaus im Zeitablauf sinken. Aussagen über das Verhältnis der unbedingten Sicherheitsniveaus im Zeitablauf sind aber sehr problematisch, wie schon am Beispiel der starren Modelle gezeigt wurde.

2) Diese Aussage ist insofern etwas unscharf, als die bloße Anzahl der Zustände allein noch kein ausreichendes Maß darstellt, da ein Zustandsraum auf verschiedene Art und Weise in eine gleiche Anzahl von Zuständen aufgegliedert werden kann.

3) Dahinter steht die Vorstellung, daß diese Anspruchsniveaus für alle $\bar{r} \in \bar{R}_t$ im Rahmen eines Anpassungsprozesses schon so festgesetzt wurden, daß sie insgesamt nicht mehr strenger sind, als es das vom Zeitpunkt O her bestimmte Anforderungsniveau für den Zeitpunkt t verlangt.

dieses Anspruchsniveaus von der Anzahl der Zustände
eines Zeitpunkts begründen? Dieses Anspruchsniveau gilt
ja dann, wenn man weiß, daß der betreffende Zustand eingetreten ist und kann somit nicht mehr von den dann er-
wiesenermaßen nicht eingetretenen Zuständen abhängen.
Es gibt jedoch eine plausible Erklärung für die Abhängigkeit des Anspruchsniveaus von der Zahl der möglichen Zustände:

Das Anspruchsniveau in $\bar{r}$ ist abhängig von der auch durch
frühere Entscheidungen bestimmten Entscheidungssituation
des Zustands $\bar{r}$. Diese früheren Entscheidungen sind im allgemeinen an einen bestimmten Zustand $\hat{r} \in \bar{R}_t$[1] "um so
schlechter angepaßt", je mehr Zustände $\bar{r} \in \bar{R}_t$ es gibt.
Das Anspruchsniveau für einen bestimmten Zustand $\bar{r} \in \bar{R}_t$
hat aber nichts mit dem Vergleich der Wahrscheinlichkeiten
$w_{\bar{r}} (\bar{r} \in \bar{R}_t)$ zu tun, sondern es hängt davon ab, wie "weit"
der betrachtete Zustand $\bar{r}$ von jenem Zustand $\hat{r} \in \bar{R}_t$ "ent-
fernt" ist, der von allen Zuständen $\bar{r} \in \bar{R}_t$ bei der gegebenen Ausgangssituation das "beste Ergebnis" erlaubt
hätte.[2] Diese Überlegungen leiten schon über zu dem im
folgenden Abschnitt zu behandelnden Problem der Änderung
der Sicherheitsniveaus bei Änderung der Partitionierung
des Zustandsraums.

---

1) Daß man nicht die Zustände $z \in Z_t$ betrachtet, liegt einfach an den groben Modellannahmen.

2) Dabei spielen natürlich auch die in den einzelnen Zuständen $\bar{r} \in \bar{R}_t$ und in den jeweiligen Folgezuständen
gegebenen Aktionsmöglichkeiten eine Rolle. Das möglich
scheinende Gegenargument, daß es durchaus denkbar sei,
daß ein bestimmtes bisher realisiertes optimales Aktionsprogramm auch auf sehr viele Zustände des Zeitpunkts t "fast gleich gut" passen könnte, kann hier
nicht verwendet werden, denn die Strenge des Systems
$\left\{ \alpha_{\bar{r}} \mid \bar{r} \in \bar{R}_t \right\}$ soll aufgrund der vorher angestellten
Überlegungen ja einem Anforderungsniveau, gemessen

(Fortsetzung nächste Seite)

(3) <u>Die Abhängigkeit der Sicherheitsniveaus von der Feinheit der Partitionierung des Zustandsraums</u>

α) <u>Das Problem</u>

Während bisher die Partitionierung des Zustandsraums, also das System $\{\bar{R}_1, \ldots, \bar{R}_T\}$ als gegeben angenommen wurde, wobei sich unter dieserVoraussetzung keinerlei Anhaltspunkte für eine Abhängigkeit $\alpha_{\bar{r}} = \alpha_{\bar{r}}(w_{\bar{r}})$ ergaben, und zwar weder beim Vergleich von Zuständen eines Zeitpunkts, noch beim Vergleich von Zuständen aus unterschiedlichen Zeitpunkten, soll hier die Frage gestellt werden, in welcher Weise die Veränderung der Feinheit einer Partition $\bar{R}_t$[1)] die Sicherheitsniveaus beeinflußt. Diese Frage ist deshalb wichtig, weil die Wahl der Feinheit der Partition ein entscheidendes Problem der Modellformulierung dar-

---

(Fortsetzung der Anm. 2),S. 230)

durch das Sicherheitsniveaus α_t einer nicht formulierten unbedingten Restriktion, entsprechen. Dieses Anforderungsniveau α_t (das also nicht etwa dem Erwartungswert der $\alpha_{\bar{r}}$ entspricht) wurde als konstant (als unabhängig von t) oder sinkend mit t angenommen. Wenn nun die (bis t) bereits realisierten Teile des optimalen Aktionsprogramms auf die sehr vielen Zustände $\bar{r} \in \bar{R}_t$ eines späten Zeitpunkts t tatsächlich recht gut "passen", unabhängig davon, welcher dieser Zustände eintritt, dann müßte sich dies auch in einem sehr hohen Sicherheitsniveau α_t niederschlagen. Wenn diese "Anpassung" in t trotz vieler Teilzustände besser ist als in t' (t' $<$ t), dann ist auch $\alpha_t > \alpha_{t'}$.

---

1) Im folgenden wird immer die Änderung der Partition des Zustandsraums eines bestimmten Zeitpunkts isoliert betrachtet, um das Problem der zeitlichen Interdependenz möglichst auszuschließen.

stellt.[1]

Betrachtet man eine Vergröberung der Menge $\bar{R}_t$ (derart, daß jeweils mehrere Elemente $\bar{r} \in \bar{R}_t$ zu einem Element $\bar{\bar{r}} \in \bar{\bar{R}}_t$ zusammengefaßt werden, $\bar{\bar{R}}_t$ also eine Parition von $\bar{R}_t$ darstellt) und wählt man für die Sicherheitsniveaus $\alpha_{\bar{\bar{r}}}$ im gröberen Modell genau jene Mindestwahrscheinlichkeit, mit der im _feineren_ Modell die Nebenbedingung _im Zustand $\bar{\bar{r}}$_ erfüllt werden muß, also

$$(2.2.68) \qquad \alpha_{\bar{\bar{r}}} = \sum_{\bar{r} \in \bar{\bar{r}}} w_{\bar{r}}\, \alpha_{\bar{r}} \Big/ \sum_{\bar{r} \in \bar{\bar{r}}} w_{\bar{r}}$$

so daß die Wahrscheinlichkeit, mit der die Nebenbedingung im _Zeitpunkt t_ mindestens erfüllt werden muß, unabhängig von der Zustandsgliederung ist, also definiert werden kann als

$$\alpha_t := \sum_{\bar{r} \in \bar{R}_t} w_{\bar{r}}\, \alpha_{\bar{r}} = \sum_{\bar{\bar{r}} \in \bar{\bar{R}}_t} w_{\bar{\bar{r}}}\, \alpha_{\bar{\bar{r}}}$$

dann ist das Modell auf Basis von $\bar{R}_t$ strenger als

---

1) Im Prinzip könnte man (sieht man vom Problem der Existenz äquivalenter Formulierungen einmal ab) be-. liebige Partitionierungen wählen, solange sie bei "entsprechender" Wahl der Sicherheitsniveaus nur zum gleichen Ergebnis für die sofort durchzuführenden Entscheidungsvariablen führen. Warum also nicht die einfachste Version, das starre Modell mit totalen Restriktionen, wählen? Man wird dies deswegen nicht tun, weil in diesem Modell mit so hohem Aggregationsgrad die Schätzprobleme für die Sicherheitsniveaus nicht zuletzt deswegen so groß sind, weil die späteren Anpassungsmöglichkeiten der Entscheidungen an den eingetretenen Zustand überhaupt nicht berücksichtigt werden können. Für die Zustandsgliederung werden also insbesondere die vermuteten Eigenschaften der _Entscheidungsfunktion_ ausschlaggebend sein.

jenes auf Basis von $\bar{\bar{R}}_t$. Vorausgesetzt ist dabei allerdings, daß sich die Entscheidungsfunktionen nicht ändern,
R_t also gleich bleibt. Dies ist leicht einzusehen, wenn
man sich klar macht, daß das Problem so gesehen werden
könnte, daß die bedingten Restriktionen für die Mengen $\bar{\bar{r}}$
mit den Sicherheitsniveaus $\alpha_{\bar{\bar{r}}}$ in <u>beiden</u> Modellen erfüllt
sein müssen, im Modell auf Basis von $\bar{R}_t$ aber noch <u>zusätz-
lich</u> die bedingten Restriktionen für die Zustände $\bar{r}$ mit
den Sicherheitsniveaus $\alpha_{\bar{r}}$ gelten.

Will man aber zwei Modelle mit unterschiedlichen Partitio-
nen ($\bar{R}_t$ und $\bar{\bar{R}}_t$) so konstruieren, daß sie bei <u>unveränder-
ter Entscheidungsfunktion</u> insgesamt betrachtet "<u>gleich
streng</u>" sind in dem Sinne, daß sich der Raum der zulässigen Lösungen bei beiden Modellen "möglichst wenig unterscheiden" soll, so ist die Forderung

$$(2.2.69) \qquad \alpha_{\bar{\bar{r}}} > \sum_{\bar{r} \in \bar{\bar{r}}} w_{\bar{r}} \alpha_{\bar{r}} \Bigg/ \sum_{\bar{r} \in \bar{\bar{r}}} w_{\bar{r}}$$

durchaus plausibel. Im allgemeinen Fall ($\alpha_{\bar{r}}$ ist für die
Zustände $\bar{r} \in \bar{\bar{r}}$ nicht konstant) könnte gesagt werden, daß
beim Übergang von $\bar{R}_t$ auf $\bar{\bar{R}}_t$ die "durchschnittliche" Zustandswahrscheinlichkeit steigt und auch die Sicherheits-
niveaus (deren Anzahl natürlich geringer wird) "tendenziell" steigen. Dies sieht wieder wie eine Abhängigkeit
$\alpha_{\bar{r}} = \alpha_{\bar{r}}(w_{\bar{r}})$ bzw. $\alpha_{\bar{\bar{r}}} = \alpha_{\bar{\bar{r}}}(w_{\bar{\bar{r}}})$ aus. Wenn z.B. für alle
$\bar{\bar{r}}$ gilt $\alpha_{\bar{r}} = \alpha(\bar{r})$ ($\bar{r} \in \bar{\bar{r}}$), dann folgt aus (2.2.69)
$\alpha_{\bar{\bar{r}}} > \alpha_{\bar{r}} = \alpha(\bar{r})$ und natürlich gilt für beliebige $\bar{\bar{r}}$ die
Beziehung $w_{\bar{\bar{r}}} > w_{\bar{r}}$ ($\bar{r} \in \bar{\bar{r}}$).

Hier besteht jedoch die Gefahr der "Überinterpretation".
Es darf trotz der Gleichgerichtetheit der Veränderung von
Zustandswahrscheinlichkeiten und Sicherheitsniveaus kein
Zusammenhang zwischen diesen beiden Größen gesehen werden, denn es muß berücksichtigt werden, daß die Veränderungen der Sicherheitsniveaus nicht eindeutig zurechenbar
sind und daß, wie im vorigen Abschnitt gezeigt wurde,

grundsätzlich keine Aussagen über das Verhältnis der
einzelnen Sicherheitsniveaus (für eine bestimmte Partition $\bar{R}_t$!) zueinander in Abhängigkeit von den Zuständigkeits-
wahrscheinlichkeiten $w_{\bar{r}}$ ($\bar{r} \in \bar{R}_t$) gemacht werden können.
Die durch eine Vergröberung des Zustandsraums $\bar{R}_t$ bewirk-
te Erhöhung der Sicherheitsniveaus (bei gleichzeitiger
Verringerung ihrer Anzahl) hat nichts direkt mit den Zustandswahrscheinlichkeiten zu tun, sondern bloß mit der
Anzahl der Zustände, bzw. (etwas genauer gesagt) mit der
Art der Zustandsraumpartitionierung.[1]

Man bleibt also besser bei der sich nicht auf Wahrscheinlichkeiten beziehenden allgemeinen Aussage, daß eine Vergröberung des Zustandsraums $\bar{R}_t$ bei gleichbleibenden Entscheidungsfunktionen tendenziell die Sicherheitsniveaus
erhöht, wenn die "Strenge" des Modells (gemessen an der
"Größe" des Raums zulässiger Lösungen) unverändert bleiben soll.

Dabei ist noch anzumerken, daß es bei einer Veränderung
des Zustandsraums im allgemeinen keine solchen "äquivalenten" Sicherheitsniveaus geben wird, die bewirken, daß
der Lösungsraum <u>völlig</u> unverändert bleibt. Dies liegt
daran, daß z.B. die Vergröberung des Zustandsraums
(bei Wahl der Sicherheitsniveaus gemäß (2.2.68)) dem
bisherigen Lösungsraum einige Elemente hinzufügt, die an-
schließende Erhöhung der Sicherheitsniveaus (gemäß
(2.2.69)) wieder einige Elemente wegnimmt, und zwar im
allgemeinen andere, als soeben hinzugefügt wurden. Das
weist auf die Frage hin, nach welchen Kriterien die
"Äquivalenz" zweier Modelle beurteilt werden soll. Die
Identität des Raums zulässiger Lösungen beider Modelle
ist sicher eine extrem strenge Forderung. Aber auch die

---

[1] Die Anzahl der Zustände allein wäre natürlich auch
kein geeigneter Maßstab, da es verschiedene Methoden
geben wird, einen Zustandsraum in eine gleiche Anzahl von Zuständen aufzuspalten.

Forderungen nach gleicher optimaler Entscheidungsse-
quenz[1] oder gleichem Zielfunktionswert[2] scheinen
noch zu streng. Entscheidend ist lediglich die Identität
von x_0. Bei dieser (dem Problem durchaus angemessenen)
Einschränkung der Bedingungen für die "Äquivalenz" von
Modellen ist es allerdings schon problematisch, noch von
gleicher "Strenge" der Modelle zu sprechen. Im allgemeinen wird diese schwache Forderung durchaus nicht zu ein-
deutiger Bestimmung der Sicherheitsniveaus führen. (Es
sei denn, man gibt mehr oder weniger willkürlich eine
Regel vor, etwa "Konstanz der Sicherheitsniveaus $\alpha_{\bar{r}} = \alpha$
$(\bar{r} \in \bar{R}_t)$".

Trotz dieser Schwierigkeiten im Detail ist die <u>Tendenz</u>
der Auswirkung einer Veränderung der Partitionierung $\bar{R}_t$
bei unveränderten Entscheidungsfunktionen (unveränderter Menge R_t) klar. Betrachtet man nicht die einzelnen
Zustände $\bar{r} \in \bar{R}_t$, sondern nur die <u>unbedingte</u> Mindestwahrscheinlichkeit für die Erfüllung der Nebenbedingung im
Zeitpunkt t,

$$\alpha_t \; := \; \sum_{\bar{r} \in \bar{R}_t} w_{\bar{r}} \, \alpha_{\bar{r}} \; ,$$

so ergibt sich, daß diese Wahrscheinlichkeit α_t mit
steigender Feinheit der Partitionierung $\bar{R}_t$ sinkt, wenn
die "Strenge" des Modells gleich bleibt.

Bei den hier interessierenden Modellen wird man jedoch
mit einer Änderung von $\bar{R}_t$ <u>auch eine Änderung von R_t</u> ver-
binden, <u>also auch die Entscheidungsfunktionen ändern</u>.
Meist wird es sich um ein Modell handeln, das durch
$(2.2.61,\bar{r})$ oder $(2.2.62,\bar{r})$ charakterisiert werden kann,

---

1) Möglich in dieser strengen Form nur bei der (hier noch
   tatsächlich gemachten) Annahme der Unverändertheit
   der Menge R_t!

2) Im Wert der Zielfunktion liegt ganz generell das Problem der nicht explizit berücksichtigten Planrevisionen!

wo die Entscheidungsfunktionen immer so definiert sind,
daß sie jedem Zustand $\bar{r}$ einen eindeutigen Wert zumessen.
(Im einfachsten Fall wird man $\bar{R}_t = R_t$ setzen.) Dann wird
aber der oben dargestellte Einfluß der Änderung der Feinheit von $\bar{R}_t$ auf die Sicherheitsniveaus überdeckt durch
den Einfluß der Änderung der Struktur der Entscheidungsfunktionen.

Je feiner die Entscheidungsfunktionen konstruiert sind,
desto mehr Anpassungsmöglichkeiten berücksichtigen sie explizit, desto weniger (im Modell noch nicht berücksichtigte)
Möglichkeiten sind also offen, wenn die Nebenbedingung verletzt wird. Schon bei der Diskussion von Modellen mit totalen Wahrscheinlichkeitsrestriktionen wurde daher festgestellt, daß mit steigender Feinheit der Entscheidungsfunktionen (steigender Flexibilität des Modells) die Sicherheitsniveaus steigen sollten. Dies gilt sinngemäß auch für das
Modell mit bedingten Wahrscheinlichkeitsrestriktionen.

Im Modell mit $\tilde{R}_t = R_t$ sind daher zwei gegenläufige Einflüsse zu berücksichtigen: Verfeinert man die Partitionierung
des Zustandsraums, so führt tendenziell die Verfeinerung
von $\bar{R}_t$ zu einer Erniedrigung, die Verfeinerung von R_t zu
einer Erhöhung der Sicherheitsniveaus. Welcher Einfluß
überwiegt, kann nicht allgemein gesagt werden; das hängt
von der speziellen Struktur des Entscheidungsproblems und
vom Aktionsraum ab.

β) <u>Ein Beispiel</u>

Das Problem sei an einem Beispiel demonstriert. Gegeben sei
das folgende Minimierungsproblem (<u>Modell 1</u>):

$$c_0 x_0 + c_1 x_1 \longrightarrow \min$$

$$P(x_0 + x_1 \geqslant \tilde{b}_1 + \tilde{b}_2) \geqslant \alpha_1$$

$$x_0, x_1 \geqslant 0$$

Die Zufallsvariable $\tilde{b}_1$ sei gleichverteilt zwischen 70 und 80. Die Zufallsvariable $\tilde{b}_2$ sei gleichverteilt zwischen b_1-5 und b_1+5, wobei mit b_1 die Realisationen der Zufallsvariablen $\tilde{b}_1$ bezeichnet sind: $b_1 \in W(\tilde{b}_1)$. Bezeichnet man die Verteilungsfunktion der Variablen $\tilde{z}$ ($\tilde{z} := \tilde{b}_1 + \tilde{b}_2$) mit $F(.)$, so läßt sich das Problem auch schreiben als:

$$c_0 x_0 + c_1 x_1 \longrightarrow \min$$

$$x_0 + x_1 \geqslant F^{-1}(\alpha_1)$$

$$x_0, x_1 \geqslant 0$$

Da die Lösung des Problems in Abhängigkeit von den Parametern c_0 und c_1 untersucht werden soll, werden diese nicht als Zahlen vorgegeben. Es wird aber immer vorausgesetzt $0 < c_0 < c_1$. Man erhält nun leicht die Lösung des Problems mit

$$x_0^* = F^{-1}(\alpha_1)$$

$$x_1^* = 0.$$

Es ist nun zu untersuchen, in welcher Weise die Entscheidung x_0^* der 1. Stufe von der Feinheit der Partitionierung des Zustandsraums abhängt, um anschließend prüfen zu können, ob sich für alternative Partitionierungen bedingte Sicherheitsniveaus finden lassen, die zu identischen Werten für die Entscheidungsvariable x_0^* führen. In den folgenden Modellen wird die Entscheidungsvariable x_1 als Entscheidungsfunktion $\tilde{x}_1 = x_1(x_0, \tilde{b}_1)$ formuliert. Der Zustandsraum kann also durch den Wertebereich der Zufallsvariablen $\tilde{b}_1$ beschrieben werden. In Modell 2 werden zwei Zustände unterschieden, und zwar $b_1 \in \langle 70,75)$ und $b_1 \in \langle 75,80 \rangle$. Diese mit $r = 1$ und $r = 2$ bezeichneten Zustände haben somit die Wahrscheinlichkeiten $w_1 = w_2 = 0,5$. In Modell 3 werden die Zustände $r = 3, 4, 5, 6$ unterschieden, je nachdem, ob b_1 in den Bereichen $\langle 70;72,5)$, $\langle 72,5;75)$, $\langle 75;77,5)$ oder

$\langle 77,5;80 \rangle$ liegt. Die Zustandswahrscheinlichkeiten betragen somit $w_3 = w_4 = w_5 = w_6 = 0,25$. In Modell 4 werden <u>alle</u> Werte des Wertebereichs $W(\tilde{b}_1)$ als unterschiedliche Zustände betrachtet. Die Modell 2 bis 4 sind Modelle mit bedingten Restriktionen, wobei die Partitionen $\bar{R}_t$ und R_t übereinstimmen, also für jeden Zustand $\bar{r}$ (bzw. r) eine Wahrscheinlichkeitsrestriktion formuliert wird und auch die Entscheidungsvariable $\tilde{x}_1$ einen eigenen Wert annehmen kann. Als Zielfunktion aller Modelle wird Erwartungswertmaximierung gewählt.

Die Sicherheitsniveaus sind in den einzelnen Modellen verschieden; sie sollen ja anschließend so bestimmt werden, daß die optimale Lösung der 1. Stufe (x_0^*) in allen Modellen gleich ist. Schwierig ist eine Aussage über die Abhängigkeit der bedingten Sicherheitsniveaus vom betrachteten Zustand. Es wird der Einfachheit halber angenommen, daß sie in allen Zuständen gleich hoch sein sollen.[1] Die Bestimmung des Verhältnisses der Sicherheitsniveaus zueinander ist notwendig, um zu einer eindeutigen Bestimmung dieser Niveaus in Abhängigkeit von der Feinheit der Partitionierung des Zustandsraums zu kommen.

<u>Modell 2</u>:

$$c_0 x_0 + 0,5 c_1 (x_{11} + x_{12}) \longrightarrow \min$$

$$P(x_0 + x_{11} \geqq \tilde{b}_1 + \tilde{b}_2 \mid b_1 \in \langle 70,75)) \geqq \alpha_2$$

$$P(x_0 + x_{12} \geqq \tilde{b}_1 + \tilde{b}_2 \mid b_1 \in \langle 75,80 \rangle) \geqq \alpha_2$$

$$x_0, x_{11}, x_{12} \geqq 0$$

---

[1] Daher genügt es, dem Modell i das Sicherheitsniveau α_i zuzuordnen, wobei zu beachten ist, daß es sich jeweils um eine <u>Menge</u> gleich hoher und daher in ihrer Indizierung nicht unterschiedenen Sicherheitsniveaus handelt.

Bezeichnet man die Verteilungsfunktion der bedingten Zufallsvariablen $\tilde{z}|b_1 \in \langle 70,75)$ mit $F_1(.)$ und jene der bedingten Zufallsvariablen $\tilde{z}|b_1 \in \langle 75,80\rangle$ mit $F_2(.)$, so kann für die 2. Stufe (je ein Problem für jeden Zustand $r = 1, 2$) geschrieben werden

$$x_{1r} \longrightarrow \min$$

$$x_{1r} \geqslant F_r^{-1}(\alpha_2) - x_0$$

$$x_{1r} \geqslant 0$$

Es hat die Lösung

$$x_{1r}^* = \max\left\{0;\ F_r^{-1}(\alpha_2) - x_0\right\}.$$

Da immer gilt $F_1^{-1}(\alpha_2) < F_2^{-1}(\alpha_2)$, können drei Bereiche unterschieden werden

Bereich	x_{11}^*	x_{12}^*
$x_0 < F_1^{-1}(\alpha_2)$	$F_1^{-1}(\alpha_2) - x_0$	$F_2^{-1}(\alpha_2) - x_0$
$F_1^{-1}(\alpha_2) \leqslant x_0 < F_2^{-1}(\alpha_2)$	0	$F_2^{-1}(\alpha_2) - x_0$
$F_2^{-1}(\alpha_2) \leqslant x_0$	0	0

Auf der 1. Stufe ergibt sich nun das Problem

$$\psi(x_0) = c_0 x_0 + 0{,}5c_1(x_{11}^* + x_{12}^*) \longrightarrow \min$$

wobei die Funktion $\psi(x_0)$ eine stückweise lineare Funktion mit den Knickstellen $F_1^{-1}(\alpha_2)$ und $F_2^{-1}(\alpha_2)$ ist. Überlegt man, daß gilt $0 < c_0 < c_1$ und

$$\frac{d\psi(x_0)}{dx_0} = \begin{cases} c_0 - c_1 & \text{wenn} & x_0 < F_1^{-1}(\alpha_2) \\[2ex] c_0 - 0{,}5\,c_1 & \text{wenn} & F_1^{-1}(\alpha_2) \leq x_0 < F_2^{-1}(\alpha_2) \\[2ex] c_0 & \text{wenn} & F_2^{-1}(\alpha_2) \leq x_0 \end{cases}$$

so sieht man, daß $\psi(x_0)$ konvex ist und man erhält die vom Verhältnis c_0/c_1 abhängige Lösung[1]

$$x_0^* = \begin{cases} F_1^{-1}(\alpha_2) & \text{wenn} & c_1 < 2\,c_0 \\[2ex] F_2^{-1}(\alpha_2) & \text{wenn} & c_1 > 2\,c_0 \end{cases}$$

Modell 3:[2]

$$c_0 x_0 + 0{,}25 c_1 (x_{13} + x_{14} + x_{15} + x_{16}) \longrightarrow \min$$

$$P(x_0 + x_{1r} \geq \tilde{b}_1 + \tilde{b}_2 \mid b_1 \in W_r(\tilde{b}_1)) \geq \alpha_3 \quad (r = 3,4,5,6)$$

$$x_0, \ x_{13}, \ x_{14}, \ x_{15}, \ x_{16} \geq 0$$

Auf der 2. Stufe ergibt sich für jeden Zustand $r = 3, 4, 5, 6$ das Problem

$$x_{1r} \longrightarrow \min,$$

$$x_{1r} \geq F_r^{-1}(\alpha_3) - x_0$$

$$x_{1r} \geq 0$$

---

1) Wenn $c_1 = 2c_0$, so verläuft die Funktion im Intervall $\langle F_1^{-1}(\alpha_2), F_2^{-1}(\alpha_2) \rangle$ waagerecht und alle in diesem Intervall liegenden Werte von x_0 sind optimal.

2) $W_r(\tilde{b}_1)$ bezeichnet hier jenen Teil des Wertebereichs der Zufallsvariablen $\tilde{b}_1$, in dem die Realisation b_1 liegt, wenn Zustand r eingetreten ist.

mit der Lösung

$$x_{1r}^{*} = \max\left\{0;\ F_r^{-1}(\alpha_3) - x_0\right\}.$$

Wegen $F_3^{-1}(\alpha_3) < F_4^{-1}(\alpha_3) < F_5^{-1}(\alpha_3) < F_6^{-1}(\alpha_3)$

kann man fünf Bereiche unterscheiden. Liegt x_0 im ersten Bereich $\langle 0, F_3^{-1}(\alpha_3))$, so sind alle x_{1r}^{*} positiv, liegt x_0 im letzten Bereich $\langle F_6^{-1}(\alpha_3), \infty)$, so gilt $x_{1r}^{*} = 0$ ($r = 3,\ldots,6$). Die im Problem der 1. Stufe zu minimierende Funktion

$$\psi(x_0) = c_0 x_0 + 0{,}25 c_1 (x_{13}^{*} + x_{14}^{*} + x_{15}^{*} + x_{16}^{*})$$

ist daher eine stückweise lineare Funktion mit den Knickstellen $F_r^{-1}(\alpha_3)$. Wegen $0 < c_0 < c_1$ und

$$\frac{d\,\psi(x_0)}{dx_0} = \begin{cases} c_0 - c_1 & \text{wenn} & x_0 < F_3^{-1}(\alpha_3) \\[2mm] c_0 - 0{,}75 c_1 & \text{wenn} & F_3^{-1}(\alpha_3) \leqslant x_0 < F_4^{-1}(\alpha_3) \\[2mm] c_0 - 0{,}5 c_1 & \text{wenn} & F_4^{-1}(\alpha_3) \leqslant x_0 < F_5^{-1}(\alpha_3) \\[2mm] c_0 - 0{,}25 c_1 & \text{wenn} & F_5^{-1}(\alpha_3) \leqslant x_0 < F_6^{-1}(\alpha_3) \\[2mm] c_0 & \text{wenn} & F_6^{-1}(\alpha_3) \leqslant x_0 \end{cases}$$

ist sie konvex und man erhält als optimale Lösung[1]

---

1) Wenn $c_1 = 4c_0/3$, dann verläuft die Funktion im Intervall $\langle F_3^{-1}(\alpha_3), F_4^{-1}(\alpha_3)\rangle$ waagerecht und alle in diesem Intervall liegenden Werte von x_0 sind optimal. Analoges gilt für $c_1 = 2c_0$ und $c_1 = 4c_0$.

$$x_0^{*} = \begin{cases} F_3^{-1}(\alpha_3) & \text{wenn} & c_1 < 4c_0/3 \\[2ex] F_4^{-1}(\alpha_3) & \text{wenn} & 4c_0/3 < c_1 < 2c_0 \\[2ex] F_5^{-1}(\alpha_3) & \text{wenn} & 2c_0 < c_1 < 4c_0 \\[2ex] F_6^{-1}(\alpha_3) & \text{wenn} & 4c_0 < c_1 \end{cases}$$

__Modell 4__:[1]

$$c_0 x_0 + c_1 \bar{x}_1 \longrightarrow \min$$

$$P(x_0 + \tilde{x}_1 \geqslant \tilde{b}_1 + \tilde{b}_2 \mid b_1) \geqslant \alpha_4$$

$$x_0, \tilde{x}_1 \geqslant 0$$

Es gilt $\tilde{x}_1 = x_1(x_0, \tilde{b}_1)$. Die Wahrscheinlichkeitsrestriktion ist so zu interpretieren, daß sie für alle möglichen Ausprägungen b_1 (in allen möglichen Zuständen) mindestens mit Wahrscheinlichkeit α_4 erfüllt sein muß. Bezeichnet man die bedingte Verteilungsfunktion (für die bedingte Zufallsvariable $\tilde{z} \mid b_1$) mit $F_b(.)$, so erhält man auf der 2. Stufe (für jede Ausprägung b_1) das Problem

$$\tilde{x}_1 \longrightarrow \min$$

$$\tilde{x}_1 \geqslant F_b^{-1}(\alpha_4) - x_0$$

$$\tilde{x}_1 \geqslant 0$$

---

1) $\bar{x}_1$ bezeichnet den Erwartungswert der Zufallsvariablen $\tilde{x}_1 = x_1(x_0, \tilde{b}_1)$, wobei sich die Summierung bzw. Integration über alle möglichen Werte von $\tilde{b}_1$ erstreckt:

$$\bar{x}_1 = \int_{W(\tilde{b}_1)} x_1(x_0, b_1) f(b_1) db_1$$

Aus den Verteilungsannahmen für $\tilde{b}_1$ und $\tilde{b}_2$ folgt, daß die bedingte Zufallsvariable $\tilde{z}|b_1$ gleichverteilt ist im Intervall $\langle 2b_1-5,\ 2b_1+5 \rangle$. Die Inverse der Verteilungsfunktion ergibt sich dann mit $F_b^{-1}(\alpha_4) = 10\alpha_4 + 2b_1 - 5$. Als optimale Lösung des Problems der 2. Stufe erhält man nun

$$\tilde{x}_1^* = \begin{cases} 10\alpha_4 - 2b_1 - 5 - x_0 & \text{wenn} \quad b_1 \geqslant 0,5(x_0+5-10\alpha_4) \\[2ex] 0 & \text{wenn} \quad b_1 \leqslant 0,5(x_0+5-10\alpha_4) \end{cases}$$

Das Problem der 1. Stufe lautet dann

$$\psi(x_0) = c_0 x_0 + c_1 \overline{x}_1^* \longrightarrow \min$$

mit

$$\psi(x_0) = \begin{cases} (c_0-c_1)x_0 + c_1(10\alpha_4+145) \ \dots \ x_0 \leq 135+10\alpha_4 \\[2ex] c_0 x_0 + 0,025 c_1\ (155+10\alpha_4-x_0)^2 \ \dots \dots \\[1ex] \dots\ 135 + 10\alpha_4 \leq x_0 \leq 155 + 10\alpha_4 \\[2ex] c_0 x_0 \ \dots \dots \dots \ 155 + 10\alpha_4 \leq x_0 \end{cases}$$

Diese Funktion ist wegen $0 < c_0 < c_1$ konvex und hat ihr Minimum bei

$$x_0^* = 155 + 10\alpha_4 - 20c_0/c_1\ .$$

Es ist nun sinnvoll, dann von äquivalenten Modellen zu sprechen, wenn die optimalen Lösungswerte x_0^* übereinstimmen. Das starre Modell 1 mit totalen Restriktionen ist dann dem flexiblen Modell 4 äquivalent, wenn

$$F^{-1}(\alpha_1) = 155 + 10\alpha_4 - 20c_0/c_1\ .$$

Aus den Verteilungsannahmen über $\tilde{b}_1$ und $\tilde{b}_2$ folgt

$$F^{-1}(\alpha_1) = \begin{cases} 135 + 20\sqrt{\alpha_1} & \text{wenn } 0 \leq \alpha_1 \leq 0,25 \\ 140 + 20\,\alpha_1 & \text{wenn } 0,25 \leq \alpha_1 \leq 0,75 \\ 165 - 20\sqrt{1-\alpha_1} & \text{wenn } 0,75 \leq \alpha_1 \leq 1 \end{cases}$$

Somit ist Modell 1 dem Modell 4 äquivalent, wenn α_1 und α_4 im folgenden Verhältnis stehen:

$$\alpha_4 = 2\left[\sqrt{\alpha_1} - (1 - c_0/c_1)\right] \quad \text{falls} \quad 0 \leq \alpha_1 \leq 0,25$$

$$\alpha_4 = 2\,\alpha_1 - 1,5 + 2\,c_0/c_1 \quad \text{falls} \quad 0,25 \leq \alpha_1 \leq 0,75$$

$$\alpha_4 = 1 - 2\sqrt{1 - \alpha_1} + 2\,c_0/c_1 \quad \text{falls} \quad 0,75 \leq \alpha_1 \leq 1$$

Man sieht, daß auch in diesem einfachen Beispiel (mit konstanter Koeffizientenmatrix und konstanten Zielfunktionskoeffizienten) das Verhältnis der "äquivalenten" Sicherheitsniveaus von den Parametern der Zielfunktion[1] abhängt. Ferner ist erkennbar, daß keineswegs immer äquivalente Modelle existieren müssen. So folgt z.B. aus der Gleichung für den Fall $0 \leq \alpha_1 \leq 0,25$, daß nur dann ein $\alpha_4 > 0$ existiert, wenn $\alpha_1 > (1 - c_0/c_1)^2$, was wegen $\alpha_1 \leq 0,25$ gleichbedeutend ist mit $c_1 < 2c_0$. In analoger Weise können für andere Definitionsbereiche Bedingungen für die Existenz eines äquivalenten Sicherheitsniveaus α_4 $(0 < \alpha_4 < 1)$ gefunden werden.

---

1) Analoges ließe sich von den Koeffizienten der Entscheidungsvariablen in den Nebenbedingungen zeigen.

An diesem Beispiel läßt sich zeigen, daß nicht einmal gesagt werden kann, ob das unbedingte Sicherheitsniveau des starren Modells 1 höher oder niedriger sein soll, als das (für jeden Zustand, jede mögliche Ausprägung von $\tilde{b}_1$ geltende) bedingte Sicherheitsniveau des flexiblen Modells 4. Durch Betrachtung der drei Gleichungen kann man sich überzeugen, daß für $c_0/c_1 = 0,6$ dem Sicherheitsniveau

$\alpha_1 = 0,25$ das niedrigere Sicherheitsniveau $\alpha_4 = 0,2$ äquivalent ist, dem Sicherheitsniveau $\alpha_1 = 0,5$ aber das höhere Sicherheitsniveau $\alpha_4 = 0,7$. Es hängt also (ceteris paribus) von der absoluten Höhe des Sicherheitsniveaus ab, ob die unbedingten Sicherheitsniveaus höher oder niedriger als die bedingten sein sollen. Doch auch diese Aussage muß noch relativiert werden. Verändert man nämlich das Verhältnis c_0/c_1, so kann auch für gegebenes α_1 nicht mehr gesagt werden, ob das flexible Modell höhere oder niedrigere Sicherheitsniveaus erfordert. Für $\alpha_1 = 0,5$ gilt z.B. $\alpha_4 = 0,7$ falls $c_0/c_1 = 0,6$ und $\alpha_4 = 0,3$ falls $c_0/c_1 = 0,4$.

Wenn schon beim Vergleich der beiden extremen Modelle 1 und 4 nicht einmal die Tendenz der durch Verfeinerung des Zustandsraums erforderlichen Änderung der Sicherheitsniveaus festgestellt werden kann, so sind die Probleme beim Vergleich von beliebigen Zwischenstufen der Feinheit der Partitionierung des Zustandsraums noch größer. Um dies zu zeigen, werden für sieben ausgewählte Werte von α_1 die den Modellen 2 bis 4 entsprechenden äquivalenten Sicherheitsniveaus α_2 bis α_4 berechnet, indem die allgemeine Lösung für x_0 in Modell 1 gleichgesetzt wird den allgemeinen Lösungen für x_0^* in den Modellen 2 bis 4. Dazu benötigt man die Werte der inversen Verteilungsfunktionen $F_r^{-1}(\alpha)$ in den Zuständen $r = 1$ bis $r = 6$. Den Verteilungsannahmen für $\tilde{b}_1$ und $\tilde{b}_2$ entspricht

$$F_1^{-1}(\alpha_2) = \begin{cases} 135 + 10\sqrt{2\alpha_2} & \text{wenn } 0 \leqslant \alpha_2 \leqslant 0,5 \\ 155 - 10\sqrt{2(1-\alpha_2)} & \text{wenn } 0,5 \leqslant \alpha_2 \leqslant 1 \end{cases}$$

$$F_2^{-1}(\alpha_2) = F_1^{-1}(\alpha_2) + 10$$

und

$$F_3^{-1}(\alpha_3) = \begin{cases} 135 + 10\sqrt{\alpha_3} & \text{wenh } 0 \leqslant \alpha \leqslant 0,25 \\ 137,5 + 10\,\alpha_3 & \text{wenn } 0,25 \leqslant \alpha \leqslant 0,75 \\ 150 - 10\sqrt{1-\alpha_3} & \text{wenn } 0,75 \leqslant \alpha \leqslant 1 \end{cases}$$

$$F_4^{-1}(\alpha_3) = F_3^{-1}(\alpha_3) + 5$$

$$F_5^{-1}(\alpha_3) = F_3^{-1}(\alpha_3) + 10$$

$$F_6^{-1}(\alpha_3) = F_3^{-1}(\alpha_3) + 15$$

Für gegebenes α_1 wurden die äquivalenten Sicherheitsniveaus α_2 bis α_4 zuerst für $c_0/c_1 = 0,4$ berechnet (Tabelle 1), dann für $c_0/c_1 = 0,6$ (Tabelle 2).

Tabelle 1 ($c_0/c_1 = 0,4$):

α_1	α_2	α_3	α_4
0,2	-	-	-
0,25	0	0	-
0,4	0,045	0,09	0,1
0,5	0,125	0,25	0,3
0,6	0,245	0,45	0,5
0,75	0,5	0,75	0,8
0,8	0,6	0,844	0,906

Tabelle 2: $(c_0/c_1 = 0,6)$:

α_1	α_2	α_3	α_4
0,2	0,4	0,156	0,094
0,25	0,5	0,25	0,2
0,4	0,755	0,55	0,5
0,5	0,875	0,75	0,7
0,6	0,955	0,91	0,9
0,75	1	1	-
0,8	-	-	-

Diese Werte für die äquivalenten Sicherheitsniveaus zeigen die Problematik der Abschätzung der Veränderung der Sicherheitsniveaus bei fortlaufender Verfeinerung der Partitionierung des Zustandsraums: Man kann etwa aus dem Verhältnis $\alpha_1 > \alpha_4$ keineswegs schließen, daß fortlaufenden Verfeinerungen von $\overline{R}_t = R_t$ auch fortlaufende Senkungen der Sicherheitsniveaus entsprechen sollten. Vielmehr kann sich ergeben, daß zunächst Erhöhungen, später Senkungen vorgenommen werden sollten (dies zeigt z.B. der Fall $\alpha_1 = 0,25$ und $c_0/c_1 = 0,6$) oder, genau umgekehrt, zunächst Sekungen, später Erhöhungen (siehe $\alpha_1 = 0,4$ und $c_0/c_1 = 0,4$). Wenn also beim Vergleich von zwei Partitionen festgestellt wird, daß beim Übergang von der gröberen auf die feinere Partition der von $\overline{R}_t$ ausgehende Effekt (die Senkung des Sicherheitsniveaus) stärker zum Tragen kommt als der von R_t ausgehende Effekt (Erhöhung der Sicherheitsniveaus wegen Erhöhung der Flexibilität der Entscheidungsfunktionen), dann können daraus keinerlei Schlüsse gezogen werden, welcher Effekt beim Vergleich der äquivalenten Sicherheitsniveaus für beliebige Zwischenstufen der Feinheit der Gliederung des Zustandsraums überwiegt.[1]

---

1) Analoges gilt natürlich auch für den Fall $\alpha_1 < \alpha_4$, wie die Fälle $\{\alpha_1 = 0,5$ und $c_0/c_1 = 0,6\}$ und $\{\alpha_1 = 0,75$ und $c_0/c_1 = 0,4\}$ zeigen.

Für komplexere realistische Programme mit bedingten Wahrscheinlichkeitsrestriktionen ist daher zu erwarten, daß bei Betrachtung fortlaufender Verfeinerungen des Zustandsraums die entsprechenden äquivalenten Sicherheitsniveaus in unregelmäßiger Reihenfolge steigen und fallen werden. Die Schwierigkeit des Vergleichs der Sicherheitsniveaus für unterschiedliche Partitionierungen des Zustandsraums weist aber auch deutlich auf die generelle Problematik der Vorgabe von (bedingten) Sicherheitsniveaus für eine gegebene Zustandsraumgliederung hin. Es wurde gezeigt, daß hier nicht Wahrscheinlichkeitsüberlegungen weiterhelfen, sondern nur die Betrachtung des "Nutzens" bzw. der "Kosten bei Verletzung der Nebenbedingung". Bei diesen "Nutzenüberlegungen" wird man in der Regel nach Zuständen differenzieren müssen, auch wenn man noch nicht an die Beeinflussung dieses "Nutzens" durch das Aktionsprogramm denkt; doch das größte Problem liegt gerade in der Abschätzung der vom Aktionsprogramm ausgehenden Einflüsse. Wenn man nun, wie im allgemeinen zu vermuten sein wird, nicht in der Lage ist, den Einfluß einer durch <u>Veränderung</u> der Zustandsraumgliederung bewirkten Veränderung der Flexibilität der Entscheidungsvariablen abzuschätzen, wird man dann bei <u>gegebener</u> Partitionierung des Zustandsraums den entsprechenden Bewertungsprozeß durchführen können?

Die bisherigen Überlegungen beruhten auf der isolierten Betrachtung eines Zeitpunkts. Dadurch wurde das Problem der zeitlichen Interdependenz, der Abschätzung der Auswirkungen der im Modell nicht berücksichtigten Planrevisionen, umgangen. Wie schon beim starren Modell mit totalen Restriktionen scheint dieses Problem die anderen noch zu übersteigen. Zwar hat man im Modell mit bedingten Restriktionen eine gewisse Flexibilität der Entscheidungsfunktionen eingebaut und dadurch erreicht, daß die nicht explizit berücksichtigten Planrevisionen nicht so weit weg von den Modellwerten führen werden, wie im völlig starren Modell, doch bleibt die Struktur des Problems unverändert. Angesichts dieser schier unlösbaren Problematik der Vorgabe von

Sicherheitsniveaus wird im letzten Kapitel versucht, ein Modell zu entwickeln, in dem den Sicherheitsniveaus keine so zentrale Bedeutung wie hier zukommt.[1]

γ) "Strenge" und "Äquivalenz" von Modellen

Der Vergleich der Modelle 1 bis 4 kann auch als Illustration zur Problematik des Begriffs der "Strenge" des Modells gesehen werden. Man könnte zwar versuchen, diesen Begriff völlig unabhängig von den Entscheidungsvariablen zu sehen (also nur $\bar{R}_t$ betrachten bei gegebenem R_t)[2], doch ist es ebenso plausibel, zwei Modelle mit gleicher Partition $\bar{R}_t$, aber unterschiedlichen Entscheidungsfunktionen (unterschiedliche Partitionen R_t), als unterschiedlich streng zu betrachten. Es ist also die gemeinsame Betrachtung von $\bar{R}_t$ und R_t notwendig.[3] Wenn aber zwei Modelle mit unterschiedlichen Variablen betrachtet werden, sind weder die zulässigen Lösungsbereiche noch die Zielfunktionen unmittelbar miteinander vergleichbar.[4]

---

1) Das bedeutet natürlich ein teilweises Abrücken von der Konzeption des reinen Chance-Constrained Programming.

2) Vgl. die Überlegungen in Abschnitt α).

3) Dies auch, wenn keine direkte Koppelung dieser beiden Partitionen gegeben wäre.

4) Der in diesem Abschnitt diskutierte Vergleich hat Ähnlichkeiten mit dem früher behandelten Vergleich (II) des Modells mit strengem Zulässigkeitskriterium mit einem starren Modell mit unbedingten Wahrscheinlichkeitsrestriktionen. Hier wie dort werden Modelle mit unterschiedlichen Entscheidungsvariablen miteinander verglichen. Während jedoch beim Vergleich (II) das eine Modell sich vom anderen dadurch unterschied, daß es dem Aktionsraum einige Variablen hinzufügte, man also die Lösungswerte der den beiden Modellen gemeinsamen Variablen miteinander vergleichen konnte (die Unvergleichbarkeit der Zielfunktionen war auch dort gegeben!) unterscheiden sich hier in der Regel die Variablen aller Zeitpunkte, mit Ausnahme des Zeitpunkts O, voneinander. Man kann hier also gar keine Entscheidungssequenzen miteinander vergleichen (oder könnte dies nur unter erheblichen Interpretationsschwierigkeiten tun), sondern nur die sofort zu realisierenden Entscheidungsvariablen des Zeitpunkts O. Allerdings ist auch nur dieser Vergleich wichtig, wie die allgemeinen Überlegungen über die Bedeutung der flexiblen Planung zeigen.

Modell 2 mit $\alpha_2 = 1$ könnte man bezeichnen als Modell mit "strengem Zulässigkeitskriterium" auf Basis eines "vereinfachten Zustandsbaums". Für $c_0/c_1 = 0,6$ könnte das Problem geschrieben werden als[1]

$$0,6\ x_0 + 0,5\ (x_{11} + x_{12}) \longrightarrow \min$$

$$x_0 + x_{11} \geqslant 155$$

$$x_0 + x_{12} \geqslant 165$$

$$x_0,\ x_{11},\ x_{12} \geqslant 0$$

Es hat die optimale Lösung

$$x_0^* = 155 \qquad x_1^* = 0 \qquad x_{12}^* = 10$$

und den minimalen Zielfunktionswert 98. Dieses Problem ist äquivalent dem Modell 1 mit $\alpha_1 = 0,75$, das zur optimalen Lösung

$$x_0^* = 155 \qquad x_1^* = 0$$

und dem minimalen Zielfunktionswert 93 führt.

Aus dem Verhältnis der Zielfunktionswerte der beiden Modelle darf keinesfalls geschlossen werden, Modell 1 ($\alpha_1 = 0,75$) wäre "besser" als Modell 2 ($\alpha_2 = 1$). Der Unterschied kommt dadurch zustande, daß wegen unterschiedlicher Definition der Entscheidungsvariablen natürlich auch die Zielfunktionen unterschiedlich definiert sind. Genaugenommen handelt es sich um völlig verschiedene Zielfunktionen. Ihre Werte sind nicht miteinander vergleichbar!

---

[1] Man beachte, daß 155 und 165 die ungünstigsten Werte der bedingten Verteilungen sind:

$$W(\tilde{z} \mid b_1 \in \langle 70,75)) = (135,155)$$

$$W(\tilde{z} \mid b_1 \in \langle 75,80\rangle) = \langle 145,165\rangle.$$

Will man auch die Zielfunktionswerte sinnvoll miteinander vergleichen, so müssen alle möglichen Planrevisionen berücksichtigt werden. Zu beurteilen sind dann nicht zwei Modelle, sondern zwei Sequenzen von Modellen.[1] Für jede Sequenz von Modellen kann eine Zielfunktion definiert werden auf der Menge der tatsächlich realisierten Entscheidungsvariablen.[2] Da im hier betrachteten Beispiel für beide Modelle (also auch für beide Modellsequenzen) die Anfangsentscheidungen identisch sind ($x_0^* = 155$), müssen auch die beiden für die Modellsequenzen formulierten Zielfunktionen den gleichen Wert annehmen, wenn alle Planrevisionen in den beiden Fällen auf Basis "äquivalenter" Modelle ermittelt werden.[3] Es ist also durchaus sinnvoll, Modell 1 ($\alpha_1 = 0,75$) und Modell 2 ($\alpha_2 = 1$) als "gleich gut", als "äquivalent" zu bezeichnen.

---

1) Zum Problemkreis der Berücksichtigung von Planrevisionen vgl. Jacob (1974) und Inderfurth (1979). Beide Autoren zeigen die Wirkung von Planrevisionen am Beispiel von Modellen mit <u>strengem</u> Zulässigkeitskriterium.

2) Nimmt man im gegebenen Beispiel an, daß die Entscheidung $\tilde{x}_1$ zu treffen ist nach Realisation der Zufallsvariablen $\tilde{b}_1$ und vor Realisation der Zufallsvariablen $\tilde{b}_2$, so ist diese Zielfunktion zu definieren auf den Entscheidungsvariablen x_0 und $\{x_1(b_1) \mid b_1 \in W(\tilde{b}_1)\}$. Dies darf jedoch nicht mit der Zielfunktion von Modell 4, das ja auch auf den Entscheidungsfunktionen $\tilde{x}_1 = x_1(\tilde{b}_1)$ basierte, verwechselt werden. Hier ist der Wert $x_1(b_1)$ aus dem für Zustand b_1 formulierten Modell zu nehmen!

3) Diese Aussage ist trivial, da Bedingung für die Äquivalenz die Identität der im Planungszeitpunkt zu realisierenden Entscheidungen ist, nur diese Entscheidungen aber in der für die ganze Modellsequenz formulierten Zielfunktion berücksichtigt werden. Werden aber die bei beiden Modellen notwendigen Planrevisionen nicht auf Basis äquivalenter Modelle ermittelt, dann werden sich im allgemeinen die Ergebnisse der beiden Modellsequenzen voneinander unterscheiden, auch wenn die Anfangsentscheidungen im Zeitpunkt O gleich sind. Ein derartiger Vergleich von Modellsequenzen ist durchaus sinnvoll, kann aber nicht als Vergleich der beiden für den Zeitpunkt O formulierten Modelle betrachtet werden, da jeder "Vergleich" ein Messen der beiden Alternativen am gleichen

(Fortsetzung s. nächste Seite)

Das Beispiel zeigt aber auch, daß unter Berücksichtigung von Planrevisionen bei gegebenen Modellannahmen (Entscheidung $\tilde{x}_1$ ist zu treffen nach Realisation von $\tilde{b}_1$ aber vor Realisation von $\tilde{b}_2$; $c_0/c_1 = 0,6$) die Ausgangsbasis $x_0^* = 155$ nicht optimal sein kann, weil im entsprechenden Modell 4 (das für jeden im Zeitpunkt 1 erkennbaren Zustand eine Entscheidung vorsieht und somit alle Planrevisionen explizit berücksichtigt) kein äquivalentes Sicherheitsniveau α_4 ($0 \leq \alpha_4 \leq 1$) existiert.

Analoge Überlegungen lassen sich auch anstellen, wenn man annimmt, daß $\tilde{x}_1$ erst nach Realisation von $\tilde{b}_1$ <u>und</u> $\tilde{b}_2$ festgelegt werden muß,[1] also <u>alle</u> bisher dargestellten Modelle

---

Fortsetzung der Anm.

    Maßstab erfordert. Als Vergleich von Modell<u>sequenzen</u>, bestehend aus unterschiedlichen (also nicht <u>äquivalenten</u>) Teilmodellen sind die Untersuchungen von Jacob (1974) und Inderfurth (1979) anzusehen.

---

1) Es sei darauf hingewiesen, daß $\tilde{b}_1$ und $\tilde{b}_2$ keineswegs (wie dies vorher unterstellt wurde) als zeitlich aufeinanderfolgende Variablen aufgefaßt werden müssen. Unter der Annahme gleichzeitiger Realisierung der beiden Variablen $\tilde{b}_1$ und $\tilde{b}_2$ ist folgende mögliche Interpretation interessant: Es existiert eine gleichverteilte Indikatorvariable $\tilde{I}$. Die Verteilungen von $\tilde{b}_1$ und $\tilde{b}_2$ sind stochastisch unabhängig von der Verteilung dieser Indikatorvariablen, und zwar derart, daß jeder Ausprägung von $\tilde{I}$ eine und nur eine Ausprägung von $\tilde{b}_1$ entspricht (und zwar so, daß die unbedingte Verteilung von $\tilde{b}_1$ eine Gleichverteilung zwischen 70 und 80 ist) und eine Wahrscheinlichkeitsverteilung von $\tilde{b}_2|I$. Da jedem Element $I \in W(\tilde{I})$ genau ein Element $b_1 \in W(\tilde{b}_1)$ entspricht, kann auch $\tilde{b}_1$ als Indikatorvariable aufgefaßt und statt der Wahrscheinlichkeitsverteilung von $\tilde{b}_2|I$ die Wahrscheinlichkeitsverteilung von $\tilde{b}_2|b_1$ betrachtet werden. Auf die verschiedenen Interpretationsmöglichkeiten von $\tilde{b}_1$ und $\tilde{b}_2$ wird weiter unten noch zurückzukommen sein.

Vergröberungen des Problems darstellen. Man kann dann
ein Modell 5 formulieren, das die Entscheidungsfunktion
$\tilde{x}_1 = x_1(x_0,\tilde{z})$ explizit berücksichtigt und Erfüllung der
Nebenbedingungen für jede Ausprägung $z \in W(\tilde{z})$ (mit Sicherheit) verlangt.[1] Dieses Modell 5 ist offensichtlich ein
Modell des Typs (2.2.7 - 10), also ein zweistufiges Modell mit strengem Zulässigkeitskriterium. Der Vergleich
von unterschiedlich feinen Partitionierungen des Zustandsraums im Rahmen des Modells mit bedingten Wahrscheinlichkeitsrestriktionen (und $\bar{R}_t = R_t$) erstreckt sich mit Berücksichtigung von Modell 5 somit auch auf den Vergleich
von Modellen mit strengem Zulässigkeitskriterium mit (bestimmten) Modellen des Chance-Constrained Programming. Im
Auge zu behalten ist dabei die <u>spezielle</u> (durch $\bar{R}_t = R_t$
bedingte) Veränderung der Entscheidungsfunktion!

Dem Beispiel entsprechend ist <u>Modell 5</u> ($\alpha_5 = 1$) zu formulieren als[2]

---

1) Im hier betrachteten System des flexiblen Modells
   mit bedingten Wahrscheinlichkeitsrestriktionen und
   $\tilde{R}_t = R_t$ könnte man $\alpha_5 = 1$ schreiben. Jede andere
   Wahl der bedingten Sicherheitsniveaus wäre sinnlos,
   da jedem Zustand nur mehr eine einzige Ausprägung
   der Zufallsvariablen zugeordnet ist. (Alle $\alpha_5 > 0$
   wären äquivalent mit $\alpha_5 = 1$.)
2) Man beachte, daß sich die Zielfunktion von der Zielfunktion des Modells 4 unterscheidet, und zwar in der
   Definition des Erwartungswerts $\bar{x}_1$, für den hier gilt

$$\bar{x}_1 = \int_{W(\tilde{z})} x_1(x_0,z)f(z)dz.$$

   F(z) und f(z) bezeichnen Verteilungs- bzw. Dichtefunktion der Zufallsvariablen $\hat{z} = \tilde{b}_1 + \tilde{b}_2$.

$$c_0 x_0 + c_1 \bar{x}_1 \longrightarrow \min$$

$$x_0 + \tilde{x}_1 \geqslant \tilde{z}$$

$$x_0, \tilde{x}_1 \geqslant 0$$

mit $\tilde{x}_1 = x_1(x_0, \tilde{z})$. Die Nebenbedingung ist für jede Ausprägung $z \in W(\tilde{z})$ zu erfüllen. Der optimale Wert für die sofort zu treffende Entscheidung x_0^* ist gleich dem Minimum der Funktion

$$\psi(x_0) = c_0 x_0 + c_1 \bar{x}_1^*$$

wobei gilt[1]

$$\bar{x}_1^* = \begin{cases} 150 - x_0 \quad \dots \dots \dots \dots \quad x_0 \leqslant 135 \\[2mm] \displaystyle\int\limits_{x_0}^{165} (z - x_0) f(z)\,dz \quad \dots \quad 135 \leqslant x_0 \leqslant 165 \\[4mm] 0 \quad \dots \dots \dots \dots \quad 165 \leqslant x_0 \end{cases}$$

Die Funktion $\psi(x_0)$ ist wegen $0 < c_0 < c_1$ konvex und hat ihr Minimum im Intervall $(135,165)$. Notwendige Bedingung für das Minimum ist (in diesem Intervall!)

$$\frac{d\psi(x_0)}{dx_0} = c_0 - c_1 \cdot \int\limits_{x_0}^{165} f(z)\,dz = 0.$$

Das Integral gibt die Wahrscheinlichkeit an, mit der z im Intervall $\langle x_0, 165 \rangle$ liegt, und kann geschrieben werden als $1 - F(x_0)$. Für x_0^* erhält man so

$$x_0^* = F^{-1}(1 - c_0/c_1).$$

---

1) Vgl. die Lösung des Beispiels 1 aus Abschnitt 2.2.2.1.a.

Vergleicht man dies mit der Lösung von Modell 1, so ergibt
sich sofort, daß Modell 1 dem Modell 5 äquivalent ist, wenn
$\alpha_1 = 1 - c_0/c_1$.[1] Durch Vergleich mit den allgemeinen
Lösungen der anderen Modelle kann man die diesen Modellen
entsprechenden äquivalenten Sicherheitsniveaus ermitteln.
Die Ergebnisse sind in Tabelle 3 zusammengefaßt:

<u>Tabelle 3</u>

c_0/c_1	x_0^*	α_1	α_2	α_3	α_4
0,96	139	0,04	0,08	0,16	0,32
0,8	143,9	0,2	0,4	0,644	0,494
0,6	148	0,4	0,755	0,55	0,5
0,51	149,8	0,49	0,865	0,73	0,5
0,49	150,2	0,51	0,135	0,27	0,5
0,4	152	0,6	0,245	0,45	0,5
0,2	156,1	0,8	0,6	0,356	0,506
0,04	161	0,96	0,92	0,84	0,68

Zeilenweise Betrachtung dieser Tabelle zeigt wieder, wie
unterschiedlich sich Sicherheitsniveaus für fortlaufend
verfeinerte Zustandsraumgliederungen verhalten können,
wenn sie jeweils zur gleichen Entscheidung x_0^* führen sollen. Zweck dieser Betrachtung ist aber, zu demonstrieren,
wie wenig die Feinheit der Zustandsraumgliederung aussagen
kann über die Höhe jener Sicherheitsniveaus, die im Modell
mit bedingten Wahrscheinlichkeitsrestriktionen auf Basis
eines "vereinfachten Zustandsbaums" garantieren sollen, daß
es einem flexiblen strengen Modell (auf Basis eines "idealen Zustandsbaums"), das alle Planrevisionen berücksichtigt,
äquivalent ist.

---

1) Wegen $0 < c_0 < c_1$ gilt auch $0 < (1 - c_0/c_1) < 1$.

Bei diesem äußerst einfachen Demonstrationsbeispiel findet man zwar immer äquivalente Sicherheitsniveaus, doch ist auch hier eine Einschränkung zu machen: Es kann sein, daß das entsprechende äquivalente Sicherheitsniveau α_i im Modell i zu mehreren optimalen x_O^* führt, wobei jedoch nur einer dieser Werte dem optimalen x_O^* aus Modell 5 entspricht.[1] Dann jedoch kann man kaum mehr von äquivalenten Modellen sprechen.

Hingewiesen sei auch auf die Spalte α_2 der Tabelle 3. Für die gegebene Zustandsraumpartitionierung des Modells 2 wird hier dargestellt, wie die Sicherheitsniveaus vom entscheidenden Parameter des Modells, dem Quotienten c_O/c_1 beeinflußt werden. Mit fortlaufend sinkendem Quotienten c_O/c_1 steigen die Sicherheitsniveaus zunächst an bis $\alpha_2 = 0{,}865$, fallen dann plötzlich auf $\alpha_2 = 0{,}135$, um nun wieder stetig zu steigen bis $\alpha_2 = 0{,}92$. Dieser Bruch[2] bei $c_O/c_1 = 0{,}5$ ist leicht zu erklären, wenn man die allgemeine Lösung des Modells 2 für x_O^* betrachtet. Während für alle Werte $c_O/c_1 > 0{,}5$ die Höhe von x_O^* durch die bedingte Verteilungsfunktion $F_1(.)$ des Zustands 1 determiniert wird, wird sie für alle Werte $c_O/c_1 < 0{,}5$ durch die bedingte Verteilungsfunktion $F_2(.)$ des Zustands 2 bestimmt. Dies führt zu dem Bruch der Funktion $\alpha_2 = \alpha_2(c_O/c_1)$ an der

---

1) Dies ist z.B. der Fall für $c_O/c_1 = 0{,}5$. Aus Modell 5 erhält man dann $x_O^* = 150$. In Modell 2 mit $\alpha_2 = 0{,}875$ sind alle $x_O^* \in \langle 150,160 \rangle$ optimal, mit $\alpha_2 = 0{,}125$ alle $x_O^* \in \langle 140,150 \rangle$. Für <u>alle</u> $\alpha_2 \in \langle 0{,}125;0{,}875 \rangle$ erhält man einen Lösungs<u>bereich</u> für x_O^*, der $x_O^* = 150$ enthält.

2) Es sei daran erinnert, daß für $c_O/c_1 = 0{,}5$ das äquivalente Sicherheitsniveau nicht eindeutig bestimmbar ist.

Stelle $c_0/c_1 = 0,5.$[1] Eine entsprechende Beobachtung, die
analog begründet werden kann, macht man bei Modell 3. Hier
hat die Funktion $\alpha_3 = \alpha_3(c_0/c_1)$ Bruchstellen bei den
Werten $c_0/c_1 = 4/3$, $c_0/c_1 = 0,5$ und $c_0/c_1 = 4$. Innerhalb
dieser durch die Bruchstellen begrenzten vier Intervalle
verläuft die Funktion $\alpha_3 = \alpha_3(c_0/c_1)$ keineswegs ausge-
glichener, sondern vielmehr steiler als $\alpha_2 = \alpha_2(c_0/c_1)$.
Die Sensitivität des Sicherheitsniveaus in bezug auf
c_0/c_1 ist in Modell 3 also stärker als in Modell 2. Diese
spezielle Abhängigkeit entspricht natürlich der speziellen
Struktur des hier durchgerechneten Entscheidungsproblems.
Die Analyse dieses Modells sollte aber ganz allgemein klar
machen, wie empfindlich und "unberechenbar" (äquivalente)
Sicherheitsniveaus auf geringfügige Änderungen der Daten
des Modells reagieren können, wie wenig daher hohe bzw.
niedrige Sicherheitsniveaus als Ausdruck "strenger" bzw.
"lockerer" Modelle interpretiert werden können.

δ) Arten der Partitionierung des Zustandsraums

Schließlich läßt sich an diesem Beispiel noch demonstrieren, wie unterschiedlich verschiedene Methoden der Partitionierung des Zustandsraums wirken können. Geht man von
der Interpretation aus, daß $\tilde{x}_1$ tatsächlich erst nach Realisation von $\tilde{b}_1$ und $\tilde{b}_2$ festzulegen ist, also
$\tilde{x}_1 = x_1(x_0;\tilde{z}) = x_1(x_0;\tilde{b}_1,\tilde{b}_2)$, so beschreiben die Modelle
1 bis 4 eine ganz bestimmte Methode der Zustandsraumglie-
derung. Aus der Betrachtung der Nebenbedingung (Nebenbedingungen) des Modells geht hervor, daß $\tilde{x}_1$ für jedes

---

1) Für Modell 2 gilt $x_0^* = F_r^{-1}(\alpha_2)$. Wegen $F_1^{-1}(\alpha_2) <$
$F_2^{-1}(\alpha_2)$ (für alle α_2) muß im Fall $c_0/c_1 > 0,5$, in dem
$F_1(.)$ relevant ist, das Sicherheitsniveau α_2 höher
gewählt werden als im Fall $c_0/c_1 < 0,5$, wenn in beiden
Fällen der gleiche Wert x_0^* erreicht werden soll. Da nun
(vgl. Modell 5) einer fortlaufenden Senkung von
c_0/c_1 eine fortlaufende Erhöhung von x_0 entspricht, muß
an der Stelle $c_0/c_1 = 0,5$ (bzw. $x_0^* = 150$) ein Bruch in
der Funktion $\alpha_2 = \alpha_2(c_0/c_1)$ auftreten.

$z \in W(\tilde{z})$ eine Ausprägung $x_1(z)$ annehmen kann, diese Ausprägung aber nicht davon abhängen kann, auf welche Weise dieser Wert z erreicht wurde. (Dafür kommen unendliche viele Kombinationsmöglichkeiten von b_1 und b_2 in Betracht.) Spricht dies nicht dagegen, den Zustandsraum nur hinsichtlich der Variablen $\tilde{b}_1$ zu partitionieren?[1] Um dies zu beurteilen, seien noch zwei weitere Varianten betrachtet, Modell 6 und Modell 7, bei denen die Partitionierung direkt bei der Summenvariablen $\tilde{z}$ ansetzt, ohne darauf Bezug zu nehmen, wie sich die Werte $z \in W(\tilde{z})$ aus $b_1 \in W(\tilde{b}_1)$ und $b_2 \in W(\tilde{b}_2)$ zusammensetzen.

<u>Modell 6</u> unterscheidet zwei Zustände $r = 7, 8$ durch Teilung des Wertebereichs $W(\tilde{z})$ in $W_7(\tilde{z}) = \langle 135,150)$ und $W_8(\tilde{z}) = \langle 150,165 \rangle$. Beide Zustände haben somit die Eintrittswahrscheinlichkeit 0,5.[2] Die ihnen zugeordneten <u>bedingten</u> Verteilungsfunktionen der Zufallsvariablen $\tilde{z}$ werden mit $F_7(.)$ und $F_8(.)$ bezeichnet. Das Modell kann nun formuliert werden als

$$c_0 x_0 + 0,5 c_1 (x_{17} + x_{18}) \longrightarrow \min$$

$$P(x_0 + x_{17} \geqslant \tilde{z} \mid z \in W_7(\tilde{z})) \geqslant \alpha_6$$

$$P(x_0 + x_{18} \geqslant \tilde{z} \mid z \in W_8(\tilde{z})) \geqslant \alpha_6$$

$$x_0, x_{17}, x_{18} \geqslant 0$$

---

1) Bei diesem Beispiel hilft auch die Interpretation von $\tilde{b}_1$ als "Indikatorvariable" nicht weiter, da bei den gegebenen Nebenbedingungen der optimale Wert von $x_1(z)$ eben nicht davon abhängen kann, wie der Wert der Summenvariablen erreicht wurde.

2) Aus den Verteilungsannahmen für $\tilde{b}_1$ und $\tilde{b}_2$ folgt für $\tilde{z}$ die Verteilungsfunktion

$$F(z) = \begin{cases} (z - 135)^2/400 & 135 \leqslant z \leqslant 145 \\ (z - 140)/20 & 145 \leqslant z \leqslant 155 \\ 1 - (165 - z)^2/400 & 155 \leqslant z \leqslant 165 \end{cases}$$

Aus dieser Symmetrie der Verteilung von $\tilde{z}$ folgt unmittelbar $w_7 = w_8 = 0,5$.

und hat die Lösung[1]

$$
x_O^* = \begin{cases} F_7^{-1}(\alpha_6) & \text{wenn} \quad c_1 < 2c_O \\[2em] F_8^{-1}(\alpha_6) & \text{wenn} \quad c_1 > 2c_O \end{cases}
$$

Modell 7 unterscheidet die vier Zustände $r = 9,\ldots,12$, unterschieden durch die Wertebereiche $W_9(\tilde{z}) = \langle 135,145)$, $W_{10}(\tilde{z}) = \langle 145,150)$, $W_{11}(\tilde{z}) = \langle 150,155)$, $W_{12}(\tilde{z}) = \langle 155,165\rangle$. Aus der Verteilungsfunktion $F(.)$ der Zufallsvariablen $\tilde{z}$ folgt $w_9 = w_{10} = w_{11} = w_{12} = 0,25$. Die entsprechenden bedingten Verteilungsfunktionen werden wieder mit $F_9(.),\ldots,F_{12}(.)$ bezeichnet. Das Modell

$$
c_O x_O + 0,25 c_1 (x_{1,9} + x_{1,10} + x_{1,11} + x_{1,12}) \longrightarrow \min
$$

$$
P(x_O + x_{1r} \geqslant \tilde{z} \mid z \in W_r(z)) \geqslant \alpha_7 \qquad (r = 9,\ldots,12)
$$

$$
x_O, \; x_{1,9}, \ldots, x_{1,12} \geqslant 0
$$

hat die Lösung[2]

$$
x_O^* = \begin{cases} F_9^{-1}(\alpha_7) & \text{wenn} & c_1 < 4c_O/3 \\[1em] F_{10}^{-1}(\alpha_7) & \text{wenn} & 4c_O/3 < c_1 < 2c_O \\[1em] F_{11}^{-1}(\alpha_7) & \text{wenn} & 2c_O < c_1 < 4c_O \\[1em] F_{12}^{-1}(\alpha_7) & \text{wenn} & 4c_O < c_1 \end{cases}
$$

Der Unterschied zu den Lösungen von Modell 2 und 3 liegt also nicht in der Struktur der allgemeinen Lösungen für x_O^*, diese sind völlig identisch, sondern nur in den Werten der entsprechenden inversen bedingten Verteilungsfunktionen. Aus den Verteilungsannahmen für $\tilde{b}_1$ und $\tilde{b}_2$ errechnet man

---

1) Sie wird genauso wie in Modell 2 ermittelt.

2) Vgl. Modell 3.

$$F_7^{-1}(\alpha_6) = \begin{cases} 135 + 10\sqrt{2\alpha_6} & 0 \le \alpha_6 \le 0,5 \\ 140 + 10\,\alpha_6 & 0,5 \le \alpha_6 \le 1 \end{cases}$$

$$F_8^{-1}(\alpha_6) = \begin{cases} 150 + 10\,\alpha_6 & 0 \le \alpha_6 \le 0,5 \\ 165 - 10\sqrt{2(1-\alpha_6)} & 0,5 \le \alpha_6 \le 1 \end{cases}$$

$$F_9^{-1}(\alpha_7) = 135 + 10\sqrt{\alpha_7}$$

$$F_{10}^{-1}(\alpha_7) = 145 + 5\,\alpha_7$$

$$F_{11}^{-1}(\alpha_7) = 150 + 5\,\alpha_7$$

$$F_{12}^{-1}(\alpha_7) = 165 - 10\sqrt{1-\alpha_7}$$

Ermittelt man nun für Modell 6 und 7 wieder jene Sicherheitsniveaus, die zur selben Lösung für x_0^* führen, wie man sie für gegebenen Quotienten c_0/c_1 aus dem "idealen" Modell 5 erhält, so ist es aufschlußreich, sie den entsprechenden äquivalenten Sicherheitsniveaus der Modelle 2 und 3 gegenüberzustellen. Dies erfolgt in Tabelle 4:

Tabelle 4

c_0/c_1	x_0^*	α_2	α_6	α_3	α_7
0,96	139	0,08	0,08	0,16	0,16
0,8	143,9	0,4	0,4	0,644	0,8
0,6	148	0,755	0,8	0,55	0,6
0,51	149,8	0,865	0,98	0,73	0,96
0,49	150,2	0,135	0,02	0,27	0,04
0,4	152	0,245	0,2	0,45	0,4
0,2	156,1	0,6	0,6	0,356	0,2
0,04	161	0,92	0,92	0,84	0,84

Da sich die Lösungen von Modell 6 und 7 in ihrer Struktur nicht von den Lösungen der Modelle 2 und 3 unterscheiden, überrascht es nicht, daß die Funktionen $\alpha_6(c_O/c_1)$ und $\alpha_7(c_O/c_1)$ im wesentlichen so wie $\alpha_2(c_O/c_1)$ und $\alpha_3(c_O/c_1)$ verlaufen. Allerdings fällt auf, daß sie in den einzelnen Intervallen (zwischen den Bruchstellen) steiler verlaufen, die Differenzen an den Bruchstellen daher noch größer sind als bei α_2 und α_3. Die äquivalenten Sicherheitsniveaus α_6 und α_7 reagieren also sensibler auf Änderungen der Daten des Modells (auf c_O/c_1) als α_2 und α_3.

Die bei Modell 2 und 3 angewandte Methode der Zustandsraumgliederung (Partitionierung von $W(\tilde{b}_1)$) hat die Eigenschaft, daß den <u>einander ausschließenden</u> Zuständen <u>überlappende</u> Wertebereiche der Variablen $\tilde{z}$ entsprechen. Während in Modell 2 gilt $W_1(\tilde{z}) = \langle 135,155)$ und $W_2(\tilde{z}) = \langle 145,165 \rangle$, gilt für die ebenfalls gleichwahrscheinlichen Zustände 7 und 8 in Modell 6 $W_7(\tilde{z}) = \langle 135,150)$ und $W_8(\tilde{z}) = \langle 150,165 \rangle$.[1] Analoges läßt sich für die Modelle 3 und 7 zeigen. Da aber in <u>diesem</u> Beispiel der Wert der Entscheidungsfunktion x_1 nicht von b_1, sondern von z abhängen sollte, sind die "entscheidungsrelevanten Zustände" in Modell 2 und 3 nicht so klar unterschieden wie in Modell 6 und 7. Man wird daher vermuten, daß sich auch die zustandsbezogenen Entscheidungen in den Modellen 2 und 3, die eine "unscharfe Zustandsgliederung"[2] aufweisen, nicht so stark unterschieden werden wie in den Modellen 6 und 7 mit der "scharfen Zustandsgliederung". Tatsächlich erhält man z.B. für das Verhältnis $c_O/c_1 = 0,6$, dem die äquivalenten Sicherheitsniveaus $\alpha_2 = 0,755$ und $\alpha_6 = 0,8$ entsprechen, mit

---

1) In Modell 6 und 7 sind daher die bedingten Verteilungen von $\tilde{z}$ gestutzte Verteilungen von $\tilde{z}$.

2) Dies bezieht sich auf die "entscheidungsrelevanten Zustände"! Natürlich schließen die Zustände r = 1, 2 einander aus.

Modell 2 die optimale Strategie

$$x_0^* = 148 \qquad x_{11}^* = 0 \qquad x_{12}^* = 10 \, ,$$

mit Modell 6 aber

$$x_0^* = 148 \qquad x_{11}^* = 0 \qquad x_{12}^* = 10,678 .$$

Zweifellos ist bei Modell 6 der Unterschied der einzelnen
bedingten Entscheidungen stärker ausgeprägt als bei Modell 2.

Das Anstreben einer solchen Zustandsraumgliederung, die zu
möglichst deutlich voneinander unterschiedenen bedingten
Entscheidungen führt,[1] entspricht der Forderung nach Flexibilität der Planung.[2] Das Beispiel demonstriert zwei
Konsequenzen dieser Forderung:

(1) Je besser die Zustandsgliederung dieser Forderung entspricht, desto empfindlicher reagiert das Modell auf Datenänderungen (Datenfehlschätzungen).[3] In diesem Sinne könnte

---

1) Vgl. Hax (1976b), S. 139.

2) Die in diesem Abschnitt dargestellten Vergleiche äquivalenter Modelle sprechen nicht unbedingt gegen die Forderung nach flexibler Planung. Gerade weil es schwierig
ist, äquivalente Modelle zu finden, könnte man hoffen,
bei flexiblen Modellen bessere Ansatzpunkte zur Schätzung der Sicherheitsniveaus zu finden als bei starren
Modellen, die viel mehr Einflüsse nicht explizit berücksichtigen können.

3) Das kann als Folge der Tatsache angesehen werden, daß
die Höhe der Sicherheitsniveaus von der optimalen Lösung, von der Datenstruktur abhängen soll. Auch wenn man
von der im Beispiel gemachten Annahme, daß die Sicherheitsniveaus für alle Zustände gleich hoch sind, abgeht,
kommt man zu einer analogen Aussage: Da die Sicherheitsniveaus von der optimalen Lösung abhängen sollen, wird
einer stärkeren Differenzierung (im Sinne von Unterschied-
lichkeit) der bedingten Entscheidungen eine stärkere
Differenzierung der bedingten Sicherheitsniveaus entsprechen. Einerseits verbessert die deutlichere Differenzierung der Entscheidungen die Informationsbasis zur
Schätzung differenzierter Sicherheitsniveaus, anderer-

(Fortsetzung nächste Seite)

man sagen, daß im allgemeinen eine Erhöhung der Flexibilität des Modells zu einer Verminderung seiner Robustheit führt.

(2) Jede bestimmte Methode der Zustandsgliederung führt zu einem bestimmten Typ von Wahrscheinlichkeitsverteilungen. Im Beispiel führte die der flexiblen Planung besser entsprechende Methode der Gliederung des Zustandsraums zu gestutzten Verteilungen. Nun hat dieses Beispiel allerdings eine besonders einfache Struktur, da sich alle Zufallsvariablen einer Nebenbedingung ($\tilde{b}_1$ und $\tilde{b}_2$) zu einer einzigen Variablen $\tilde{z}$ zusammenfassen ließen, ohne die Entscheidungsfunktion zu Hilfe nehmen zu müssen. Deshalb konnte diese Variable $\tilde{z}$ der Entscheidungsfunktion $\tilde{x}_1$ gegenübergestellt und die Abhängigkeit analysiert werden. Wenn hingegen auch mit den Entscheidungsvariablen in den Nebenbedingungen Zufallsvariablen verknüpft sind, so können diese nicht zu einer einzigen Zufallsvariablen aggregiert werden, ohne die Entscheidungsfunktionen zur Hilfe zu nehmen.[1] Folglich ist es im allgemeinen nicht möglich, die Abhängigkeit der Entscheidungsfunktion von einer einzigen (eindimensionalen) Zufallsvariablen zu analysieren; die Zustandsraumgliederung kann nicht bei einer einzigen (eindimensionalen) Zufallsvariablen ansetzen. Man kann grundsätzlich zwei Methoden der Partitionierung anwenden:

(Fortsetzung der Anm. 3), S. 262)

   seits macht sie diese Differenzierung erst notwendig und erhöht dadurch die Sensitivität des Modells in bezug auf Datenänderungen, denn man muß ja nicht nur berücksichtigen, <u>daß</u> die Entscheidungen zustandsbezogen differenziert <u>sind</u>, sondern muß auch wissen, in welchem Zustand welches Niveau der Entscheidungsvariablen optimal sein wird.

---

1) Dadurch entsteht ja das für Modelle des Chance-Constrained Programming im allgemeinen charakteristische Problem, daß die Analyse einer Nebenbedingung nur über die Analyse der Variablen $\tilde{H}$, die von den Entscheidungsfunktionen abhängt, erfolgen kann. Vgl. dazu Abschnitt 2.2.3.1.

a) Man partitioniert die einzelnen Zufallsvariablen (bedingten Zufallsvariablen) einer Nebenbedingung[1] und
kann so jedem Zustand ein System von (bedingten) gestutzten Verteilungen zuordnen. Diese Methode entspricht
den Modellen 6 und 7.[2]

b) Man behandelt alle in einer Nebenbedingung auftretenden
Zufallsvariablen als stochastisch abhängig von einer im
Modell nicht direkt auftretenden "Indikatorvariablen" $\tilde{I}$
(oder von mehreren solchen Variablen), ordnet also jeder Ausprägung $I \in W(\tilde{I})$ entsprechende bedingte Wahrscheinlichkeitsverteilungen aller Zufallsvariablen der
Nebenbedingungen zu. Folglich kann man auch jeder Teilmenge von $W(\tilde{I})$, betrachtet als Zustand r, eine Menge
von bedingten Verteilungen (der Zufallsvariablen der Nebenbedingung) zuordnen. Für eine beliebige Variable $\tilde{z}$
der Nebenbedingung werden dann die Wertebereiche $W_r(\tilde{z})$
der entsprechenden bedingten Variablen einander überlappende Mengen bilden. Diese Methode entspricht den Modellen 2 und 3.

---

1) Dabei muß man allerdings stufenweise vorgehen. Man partitioniert eine bestimmte Variable, ordnet ihren "Teilen" die entsprechenden bedingten Verteilungen der rest-
lichen Zufallsvariablen dieser Nebenbedingung zu, partitioniert dann (für jeden "Teil" der ersten Variablen)
eine dieser bedingten Variablen, ordnet dann jeder Kombination einer gestutzten Verteilung der ersten Variablen
und einer gestutzten Verteilung der zweiten (bedingten)
Variablen die nun wieder neu zu berechnenden bedingten
Verteilungen der verbleibenden Variablen zu, usw. Jedem
Zustand entspricht dann ein System von gestutzten bedingten Verteilungen. (Betrachtet man allerdings eine
beliebige unbedingte Variable $\tilde{v}$, so werden die den einzelnen Zuständen r zugeordneten Wertebereiche $W_r(\tilde{v})$ einander überlappende Mengen bilden!).

2) Rein formal entspricht dies zwar den Modellen 2 und 3,
wenn man $\tilde{b}_1$ und $\tilde{b}_2$ isoliert betrachtet. Dies soll hier
jedoch nicht geschehen, da es zur Bestimmung des Niveaus
der Entscheidungsvariablen völlig belanglos ist, ob
eine Änderung von $\tilde{z}$ durch eine Änderung von $\tilde{b}_1$ oder $\tilde{b}_2$
verursacht wird.

Da der Wert der Entscheidungsfunktionen immer nur direkt
von den Variablen der Nebenbedingungen und nicht vom Wert
der "Indikatorvariablen" abhängen kann,[1] bietet die Methode a) zweifellos eher als Methode b) bei vergleichbarer
"Feinheit" der Partitionierung Gewähr dafür, daß sich die
zustandsbezogenen Entscheidungsvariablen möglichst deutlich
voneinander unterscheiden. Methode a) ist auch hinsichtlich
des Problems der zeitlichen Interdependenz der Methode b)
vorzuziehen, da wegen des im allgemeinen geringeren "Streu-
bereichs" der gestutzten Verteilungen die nicht explizit
berücksichtigten Planrevisionen nicht so sehr von den Modellwerten abweichen werden wie bei b).

Trotzdem wird man im Hinblick auf die Praktikabilität des
Modells eher Methode b) anwenden, weil die gestutzten Verteilungen erhebliche rechentechnische Schwierigkeiten verursachen.[2] Meist wird auch die Erhebung des Datenmaterials,
die Ermittlung der (gemeinsamen) Wahrscheinlichkeitsverteilung der Variablen des Modells über die Hilfskonstruktion einer oder mehrerer Indikatorvariablen erfolgen müssen.
Dies erscheint als sinnvolle Methode zur Vorgabe der Grob-
struktur der vielfältigen stochastischen Abhängigkeiten.
Ohne derartige Anhaltspunkte wird es in Investitionsmodel-
len kaum gelingen, derart komplexe vieldimensionale Wahrscheinlichkeitsverteilungen sinnvoll vorzugeben. Das Problem der Praxis liegt natürlich in der Ermittlung geeigneter Indikatorvariablen.[3]

---

1) Diese Überlegung basiert auf der Annahme der "Indikatorvariablen" als Hilfskonstruktion. Das heißt, daß alle
   zeitlichen Veränderungen des Informationsstands durch
   die Variablen der Nebenbedingungen erfaßt werden können,
   daß also von den "Indikatorvariablen" eines bestimmten
   Zeitpunkts t insbesondere kein Einfluß auf den im Zeitpunkt t gegebenen Informationsstand über die Verteilung
   von Zufallsvariablen späterer Zeitpunkte ausgeht, der
   nicht auch durch die Variablen der Nebenbedingung t zum
   Ausdruck gebracht wird.

2) Vgl. Abschnitt 2.2.3.1.a.

3) Vgl. auch Hax (1976b), S. 139 f.

3. Konsequenzen für die Formulierung der Liquiditäts- restriktionen des Investitionsmodells

In Verallgemeinerung der Liquiditätsnebenbedingungen (1.3) des Sicherheitsmodells wurde von Laux (1971) vorgeschlagen, für jeden möglichen Umweltzustand eine Nebenbedingung zu formulieren, wobei auch die Entscheidungsvariablen des Sicherheitsmodells durch zustandsabhängige Entscheidungsfunktionen ersetzt werden.[1] Dieses Vorgehen entspricht einer Anwendung der auf Dantzig (1955, S. 204) zurückgehenden Methode der mehrstufigen stochastischen Programmierung mit strengem Zulässigkeitskriterium auf das Problem der simultanen Planung von Investition und Finanzierung. Wegen der Komplexität des Problems (der Verzweigtheit des "Zustandsbaums") ist es im allgemeinen nicht möglich, dieses Modell exakt zu lösen; es bedarf daher der Vereinfachung (Laux, 1971, S. 78).

Hax (1976b) schlug vor, die Entscheidungsfunktion gemäß (2.2.51) zu vereinfachen, so daß nicht mehr allen möglichen Zuständen, sondern nur mehr Gruppen von Zuständen unterschiedliche Werte zugeordnet werden, und auch für jede dieser Gruppen nur je eine Nebenbedingung zu formulieren, deren Einhaltung aber nur mehr mit gewisser Wahrscheinlichkeit gefordert wird. Dieses Modell auf Basis eines "vereinfachten Zustandsbaums"[2] sieht somit für den Zeitpunkt t eine Gruppe von bedingten Wahrscheinlichkeitsrestriktionen vor, die in Anlehnung an (2.2.56,r) geschrieben werden können als[3]

---

1) Siehe (2.2.31,t).

2) Hax (1976a), S. 171.

3) Vgl. Hax (1976a), S. 158, und Abschnitt 2.2.3.2.2.a) dieser Arbeit. Das Modell ist ohne Schwierigkeiten erweiterbar auf Entscheidungsfunktionen des Typs (2.2.51a), die eine projektabhängige Zustandsraumpartitionierung vorsehen, was natürlich eine Trennung dieser Partitionen von jenem System von Partitionen vorsieht, auf dem die bedingten Wahrscheinlichkeitsrestriktionen errichtet werden. Auf eine formelmäßige Darstellung wird hier verzichtet; die im weiteren vor-

(Fortsetzung s. nächste Seite)

$$(3.1,t) \qquad P\left[\sum_{j\,\in\,K_r'} \tilde{A}_{jr}x_j + \overset{(\sim)}{D}_r \leq \tilde{B}_r\right] \geqslant \alpha_r \qquad (r \in R_t)$$

wobei für $r \in R_t$ definiert ist

$\tilde{a}_{jr(t')}$ Auszahlung des Projekts j im Zustand $r(t') \in R_{t'}$; das ist jener Zustand, der im Zeitpunkt t' dem Zustand $r \in R_t$ ($t' \leq t$) "vorausgeht", der diesen Zustand (dieses Ereignis) enthält. Diese Zufallsvariable ordnet jedem im Zustand $r(t')$ enthaltenen Zustand $z \in Z_{t'}$ einen Wert zu.

$\overset{(\sim)}{d}_{r(t')}$ Entnahme[1] im Zustand $r(t') \in R_{t'}$

$\tilde{b}_{r(t')}$ Entscheidungsunabhängige Einzahlung im Zustand $r(t') \in R_{t'}$

$$\tilde{A}_{jr} := \sum_{t'=0}^{t} \tilde{a}_{jr(t')} \qquad\qquad \overset{(\sim)}{D}_r := \sum_{t'=0}^{t} \overset{(\sim)}{d}_{r(t')}$$

$$\tilde{B}_r := \sum_{t'=0}^{t} \tilde{b}_{r(t')}$$

(Fortsetzung der Fn. 3) der Vorseite)

    genommene Interpretation des Modelles und die Schlußfolgerungen bleiben davon unberührt. Im allgemeinen ist allerdings aus rechentechnischen Gründen nur an solche Varianten des Modells zu denken, die formal einem starren Chance-Constrained Programm entsprechen (siehe Formulierung $(2.2.62,\bar{r})$).

---

1) Die Tilde $\sim$ wird hier in der Regel wegfallen können. Sind die Entnahmen Entscheidungsvariablen, so wird man sie nicht flexibler planen als die übrigen Entscheidungsvariablen für Investitions- und Finanzierungsmöglichkeiten. Sind die Entnahmen jedoch vorzugebende Parameter, ist es denkbar, jedem Zustand $z \in Z_t$ einen anderen Wert zuzuordnen.

Während im Sicherheitsmodell und im flexiblen stochastischen Modell mit strengem Zulässigkeitskriterium die
Liquiditätsnebenbedingungen nur fordern, daß in jedem
Zeitpunkt (Zustand) die Summe der <u>in diesem Zeitpunkt</u>
(Zustand) anfallenden Ein- und Auszahlungen (also der
Periodensaldo, die Kassenbestandsveränderung) Null sein
muß, da auch bei Formulierung als Ungleichung der optimalen Lösung in jeder Periode ein Kassenbestand von Null
entspräche[1], ist im Modell des Chance-Constrained Programming die Nichtnegativitätsbedingung nicht vom Periodensaldo[2] im Zustand r $(r \in R_t)$, sondern vom Kassenbestand, definierbar als Summe der Periodensalden der Zustände r(0), r(1), ..., r(t-1), r $(r.\in R_t)$, zu erfüllen.[3] Daß diese Kassenbestände in den meisten Zuständen
$z \in Z_t$ nicht Null sein werden, liegt daran, daß die Entscheidungsfunktionen in bezug auf den Zustand r starr geplant sind.

Bei diesem von Hax vorgeschlagenen Investitionsmodell handelt es sich um einen typischen Fall der Interpretation
des Modells mit Wahrscheinlichkeitsbeschränkungen als Ersatz für ein flexibles mehrstufiges Modell mit strengem
Zulässigkeitskriterium; zwar wurde die Flexibilität der
Entscheidungsfunktion $\tilde{x}_t$ nicht ganz beseitigt, aber sie
wurde eingeschränkt.[4] Das entscheidende Problem der Berücksichtigung der Konsequenzen der Vereinfachung des
Modells bei der Festsetzung der Höhe der Sicherheits-

---

1) Voraussetzung ist nur, daß in jedem Zeitpunkt (jedem
   Zustand) eine rentable Anlagemöglichkeit in unbegrenzter Höhe besteht, die natürlich immer der Kassenhaltung vorzuziehen sein wird. Ist dies nicht der Fall,
   kann Kassenhaltung (Anlage zum Zinsfuß 0) als Variable
   eingeführt werden. (Siehe z.B. Hax, 1976a, S. 87).

2) Der Periodensaldo (:= Kassenbestandsveränderung) sei
   definitionsgemäß im Fall eines Einzahlungsüberschus-
   ses positiv.

3) Vgl. zu diesem Problem auch Haegert (1970), S. 107 ff.

4) Vgl. hierzu Abschnitt 2.2.3.1.b (3) "Vergleich
   (II)...".

niveaus ist aber, wie diese Untersuchung zeigte, praktisch unlösbar.[1] Bei der Analyse des Problems der Sicherheitsniveaus in flexiblen Modellen wurde von der isolierten Betrachtung eines Zeitpunkts ausgegangen. Die hier diskutierten Probleme werden aber noch überdeckt vom Problem der zeitlichen Interdependenz, von den Auswirkungen der nicht berücksichtigten Planrevisionen auf den Entscheidungsspielraum der Folgeperiode.[2] Es ist zwar richtig, daß im Vergleich zu einem völlig starren Modell diese Problematik im Modell auf Basis eines vereinfachten Zustandsbaums mit den Nebenbedingungen (3.1) abgeschwächt ist,[3] doch bleibt die Struktur des Problems unverändert.[4] Schließt man, wie hier, die Erhöhung der Flexibilität des Modells aus,[5] so sind die Sicherheitsniveaus nicht nur hinsichtlich der im betreffenden Zustand gegebenen Zielvorstellungen zu beurteilen, sondern vor allem hinsichtlich der Auswirkungen der durch sie induzierten Planrevisionen auf den Entscheidungsspielraum der Folgeperioden.[6]

---

1) Angenommen, es existiert überhaupt ein äquivalentes Chance-Constrained Modell, soll dieses ja gefunden werden, ohne das nicht vereinfachte Problem explizit zu lösen.

2) Vgl. Hax/Laux (1969), S. 257; Hax (1976a), S. 184; und Abschnitt 2.2.3.1.b (4) dieser Arbeit.

3) Hax (1976a), S. 186.

4) Nach wie vor wird das Modell in den einzelnen Zuständen Kassenbestände vorsehen, die tatsächlich nicht gebildet werden. Ändert man das Modell so, daß diese "Kassenbestände" verringert werden, dann verringert sich zwar die Zahl der nicht berücksichtigten Planrevisionen zur Beseitigung dieser Kassenbestände, es erhöht sich aber die Zahl der Planrevisionen, die wegen Unterdeckungen notwendig werden.

5) Zweck dieser Untersuchung ist ja gerade die Beurteilung von Modellen mit verringerter Flexibilität. Es sei aber auch darauf hingewiesen, daß im Rahmen des Chance-Constrained Programming nur Entscheidungsfunktionen mit eingeschränkter Flexibilität sinnvoll sind (siehe hierzu 2.2.3.2.1.b und 2.2.3.2.2.b (1)).

6) Genauer formuliert: Die Höhe der im Modell für die einzelnen Zustände vorzugebenden Zielniveaus hängt vor allem auch von der geschätzten Auswirkung dieser Planrevisionen ab.

Auch für das flexible Modell mit bedingten Wahrscheinlichkeitsrestriktionen gilt daher die in 2.2.3.1.b(4) formulierte Aussage, daß bei Sicherheitsniveaus in "mittlerer Höhe" (etwa O.5) am ehesten ein Ausgleich der beiden Arten von Planrevisionen (solcher wegen Überdeckungen und solcher wegen Unterdeckungen) zu erwarten ist,
daß also die auf Basis solcher Sicherheitsniveaus ermittelten Aktionen am ehesten eine gute Beschreibung des
Entscheidungsspielraums der Folgeperioden gewährleisten.
Dadurch nähert sich aber das Modell des Chance-Constrained
Programming der Planung auf Basis von Erwartungswerten,[1]
wobei hier natürlich die bedingten Erwartungswerte in
bezug auf die Zustände $r \in R_t$ gemeint sind. Es erscheint
daher durchaus sinnvoll, das Modell so radikal zu vereinfachen, daß in den Nebenbedingungen (3.1,t) alle Zufallsvariablen durch Erwartungswerte ersetzt werden und die
Forderung $P(...) \geqslant \alpha_r$ wegfällt.[2] Da diese Nebenbedingungen dann die Struktur des Sicherheitsmodells bzw. der
Nebenbedingungen (2.2.31,t) des von Laux vorgeschlagenen flexiblen Modells mit strengem Zulässigkeitskriterium
haben, kann auch wieder auf die Kumulierung der Zahlungen
verzichtet werden; es genügt wieder, die Liquiditätsnebenbedingungen nicht für die Kassenbestände, sondern nur
für die Periodensalden zu formulieren, denn es ist wieder
zulässig, die Ungleichung durch eine Gleichung zu ersetzen. An die Stelle von (3.1.,t) tritt dann

$$(3.2.A,t) \qquad \sum_{j \in K'_r} \bar{a}_{jr} x_j + \overset{(-)}{\bar{d}}_r = \bar{b}_r \qquad (r \in R_t).$$

---

1) Exakt stimmt diese Aussage z.B. bei Normalverteilungen.
Es gilt dann $\phi^{-1}(O,5) = O$ und die Nebenbedingung
(2.2.36,t) wird reduziert auf die Forderung $\mu_t \leqslant O$.

2) Die Exaktheit des vereinfachten Modells wird natürlich
nicht nur dadurch beschränkt, daß für beliebige Verteilungen ein Sicherheitsniveau von O,5 nicht genau
zur Planung mit Erwartungswerten führt, sondern vor
allem auch dadurch, daß die Aussage über den "Ausgleich"
der beiden Arten von Planrevisionen sehr unscharf ist.
Bedenkt man jedoch die nahezu unlösbare Problematik
der exakten Festsetzung der Sicherheitsniveaus und dazu

(Fortsetzung s. nächste Seite)

Ein Modell mit Nebenbedingungen dieses Typs ist einem
völlig starren Chance-Constrained Modell vorzuziehen,
da es Entscheidungsfunktionen des Typs (2.2.51) vorsieht.[1]
Es ist auch zu vermuten, daß es das Problem der zeitlichen
Interdependenz der Entscheidungen besser beschreibt als
das von Hax vorgeschlagene Modell mit Nebenbedingungen
des Typs (3.1) mit hohen Sicherheitsniveaus.[2] Der Grundgedanke dieser Überlegungen ist die Forderung nach Bestimmung (Schätzung) der erst in Zukunft zu realisierenden Entscheidungen auf Basis möglichst guter Schätzungen
der dann gegebenen Entscheidungssituationen.[3]

Der ins Auge fallende Nachteil dieses Modells liegt aber
darin, daß kaum etwas ausgesagt werden kann über die
Einhaltung der Liquidität. Das diesem Modell (im Rahmen
von Äquivalenzüberlegungen) entsprechende Sicherheitsniveau von etwa O,5 heißt aber keineswegs, daß in etwa
50 % der Fälle Illiquidität eintreten wird; vielmehr wird
man in diesen Fällen entsprechende Planrevisionen vornehmen, um die Zahlungsfähigkeit zu erhalten. Zwar ist nicht
gesichert, daß dies immer gelingt, aber die tatsächliche
Wahrscheinlichkeit der Illiquidität, die tatsächliche
"Konkurswahrscheinlichkeit", ist sicher sehr viel niedriger als O,5. Um wieviel diese Wahrscheinlichkeit unter
O,5 liegt, das hängt von den dann möglichen Anpassungsmaßnahmen ab, also vom Grad der Vereinfachung des Modells,

---

(Fortsetzung der Fn. 2) der Vorseite)

    die erhebliche rechentechnische Vereinfachung, die
    durch das Abgehen vom Modell des Chance-Constrained
    Programming erreicht wird, erscheint das Rechnen mit
    Erwartungswerten durchaus als gute Lösung.

---

1) Bei fiktiven Sicherheitsniveaus kann das Modell durchaus als flexibles Modell des Chance-Constrained Programming interpretiert werden!

2) Die Empfehlung hoher Sicherheitsniveaus ist typisch für
   die meisten Modelle des Chance-Constrained Programming
   (vgl. z.B. Schweim, 1969, S. 158); sie findet sich
   auch bei Hax (1976a, S. 187).

3) Siehe auch Abschnitt 1.3.

vom Grad der Flexibilität.[1]

Will man in diesem Modell bestimmte Mindestwahrscheinlichkeiten für die Erhaltung der Zahlungsfähigkeit verlangen, so sind die möglichen Planrevisionen zu berücksichtigen. Eine Erhöhung der Flexibilität ist hier annahmegemäß ausgeschlossen,[2] aber es kann in jeder Periode
getestet werden, ob genügend Reserven vorhanden sind.
Das bedeutet die Beurteilung noch nicht ausgeschöpfter
Kreditspielräume und das Ausschöpfen von überhaupt noch
nicht im Modell erfaßten Kreditmöglichkeiten. Zusätzlich
ist zu berücksichtigen, daß man in jenen Zuständen, in
denen Liquiditätsmangel herrscht, nicht alle geplanten
Investitionsprojekte realisieren wird, eventuell auch
Desinvestitionen vornehmen wird. Nach Berücksichtigung
all dieser Modifikationen wird es sinnvoll sein, eine hohe
Wahrscheinlichkeit für die Zahlungsfähigkeit zu verlangen.
Es bietet sich daher an, zusätzlich zu den (im weiteren
als Nebenbedingungen der Gruppe A bezeichneten) Nebenbedingungen (3.2.A,t) im Zeitpunkt t die Erfüllung der
(als Nebenbedingungen der Gruppe B bezeichneten) folgenden
Nebenbedingungen zu verlangen:[3]

---

1) Vgl. hierzu die Überlegungen zur Abhängigkeit der Sicherheitsniveaus vom Grad der Flexibilität des Modells
   in Abschnitt 2.2.3.2.1.b und 2.2.3.2.2.b. Gerade bei
   sehr grob gegliedertem Zustandsraum spricht die geringe Flexibilität der Entscheidungsfunktionen für relativ niedrige Sicherheitsniveaus; dies ist aber nur die
   eine Seite des Problems (siehe Abschnitt 2.2.3.2.2.b(3))!

2) Es geht ja um die Beurteilung von Modellen mit verringerter Flexibilität!

3) Ein ähnlicher Vorschlag der Planung mit Erwartungswerten und Formulierung von Wahrscheinlichkeitsrestriktionen für um Reserven erweiterte Liquiditätsnebenbedingungen findet sich bei Pogue/Bussard (1972) zur kurz-
   fristigen Finanzplanung mit dem Ziel der Bestimmung der
   optimalen Struktur der Liquiditätsreserve. Eine gewisse Ähnlichkeit besteht auch mit der für ein Modell der
   optimalen Lastverteilung im Kraftwerksverbund vorgeschlagenen Methode, Wahrscheinlichkeitsrestriktionen
   nur für die Reservebedingungen zu formulieren (Wiebking, 1977, S. B 210 f.).

$$(3.2.B,t) \qquad P\left[\sum_{j \,\in\, K'_{r(t-1)}} \tilde{a}_{jr}x_j + \sum_{j \,\in\, J''_r} \tilde{a}_{jr}x_j \leq \tilde{b}_r\right] \geq \alpha_r$$

$$(r \,\in\, R_t)$$

Die erste Summe umfaßt alle Entscheidungsvariablen, die in den dem Zustand $r \in R_t$ vorausgehenden Zuständen $r(0),\ldots,r(t-1)$ realisiert wurden.[1] Die zweite Summe umfaßt alle Aktivitäten, die im Zustand r des Zeitpunkts t ergriffen werden (können). Die Projekte, die in den Nebenbedingungen der Gruppe A dem Zustand $r \in R_t$ zugeordnet werden, sind in der Indexmenge J'_r ($r \in R_t$) enthalten. Sie dürfen in die Nebenbedingungen der Gruppe B nur dann übernommen werden, wenn sie "unentbehrlich"[2] sind; alle Projekte, auf die man im Interesse der Einhaltung der Zahlungsfähigkeit (mit Wahrscheinlichkeit α_r!) verzichten kann, sind zu entfernen. Hinzu kommen neue Variablen für in den Nebenbedingungen der Gruppe A noch nicht berücksichtigte Kreditmöglichkeiten, Ausschöpfung der in der Gruppe A noch offenen Kreditspielräume, neue Desinvestitionsvariablen.[3] Die so modifizierte Indexmenge der dem Zustand $r \in R_t$ zugeordneten Entscheidungsvariablen wird mit J''_r bezeichnet. Meist ist anzunehmen, daß in dieser Menge keine Entnahmen enthalten sein werden.

Entscheidend ist, daß die Variablen, die der (vorher reduzierten) Menge J'_r hinzugefügt werden, weder in den Nebenbedingungen der Gruppe A, noch in der Zielfunktion aufscheinen. Es geht also nicht um Bewertung dieser zu-

---

1) Gemäß Definition von K'_r ist $K'_{r(t-1)}$ die Menge der dieser Zustandsfolge zugeordneten Variablen.

2) Auf die darin liegende Problematik wird noch zurückzukommen sein.

3) Zusätzlich notwendig sind natürlich Ganzzahligkeitsbedingungen, welche die Abhängigkeit zwischen Investitionsvariablen und Desinvestitionsvariablen beschreiben.

sätzlichen Maßnahmen; es geht auch nicht darum, die Auswirkungen dieser Maßnahmen auf die Folgeperioden abzuschätzen.[1] In den Nebenbedingungen der Gruppe B wird nur getestet, ob genügend Entscheidungsspielraum vorhanden ist, um die Liquidität (mit Wahrscheinlichkeit α_r!) zu erhalten. Es ist z.B. durchaus möglich, daß bei isolierter Optimierung des Modells, das nur die Nebenbedingungen der Gruppe A enthält, alle Entscheidungsvariablen so festgelegt würden, daß auch die Nebenbedingungen der Gruppe B erfüllt wären. Nur wenn dies nicht der Fall ist, erzwingen die Nebenbedingungen B eine entsprechende Änderung der in A enthaltenen Entscheidungsvariablen.

Der Verzicht auf Bewertung ermöglicht es, mit relativ wenig Variablen auszukommen. So braucht man verschiedene Kreditarten nicht nach ihren Kosten zu trennen; es genügt in der Regel eine einzige Kreditvariable und eine einzige Obergrenzenrestriktion, wobei die Obergrenzen der einzelnen Kreditarten zu addieren sind.[2] Es handelt sich hier

---

1) Dieser Problematik der Auswirkung auf die Folgeperioden wird durch die Nebenbedingungen der Gruppe A Rechnung getragen. Der Grundgedanke dieser Konzeption ist ja, daß auf Basis von Erwartungswerten festgelegte Entscheidungsvariablen die Entscheidungssituation in den Folgeperioden besser beschreiben können. Eine Übernahme der "Folgekosten" der "Notmaßnahmen" in die Nebenbedingungen der späteren Zeitpunkte wäre nur sinnvoll, wenn auch die Anlage der Überschüsse explizit berücksichtigt würde. Analoges gilt für die Zielfunktion.

2) Werden z.B. in der einem Zustand $r \in R_t$ zugeordneten Nebenbedingung der Gruppe A zwei Kreditarten, charakterisiert durch die Indizes $j = 1,2$ (durch den Projektindex $j \in J_r'$ ist wegen $r \in R_t$ auch der Zustand festgelegt), berücksichtigt und gibt es zusätzlich noch drei nicht berücksichtigte Kreditarten, die unterschiedlich hohe Kosten verursachen, so werden die Indizes $j = 1,2$ nicht in die Indexmenge J_r'' übernommen, dafür wird für die Nebenbedingung der Gruppe B eine neue Variable x_3 ($3 \in J_r''$, $3 \notin J_r'$) definiert, für die die Obergrenzenrestriktion $x_3 \leqslant g_3$ einzuhalten ist, wobei g_3 die Summe der Obergrenzen für alle 5 Kreditarten darstellt. Die unterschiedlich hohen Kreditkosten sind belanglos.

also nicht um eine Planung der Struktur der Liquiditätsreserve, sondern nur um einen Test, ob "im Notfall" ausreichend hohe Mittel vorhanden sein werden.[1] Insofern
besteht eine Ähnlichkeit mit der Einhaltung von Bilanz-
struktur-Normen.[2]

Für das Modell, das nur die Wahrscheinlichkeitsrestriktionen (3.1,t) enthält, wurde festgestellt, daß die Liquiditätsnebenbedingungen als Ungleichungen und daher in
kumulativer Form (also für die Kassenbestände und nicht
für die Periodensalden) zu formulieren sind. Dies gilt
nicht für die Nebenbedingungen (3.2.B,t), obwohl auch
hier in jeder Periode ein fiktiver Kassenbestand gebildet wird. Entscheidend ist aber, daß ein Vortrag dieser
Bestände nicht sinnvoll ist. Die Entscheidungssituationen
der folgenden Zustände werden ja primär durch die Nebenbedingungen der Gruppe A beschrieben, basierend auf den
Variablen der Vorperioden, die auf Basis von Erwartungswerten geschätzt wurden. Zwar können die Nebenbedingungen
der Gruppe B auch die Höhe der Variablen x_j ($j \in K_r'$) beeinflussen,[3] doch wird dies in keiner Nebenbedingung
der Gruppe A (formuliert als Ungleichung) einen positiven
Kassenbestand (eine Erfüllung der Nebenbedingung als
Ungleichung) bewirken können, solange mindestens eine un-
begrenzte ertragbringende Anlagemöglichkeit besteht. Die
Schlupfvariable einer als Ungleichung formulierten Restriktion A läßt sich als "erwarteter Kassenbestand"[4]

---

1) Hier liegt ein wesentlicher Unterschied zu dem Ziel
   der Untersuchung von Pogue/Bussard (1972) vor.

2) Vgl. dazu Rosenberg (1975), S. 87 ff. Aus institutio-
   nellen Gründen kann es aber durchaus erforderlich
   sein, solche Nebenbedingungen zusätzlich zu berücksichtigen.

3) Andernfalls wäre das gesamte Restriktionensystem B
   redundant.

4) Hinter dieser Bezeichnung steht die Auffassung, daß
   bei Konstanz der dem Zustand r zugeordneten Entscheidungsfunktionen jeder Ausprägung der Zufallsvariablen
   ein fiktiver "Kassenbestand" entspricht.

bezeichnen; dieser Erwartungswert ist Null. Man wird
vielleicht argumentieren, daß eine entsprechende Zufallsvariable für den Kassenbestand dennoch in den Nebenbedingungen der Gruppe B zu berücksichtigen sei, da trotz
des Erwartungswerts von Null die Streuung der Wahrscheinlichkeitsverteilung des Kassenbestands die Wahrscheinlichkeitsrestriktion beeinflusse. Dies ist zwar richtig, doch
es ist ein Argument <u>gegen</u> die Berücksichtigung des aus
Vorperioden angesammelten Kassenbestands in den Nebenbedingungen B. Tatsächlich wird man diese durch das Modell
gebildeten "Kassenbestände" im Zuge von Planrevisionen
beseitigen, und aus eben diesem Grund, nämlich der Ver-
meidung des Vortrags fiktiver Kassenbestände, wurde die
Zweiteilung der Nebenbedingungen in die Gruppen A und B
empfohlen. Auch die Nebenbedingungen der Gruppe B sollen
auf Basis einer möglichst guten Schätzung der Entscheidungssituation in den betreffenden Zuständen formuliert
werden; als gute Schätzungen werden aber auf Basis von
Erwartungswerten berechnete Entscheidungsfunktionen angesehen. Dies impliziert, daß zur Beschreibung der Entscheidungssituation in einem bestimmten Zustand ein Kassenbestand (zu Beginn der Periode) von Null gehört.

Es könnte vermutet werden, daß es in (3.2.B,t) vorteilhaft wäre, die Variablen x_j der zweiten Summe als Entscheidungsfunktionen $\tilde{x}_j$ zu formulieren. Dies ist aber
nicht notwendig, da es wegen des Fehlens des Bewertungs-
aspekts unschädlich ist, die mit Einzahlungen verknüpften
Variablen so hoch als möglich anzusetzen. Diese Variablen
$x_j(j \notin J'_r,\ j \in J''_r)$ können daher mit ihrer Obergrenze g_j
vorgegeben werden (das bedeutet Wegfall der Obergrenzenrestriktion) und die Summanden $\tilde{a}_{jr}g_j$ formal als Bestandteil
der entscheidungsunabhängigen Zahlungsreihe betrachtet
werden. Hinsichtlich der anderen Variablen $x_j(j \in J'_r \cap J''_r)$,
die auch in den Nebenbedingungen der Gruppe A auftreten,
ergäben sich, abgesehen von den generellen rechentechnischen Schwierigkeiten,[1] Probleme der Formulierung des

---

1) Das Problem ist dasselbe wie beim flexiblen Modell mit
   totalen Wahrscheinlichkeitsrestriktionen. Siehe dazu
   Abschnitt 2.2.3.2.1.

Zusammenhangs zwischen einfachen Variablen x_j in den
Nebenbedingungen A und den Entscheidungsfunktionen $\tilde{x}_j$
in den Nebenbedingungen B.

Das Hauptproblem bei Konstruktion und Interpretation der
Nebenbedingungen der Gruppe B liegt in der Entscheidung,
welche Variablen bei Bestimmung der Menge J_r'' aus der
Menge J_r' zu entfernen sind, also in der Bestimmung jener
Projekte, auf die man im Interesse der Einhaltung der
Zahlungsfähigkeit gegebenenfalls auch verzichten kann.
Je mehr Projekte $j \in J_r'$ man in diesem Sinn als "unentbehrlich" ansieht (also in die Menge J_r'' übernimmt),
desto mehr wird (bei gegebenem Sicherheitsniveau α_r)
der Einfluß der Nebenbedingungen B auf die Variablen
der Nebenbedingungen A durchschlagen. Die Hinzunahme eines
Projekts in die Menge $J'_r \cap J_r''$ wird auch die optimalen
Aktivitätsniveaus der anderen Projekte beeinflussen. Bei
radikaler Auslegung der Nebenbedingungen B könnte man
zwar argumentieren, bei drohender Zahlungsunfähigkeit
werde man eben auf alle Investitionsprojekte verzichten
müssen. Das Problem ist aber, daß das Modell nicht so
exakt interpretiert werden darf. Es handelt sich auch
noch nach Konstruktion der Nebenbedingungen B um eine
vereinfachte, unscharfe Beschreibung der Entscheidungssituation.[1] Der Grundgedanke für die Trennung der beiden
Arten von Nebenbedingungen war, daß sich bei Planung auf
Basis von Erwartungswerten die Planrevisionen wegen Überdeckung und Unterdeckung in ihrer Wirkung ausgleichen.
Hier liegt aber ein entscheidendes (praktisch nicht exakt
lösbares) Bewertungsproblem. Die Wahl der Projekte
$j \in J'_r \cap J_r''$ kann als eine bewußte Beeinflussung dieser

---

1) Es gibt Unvollständigkeiten, Unvollkommenheiten in
der (zustandsabhängigen) Beschreibung der Projekte,
in der Beschreibung der Wahrscheinlichkeitsverteilungen. Z.B. liegt ein Problem in der (zustandsabhängigen)
Vorgabe von Kreditgrenzen.

Bewertung der nicht explizit berücksichtigten Planrevisionen gesehen werden. Je mehr Projekte aber in die Menge J_r'' übernommen werden, desto schwieriger wird wieder die Entscheidung über die Höhe des Sicherheitsniveaus α_r, da dann auch in den Nebenbedingungen B die Verletzungswahrscheinlichkeit $1-\alpha_r$ immer weniger als Konkurswahrscheinlichkeit interpretiert werden kann. Die Problematik des Modells nähert sich dann wieder dem Modell mit den (einheitlichen) Wahrscheinlichkeitsrestriktionen (3.1) an.

Insgesamt betrachtet wird aber durch die Trennung der Nebenbedingungen in die Gruppen A und B das Problem der Bestimmung der Sicherheitsniveaus wesentlich vereinfacht. Zwar nicht vollständig, aber doch weitgehend wird das Problem der durch nicht explizit berücksichtigte Planrevisionen verursachten zeitlichen Interdependenz der Sicherheitsniveaus ausgeschaltet. Die sequentielle Struktur der Entscheidungsfolge wird vor allem durch die Nebenbedingungen der Gruppe A gesteuert; die Nebenbedingungen der Gruppe B haben darauf nur relativ geringen Einfluß, weshalb die Sicherheitsniveaus zeitlich weitgehend isoliert betrachtet werden können. Das verbleibende Problem (der "Sicherheitsaspekt"[1]) ist aber noch groß genug, wie insbesondere in den Abschnitten 2.2.3.1.b(2) und 2.2.3.2.2.b gezeigt wurde. Die Schwierigkeit der Abschätzung der Beeinflussung der Strenge des Modells durch Veränderung der Partition des Zustandsraums (sowohl über die Veränderung der Flexibilität der Entscheidungsfunktionen als auch über die Veränderung des Systems der bedingten Wahrscheinlichkeitsrestriktionen) sollte nicht unterschätzt werden. Immerhin kann es aber für das hier vorgeschlagene Modell als plausibel angesehen werden, "relativ hohe" Sicherheitsniveaus zu fordern, da die

---

1) Siehe Abschnitt 2.2.3.1.b(4).

Verletzungswahrscheinlichkeiten $1- \alpha_r$ relativ nahe bei
den Konkurswahrscheinlichkeiten liegen werden.[1] Das ist
aber schon sehr viel mehr, als über die Höhe der Sicherheitsniveaus im starren Modell, aber auch im Modell auf
Basis eines "vereinfachten Zustandsbaum" mit den Nebenbedingungen (3.1) ausgesagt werden kann. Wegen der besseren Berücksichtigung der Anpassungsmöglichkeiten (durch
die Bestimmung der Variablenmenge J_r'') kann auch gesagt
werden, daß das hier vorgeschlagene Modell besser als
das Modell mit den Nebenbedingungen (3.1) der Abhängigkeit der Höhe der Sicherheitsniveaus von der optimalen
Lösung Rechnung trägt.

Die Diskussion des Investitionsentscheidungsproblems
unter Unsicherheit zeigt, daß wegen der notwendigen Unschärfe des Modells, wegen der Bedeutung der nicht explizit berücksichtigten Planrevisionen, der Aspekt der Li-
quiditätsplanung in den Hintergrund tritt. Das Modell
errichtet man primär, um Entscheidungen über sofort zu
realisierende Investitionen zu treffen. Mit den Nebenbedingungen der Gruppe B wird versucht, zu testen, ob
in Zukunft Anpassungsmaßnahmen zur Erhaltung der Liquidität möglich sein werden. Die eigentliche Planung dieser
Maßnahmen, die Planung der Liquidität, ist ein kurzfri-
stiges Problem.

Da sich die Methode des Chance-Constrained Programming
für sequentielle Probleme als außerordentlich problematisch herausstellte (nicht wegen der theoretischen Unmöglichkeit, "richtige" Entscheidungen zu finden, sondern
wegen der Problematik der Schätzung der Sicherheitsniveaus, der Abgrenzung des explizit berücksichtigten Ent-

---

1) Man beachte allerdings die Einschränkung dieser Aussage durch die oben diskutierte Auswahl der Entscheidungsvariablen für die Nebenbedingungen der Gruppe B,
   sowie die mit zunehmender zeitlicher Entfernung immer
   schlechter werdende Beschreibung der Entscheidungssituation (der allerdings auch ein immer geringerer Einfluß auf die sofort zu treffenden Entscheidungen ge-
   genübersteht).

scheidungsfeldes), wurde versucht, das Problem der Bestimmung von Sicherheitsniveaus, ihrer zeitlichen Interdependenz, möglichst weit zurückzudrängen. Die Qualität des Modells hängt daher nicht mehr so sehr an der
Höhe der Sicherheitsniveaus, sondern an der Art der Partitionierung des Zustandsraums.[1]

Bei Betrachtung der beiden Arten von Nebenbedingungen
des Modells fällt ins Auge, daß die Nebenbedingungen der
Gruppe B die Komplexität des Modells, die rechentechnischen Schwierigkeiten erheblich erhöhen; die entscheidende Grundstruktur des Modells, die Erfassung der zeitlichen Interdependenz, liegt in den Nebenbedingungen der
Gruppe A. Es ist daher zu empfehlen, zunächst das Problem nur mit den Bedingungen der Gruppe A zu lösen[2] und
anschließend zu testen, ob diese Lösung auch die Bedingungen der Gruppe B erfüllt. Ist das Problem für einige
Nebenbedingungen dieser Gruppe nicht erfüllt, so ist
es erneut zu lösen unter Hinzunahme nur der nicht er-
füllten Bedingungen. Darauf folgt wieder ein Test, ob
die jetzt noch ausgeschlossenen Bedingungen erfüllt sind,
usw. Es kann vermutet werden, daß in vielen Fällen diese
sukzessive Vorgangsweise einer sofortigen simultanen
Lösung des Gesamtproblems rechentechnisch vorzuziehen
ist.

---

[1] Natürlich könne man hier durch die "richtige" Wahl
der Sicherheitsniveaus viel ausgleichen, aber gerade
das ist das praktisch kaum lösbare Schätzproblem.

[2] Die Zielfunktion bleibt dabei unverändert, da den
Projekten $\{j \mid j \in J_r'', j \notin J_r'\}$ keine von Null verschiedenen Zielfunktionskoeffizienten zugeordnet sind.

Anhang 1: Funktionen von Zufallsvariablen

a) <u>Momente linearer Funktionen von Zufallsvariablen</u>[1]

$\tilde{x}_j$ eindimensionale Zufallsvariable mit Verteilungsfunktion $F_j(.)$

$\tilde{X} := (\tilde{x}_1, \ldots, \tilde{x}_n)'$ Vektor von Zufallsvariablen

$E(.)$ Erwartungswert

$V(.)$ Varianz

$Cov(.,.)$ Kovarianz

Für einfache Zufallsvariablen gilt:

$$(1) \quad \bar{x}_j := E(\tilde{x}_j) = \int_{-\infty}^{\infty} t \, dF_j(t)$$

$$\bar{X} := (\bar{x}_1, \ldots, \bar{x}_n)'$$

$$(2) \quad \sigma_j^2 := V(\tilde{x}_j) = E\left[(\tilde{x}_j - \bar{x}_j)^2 \right] = E(\tilde{x}_j^2) - \bar{x}_j^2$$

$$(3) \quad \sigma_{ij} := Cov(\tilde{x}_i, \tilde{x}_j) = E\left[(\tilde{x}_i - \bar{x}_i)(\tilde{x}_j - \bar{x}_j) \right] = E(\tilde{x}_i \tilde{x}_j) - \bar{x}_i \bar{x}_j$$

Funktionen von Zufallsvariablen sind selbst wieder Zufallsvariablen. Betrachtet werden zwei lineare Funktionen:

$$(4) \quad \tilde{x} := f(\tilde{x}_1, \ldots, \tilde{x}_n) = c' \tilde{X} = \sum_{j=1}^{n} c_j \tilde{x}_j$$

$$(5) \quad \tilde{y} := g(\tilde{x}_1, \ldots, \tilde{x}_n) = d' \tilde{X} = \sum_{j=1}^{n} d_j \tilde{x}_j$$

Bei der Bildung des Erwartungswerts linearer Funktionen von Zufallsvariablen sind die Variablen $\tilde{x}_j$ einfach durch ihren Erwartungswert $\bar{x}_j$ zu ersetzen:

---

1) Vgl. z.B.: Lindgren (1976)

(6) $\quad \bar{x} := E(\tilde{x}) = E(c'\tilde{X}) = c'\bar{X} = \sum_{j=1}^{n} c_j \bar{x}_j$

Für die Varianz folgt aus (2)

(7) $\quad V(\tilde{x}) = E\left[(\tilde{x} - \bar{x})^2\right] = E\left[c'(\tilde{X} - \bar{X})(\tilde{X} - \bar{X})'c\right]$

$$= c'Mc = \sum_{i=1}^{n} \sum_{j=1}^{n} c_i c_j \, \sigma_{ij}$$

Hier wurde definiert:

$$M := E\left[(\tilde{X} - \bar{X})(\tilde{X} - \bar{X})'\right]$$

Die Elemente der Matrix M sind somit wegen (3) die Kovarianzen

$$\sigma_{ij} = \sigma_{ji} = E\left[(\tilde{x}_i - \bar{x}_i)(\tilde{x}_j - \bar{x}_j)\right].$$

In der Diagonale stehen die Varianzen $\sigma_{jj} = \sigma_j^2$

Die Matrix M heißt daher Kovarianzmatrix.

Die Varianz $V(x)$ kann auch geschrieben werden als

(8) $\quad V(\tilde{x}) = \sum_{j=1}^{n} c_j^2 \sigma_j^2 + \sum_{j=1}^{n} \sum_{i \neq j} c_i c_j \, \sigma_{ij}$

$$= \sum_{j=1}^{n} c_j^2 \cdot \sigma_j^2 + 2 \sum_{j=1}^{n-1} \sum_{i=j+1}^{n} c_i c_j \, \sigma_{ij}$$

Sind die Variablen $\tilde{x}_j$ stochastisch unabhängig, so gilt wegen $\sigma_{ij} = 0$

(9) $\quad V(\tilde{x}) = \sum_{j=1}^{n} c_j^2 \sigma_j^2$

Sind die Variablen vollständig korreliert (sind alle $\varrho_{ij} = 1$), so gilt wegen $\varrho_{ij} = \sigma_{ij}(\sigma_i \sigma_j)^{-1} = 1$ die Beziehung $\sigma_{ij} = \sigma_i \sigma_j$ und man erhält für die Varianz von $\tilde{x}$

$$(10) \quad V(\tilde{x}) = \sum_{i=1}^{n} \sum_{j=1}^{n} c_i c_j \sigma_i \sigma_j = (\sum_{j=1}^{n} c_j \sigma_j)^2$$

Abweichend von der hier dargestellten Schreibweise wird für den Erwartungswertoperator in dieser Arbeit gelegentlich auch eine andere Schreibweise verwendet. Sie sei am Beispiel von diskreten Zufallsvariablen erläutert. Betrachtet sei die auf dem Stichprobenraum $Z = \{z \mid z \in Z\}$ definierte Zufallsvariable $\tilde{x}$.

$$\tilde{x} : \quad z \longmapsto x_z \qquad (z \in Z).$$

$R = \{r \mid r \in R\}$ ist eine Partition der Menge Z. Es gilt daher $r = \{z \mid z \in r\} \subset Z$ für alle $r \in R$. Jedem Element $r \in R$ (jeder Teilmenge $r \subset Z$) wird eine bedingte Zufallsvariable $\tilde{x}_r$

$$\tilde{x}_r : \quad z \longmapsto x_z \qquad (z \in r)$$

zugeordnet. Jeder Teilmenge des Stichprobenraums Z (jedem Ereignis) ist eine Wahrscheinlichkeit w_r bzw. w_z zugeordnet. Jedem Element z der Menge r (jedem Element des Stichprobenraums der Zufallsvariablen $\tilde{x}_r$) entspricht daher die bedingte Wahrscheinlichkeit $w_{rz} = w_z/w_r$. Es gilt also

$$\sum_{z \in Z} w_z = \sum_{r \in R} w_r = \sum_{r \in R} (\sum_{z \in r} w_z) = 1$$

$$\sum_{z \in r} w_{rz} = \sum_{z \in r} w_z/w_r = 1$$

Gemäß (1) gilt für den Erwartungswert

$$(1a) \qquad \bar{\breve{x}} := E(\breve{x}) = \sum_{z \in Z} w_z x_z$$

$$\bar{\tilde{x}}_r := E(\tilde{x}_r) = \sum_{z \in r} w_{rz} x_z$$

Über welchen Bereich sich die Erwartungswertbildung, die
Summierung erstreckt, ergibt sich also aus der Definition der Zufallsvariablen. Es kann z.B. geschrieben werden

$$E(\breve{x}) = \sum_{r \in R} w_r \, E(\tilde{x}_r) = \sum_{r \in R} w_r \cdot \sum_{z \in r} w_{rz} x_z = \sum_{z \in Z} w_z x_z = \bar{\breve{x}}$$

oder auch $\qquad E(x_z) = x_z.$

Neben dieser Formulierung erweist sich aber öfter eine
andere Schreibweise als zweckmäßiger:

$$(1b) \qquad \bar{x} := E_Z(x_z)$$

$$\bar{\tilde{x}}_r := E_r(x_z)$$

Während also dann, wenn der Erwartungsoperator keinen den
Stichprobenraum bezeichnenden Index trägt (1a), zwischen
den Klammern die Zufallsvariable (aus deren Definition
sich der Stichprobenraum ergibt) angegeben wird, wird
dann, wenn der Erwartungswertoperator mit dem Symbol
des Stichprobenraums indiziert wird (1b), zwischen den
Klammern die einem Element dieses Stichprobenraums entsprechende Ausprägung der Zufallsvariablen angegeben.
Die Schreibweise (1b) ist vor allem dann zweckmäßig, wenn
man Zufallsvariablen betrachtet, die selbst wieder Funktionen von Zufallsvariablen sind (definiert auf demselben
Stichprobenraum oder auf Teilmengen dieses Stichprobenraums). So ist z.B. der Erwartungswert $\bar{\tilde{x}}_r$ eine Funktion

der Zufallsvariablen $\tilde{x}_r$ und es kann geschrieben werden

$$E(\tilde{x}) = E_R(\bar{x}_r) = E_R\big[E(\tilde{x}_r)\big] = E_R\big[E_r(x_z)\big] = E_Z(x_z).$$

Ist U(.) eine Bernoulli-Nutzenfunktion, so kann geschrieben werden[1]

$$U(\tilde{x}) = E_R\big[U(\tilde{x}_r)\big] = E_R\big[E_r(U(x_z))\big] = E_Z\big[U(x_z)\big].$$

---

1) Vgl. dazu Ferschl (1975, S. 45 - 48) und die Bemerkung zu (2.1.16b).

b) <u>Verteilung von Funktionen von Zufallsvariablen</u>[1]

Gegeben seien n Zufallsvariablen $\tilde{x}_1, \ldots, \tilde{x}_n$ mit der gemeinsamen mehrdimensionalen Dichtefunktion $f(x_1, \ldots, x_n)$ und der gemeinsamen mehrdimensionalen Verteilungsfunktion $F(R) = P\left[(\tilde{x}_1, \ldots, \tilde{x}_n) \in R\right]$

$$(11) \quad F(R) = \int_R \ldots \int f(x_1, \ldots, x_n)\, dx_1 \ldots dx_n$$

Die n Zufallsvariablen $\tilde{y}_1, \ldots, \tilde{y}_n$ erhält man aus $\tilde{x}_1, \ldots, \tilde{x}_n$ durch n Transformationen[2]

$$\tilde{y}_1 = g_1(\tilde{x}_1, \ldots, \tilde{x}_n)$$
$$\vdots$$
$$(12)$$
$$\tilde{y}_n = g_n(\tilde{x}_1, \ldots, \tilde{x}_n)$$

Die dazu inversen Transformationen seien bezeichnet mit

$$\tilde{x}_1 = h_1(\tilde{y}_1, \ldots, \tilde{y}_n)$$
$$\vdots$$
$$(13)$$
$$\tilde{x}_n = h_n(\tilde{y}_1, \ldots, \tilde{y}_n)$$

Dann gilt für die gemeinsame mehrdimensionale Dichtefunk-

---

1) Vgl. Lindgren (1976), S. 453 ff.
2) Häufig interessiert nur eine einzige Funktion $\tilde{y}_1 = g_1(\tilde{x}_1, \ldots, \tilde{x}_n)$. Dann wählt man die übrigen Transformationen beliebig. Zweckmäßig ist $\tilde{y}_j = \tilde{x}_j$ $(j > 1)$.

tion $f_Y(y_1,\ldots,y_n)$ der Variablen $\tilde{y}_1,\ldots,\tilde{y}_n$ [1]

$$(14) \qquad f_Y(y_1,\ldots,y_n) = |J| \cdot f(h_1,\ldots,h_n)$$

Dies ist der zur Formulierung der Wahrscheinlichkeitsrestriktion (2.2.33) erforderliche Transformationssatz
für Dichten. Einer Wahrscheinlichkeitsrestriktion entspricht aber nur eine Zufallsvariable (sie sei hier
als $\tilde{y}_1$ angenommen). Daher ist aus der mehrdimensionalen
gemeinsamen Dichtefunktion $f_Y(y_1,\ldots,y_n)$ durch "Aus-
integrieren" der Variablen $\tilde{y}_2,\ldots,\tilde{y}_n$ die Randdichtefunk-
tion $f_{\tilde{y}_1}(y_1)$ zu bestimmen:

$$(15) \qquad f_{\tilde{y}_1}(y_1) = \int\limits_{-\infty}^{\infty} \cdots \int\limits_{-\infty}^{\infty} |J| f(h_1,\ldots,h_n)\,dy_2 \cdots dy_n$$

Im Falle einer linearen Nebenbedingung ist $\tilde{y}_1$ eine lineare Funktion von Zufallsvariablen und das System von
Transformationen (12) kann geschrieben werden als [2]

$$(16) \qquad \begin{cases} \tilde{y}_1 = d'\tilde{x} = \displaystyle\sum_{j=1}^{n} d_j \tilde{x}_j \\[2ex] \tilde{y}_j = \tilde{x}_j \qquad (j = 2,\ldots,n) \end{cases}$$

---

1) In der Dichtefunktion $f(.)$ der Variablen $\tilde{x}_1,\ldots,\tilde{x}_n$ wur-
   de statt $h_j(y_1,\ldots,y_n)$ kurz h_j geschrieben. $|J|$ ist der
   Absolutbetrag der Jacobischen Determinante J.

2) Vgl. Formulierung (5).

oder kurz

$$(17) \qquad \tilde{Y} = A\tilde{X}$$

wobei die Transformationsmatrix A definiert ist als

$$A = \begin{pmatrix} d_1 & d_2 & . & . & . & d_n \\ 0 & 1 & . & . & . & 0 \\ . & . & . & & & . \\ . & . & & . & & . \\ . & . & & & . & . \\ 0 & 0 & . & . & . & 1 \end{pmatrix}$$

Für beliebige lineare Transformationen gilt
$|J| = (|\det A|)^{-1}$, im hier vorliegenden Spezialfall
hat die Determinante det A den Wert d_1 und somit gilt
$|J| = 1/d_1$. Das zu (16) inverse System von Transformationen erhält man als

$$(18) \qquad \begin{cases} \tilde{x}_1 = (\tilde{y}_1 - \sum_{j=2}^{n} d_j \tilde{y}_j)/d_1 \\ \tilde{x}_j = \tilde{y}_j \quad (j = 2,\ldots,n) \end{cases}$$

oder kurz

$$(19) \qquad \tilde{X} = A^{-1}\tilde{Y}.$$

Nach (15) kann nun die Dichtefunktion der gemäß (5)
definierten Variablen $\tilde{y}_1$ geschrieben werden als[1]

---

1) Die Kurzschreibweise $f(h_1,\ldots,h_n) = f(A^{-1}Y)$ soll besagen, daß die Funktionen $h_j(y_1,\ldots,y_n)$ gemäß (18) zu definieren sind. (Die Tilden fallen weg, da es sich nicht um Zufallsvariablen sondern um Integrationsvariablen handelt.)

$$(20) \quad f_{\tilde{y}_1}(y_1) = \frac{1}{d_1} \int_{-\infty}^{\infty} \cdots \int_{-\infty}^{\infty} f(A^{-1}Y) \, dy_2 \ldots dy_n .$$

Die in der Wahrscheinlichkeitsrestriktion (2.2.33,t) benötigte Dichtefunktion $f_t(u)$ hat daher im Falle einer linearen Nebenbedingung die Form der Funktion (20). Die rechentechnischen Schwierigkeiten von Problemen mit derartigen Nebenbedingungen haben vor allem zwei Ursachen: Erstens kann an sich schon (bei gegebenen Entscheidungsvariablen) die Bestimmung der mehrdimensionalen Dichte Schwierigkeiten bereiten[1] und wird häufig zu nichtkonvexen Nebenbedingungen führen. Zweitens enthält die Transformationsmatrix A (genauer gesagt: deren erste Zeile) die Entscheidungsvariablen des Modells, so daß im allgemeinen selbst die Bestimmung des Typs der Verteilung von $\tilde{y}_1$ modellendogen erfolgen muß.

---

[1] Besonders unangenehm können Randverteilungen (der Variablen $\tilde{x}_1, \ldots, \tilde{x}_n$) werden, deren Wertebereiche unterschiedlich begrenzt sind.

Anhang 2: __Wahrscheinlichkeitsrestriktionen bei normalver-__
__teilten Zufallsvariablen__

Die Nebenbedingung (2.2.32) eines linearen Modells kann geschrieben werden als[1]

$$(21) \qquad P\left(\sum_{j=1}^{n} \tilde{a}_j x_j \leqq \tilde{b} \right) \geqq \alpha$$

oder kurz als

$$(22) \qquad P(\tilde{a}'x - \tilde{b} \leqq 0) \geqq \alpha.$$

Dem entspricht in (2.2.32) die Zufallsvariable

$$\tilde{H}_t = \tilde{H} = \tilde{a}'x - \tilde{b}.$$

Wenn alle Zufallsvariablen $\tilde{a}_j$ und $\tilde{b}$ normalverteilt sind, also der Vektor $(\tilde{a}_1, \ldots, \tilde{a}_n, \tilde{b})$ multivariat normalverteilt ist, dann ist auch $\tilde{H}$ normalverteilt.[2] Definiert man

$$\tilde{a} := (\tilde{a}_1, \ldots, \tilde{a}_n, \tilde{b})$$

$$x := (x_1, \ldots, x_n, -1)$$

dann hat die Zufallsvariable $\tilde{H} = \tilde{a}'\tilde{x}$ gemäß (6) und (7) die Momente

$$(23) \qquad \mu := E(\tilde{a}'x) = \bar{a}'x = \sum_{j=1}^{n} \bar{a}_j x_j - \bar{b}$$

$$(24) \quad \sigma^2 := V(\tilde{a}'x) = x'Mx = \sum_{j=1}^{n+1} \sum_{i=1}^{n+1} x_i x_j \sigma_{ij}$$

---

1) Der Zeitindex t falle aus Vereinfachungsgründen weg.

2) Wenn $\tilde{X}$ multivariat normalverteilt ist, dann ist auch $\tilde{Y} = A\tilde{X}$ (vgl. (17)) multivariat normalverteilt und damit auch die jeder einzelnen Komponente $\tilde{y}_j$ entsprechende Randverteilung (Lindgren, 1976, S. 472).

wobei M die Momentenmatrix der multivariaten Normalverteilung ist, also alle Varianzen und Kovarianzen enthält.
Da die Variable $(\tilde{H} - \mu)/\sigma$ normalverteilt mit Mittelwert O
und Varianz 1 ist, kann die Bedingung (21) gemäß (2.2.35)
umgeformt werden zu

$$(25) \qquad \sum_{j=1}^{n} \bar{a}_j x_j + \phi^{-1}(\alpha) \sqrt{\sum_{j=1}^{n+1} \sum_{i=1}^{n+1} x_i x_j \sigma_{ij}} \leq \bar{b}$$

oder kurz

$$(26) \qquad \bar{a}'x + \phi^{-1}(\alpha)\,(x'Mx)^{1/2} \leq 0$$

wobei $\phi(.)$ die Verteilungsfunktion der Standardnormalverteilung ist, $\phi^{-1}(\alpha)$ also eine dem Modell vorgegebene Konstante darstellt. Von rechentechnischer Bedeutung ist die
Konvexität von (26) für $\alpha \geq 0,5$. Der Beweis[1] sei hier
skizziert:

Eine Funktion f(x) ist konvex, wenn für alle Vektoren
x und y und alle α mit $0 < \alpha < 1$ gilt:[2]

$$(27) \qquad f(\alpha x + (1-\alpha)y) \leq \alpha f(x) + (1-\alpha)f(y).$$

Hier sind lineare Funktionen eingeschlossen. (In (27)
gilt dann das Gleichheitszeichen.) Also ist $\bar{a}'x$ konvex.
Wenn die Standardabweichung $(x'Mx)^{1/2}$ eine konvexe Funktion sein soll, muß gemäß (27) gelten

$$\left[(\alpha x+(1-\alpha)y)'\,M\,(\alpha x+(1-\alpha)y)\right]^{1/2} \leq \alpha(x'Mx)^{1/2}$$
$$+ (1-\alpha)(y'My)^{1/2}$$

---

1) Vgl. Van de Panne/Popp (1963), S. 421 f. und Dantzig
   (1966), S. 556 f.

2) Collatz/Wetterling (1966), S. 77.

Daraus folgt nach Umformung[1]

$$x'My \leq (x'Mxy'My)^{1/2}$$

und weiter

$$(28) \quad x'My(x'Mxy'My)^{-1/2} \leq 1.$$

Die Gültigkeit von (28) soll hier nicht bewiesen werden.
Es sei aber gezeigt, daß die linke Seite als Korrelations-
koeffizient interpretierbar ist. Wegen (24) bzw. (7) gilt
$V(\tilde{a}'x) = x'Mx$. Ebenso gilt $V(\tilde{a}'y) = y'My$.
Analog zu (7) folgt aus (3)

$$\mathrm{Cov}(\tilde{a}'x, \tilde{a}'y) = E\left[x'(\tilde{a}-\bar{a})(\tilde{a}-\bar{a})'y\right] = x'My.$$

Nun gilt aber für den Korrelationskoeffizieten ρ zwischen
den beiden Zufallsvariablen $\tilde{a}'x$ und $\tilde{a}'y$

$$\rho := \frac{\mathrm{Cov}(\tilde{a}'x, \tilde{a}'y)}{\sqrt{V(\tilde{a}'x)\, V(\tilde{a}'y)}}$$

und somit

$$\rho = x'My\,(x'Mxy'My)^{-1/2}.$$

Da immer gilt[2] $\rho \leq 1$ ist (28) erfüllt und somit die
Standardabweichung $(x'Mx)^{1/2}$ eine konvexe Funktion von x.
Aus (27) folgt auch leicht, daß <u>positive</u> lineare Funktionen
konvexer Funktionen wieder konvex sind, weshalb (26) konvex
für $\phi^{-1}(\alpha) \geq 0$ ist. Bei der Normalverteilung ist diese
Bedingung für $\alpha \geq 0,5$ erfüllt.

---

1) Vorausgesetzt ist nur eine semidefinite Matrix M. Jede
   Kovarianzmatrix erfüllt die Bedingung, die gleichbedeutend mit Nichtnegativität der Varianz x'Mx ist.

2) Lindgren (1976) S. 136.

Literaturverzeichnis

ACKERMANN, Arthur/RÖCK, Hans/WEBER, Hans Hermann:
  Bemerkungen zu dem Aufsatz "Flexible Planung als Lösung der Entscheidungsprobleme unter Ungewißheit?"
  von Dieter Schneider; ZfbF, 24. Jg. (1972), S. 453
  bis 455.

ALBACH, Horst: Investition und Liquidität; Wiesbaden 1962.

-: Long Range Planning in Open-Pit Mining; MS, Vol. 13
  (1976a), S. B-549 - B-568.

-: Das optimale Investitionsbudget bei Unsicherheit; ZfB,
  37. Jg. (1967b), S. 503 - 518.

-: Capital Budgeting and Risk Management; in: Quantitative Wirtschaftsforschung, Festschrift für W. Krelle,
  hsg. v. H. Albach/E. Helmstädter/R. Henn, Tübingen
  1977, S. 7 - 24.

-: Gewinnvorbehalt und Risikomanagement; ZfB, 50. Jg.
  (1980), S. 557 - 564.

-/SCHÜLER, Wolfgang: Zur Theorie des Investitionsbudgets
  bei Unsicherheit; in: Investitionstheorie, hsg. v. H.
  Albach, Köln 1975, S. 396 - 410.

AOKI, Masanao: Optimal Control and System Theory in Dynamic Analysis; New York 1976.

ARROW, Kenneth J.: The Role of Securities in the Optimal
  Allocation of Risk Bearing; RES, Vol. 31 (1964), S. 91
  bis 96

-/DEBREU, Gérard: Existence of an Equilibrium for a Com-
  petitive Economy; Econometrica, Vol 22 (1954), S. 265
  bis 290.

BANZ, Rolf W./MILLER, Merton H.: Prices for State-Contingent Claims; JB, Vol. 51 (1978), S. 653 - 672.

BARON, David P.: Information in Two-stage Programming under Uncertainty, NRLQ, Vol. 18 (1971), S. 169 - 176.

-: Stochastic Programming and Risk Aversion; in: J. L.
  Cochrane/M. Zeleny (eds.), Multiple Criteria Decision
  Making, Columbia (South Carolina) 1973, S. 124 - 138.

BAWA, Vijay S.: On Chance Constrained Programming
    Problems with Joint Constraints; MS, Vol 19
    (1978), S. 1326 - 1331.

BITZ, Michael: Äquivalente Zielkonzepte für Modelle
    zur simultanen Investitions- und Finanzplanung;
    ZfbF, 28. Jg. (1976), S. 485 - 501.

BLACK, Fischer/SCHOLES, Myron: The Pricing of Options
    and Corporate Liabilities; JPolE, Vol. 81 (1973),
    S. 637 - 654.

BLUMENTRATH, Ulrich: Investitions- und Finanzplanung
    mit dem Ziel der Endwertmaximierung; Wiesbaden 1969.

BOLENZ, Gerhard: Sequentielle Investitions- und Finan-
    zierungsentscheidungen; Berlin 1978.

BORN, Axel; Entscheidungsmodelle zur Investitionspla-
    nung; Wiesbaden 1976.

BREEDEN, Douglas T./ LITZENBERGER, Robert H.: Prices
    of State-contingent Claims Implicit in Option Prices;
    JB, Vol. 51 (1978), S. 621 - 651.

BÜHLER, W.: Zur Lösung eines Zwei-Stufen-Risiko Modells
    der stochastischen linearen Optimierung; in: Procee-
    dings in Operations Research, Bd. 1 (1971), Würzburg/
    Wien 1972a, S. 355 - 370.

-: Ein kombiniertes Kompensations-Chance-Constrained
    Modell der stochastischen linearen Programmierung;
    in: Operations Research-Verfahren, Bd. XII, hsg. v.
    R. Henn u.a., Meisenheim/Glan 1972b, S. 61 - 68.

-/DICK, Reiner: Stochastische Lineare Optimierung - Das
    Verteilungsproblem und verwandte Fragestellungen;
    ZfB, 42. Jg. (1972), S. 678 - 691.

-/-: Stochastische Lineare Optimierung - Chance-Constrained-
    Modell und Kompensationsmodell; ZfB, 43. Jg. (1973),
    S. 101 - 120.

BÜHLMANN, H./LOEFFEL, H./NIEVERGELT, E.: Entscheidungs-
    und Spieltheorie; Berlin/Heidelberg/New York 1975.

BYRNE, R. F. u.a.: Some New Approaches to Risk; AR, Vol.
    43 (1968), S. 18 - 37.

- -: A Discrete Probability Chance-Constrained Capital
    Budgeting Model; Opsearch, Vol 6 (1969), S. 171 - 198,
    225 - 261.

- -: Studies in Budgeting; Amsterdam 1971.

CHARNES, A./COOPER, W. W.: Chance-Constrained Programming; MS, Vol. 6 (1960), S. 73 - 79.

-/-: Chance Constraints and Normal Deviates; JASA, Vol. 57 (1962), S. 134 - 148.

-/-: Deterministic Equivalents für Optimizing and Satisficing under Chance Constraints; OR, Vol XI (1963), S. 18 - 39; wiederabgedruck in: Econometric Models, Estimation and Risk Programming, hsg. v. K. Fox u.a., Berlin/New York 1969, S. 425 - 455.

-/-/SYMONDS, G. H.: Cost Horizons and Certainty Equivalents: An Approach to Stochastic Programming of Heating Oil; MS, Vol. 4 (1958), S. 235 - 263.

-/KIRBY, M.: Optimal Decision Rules für the E-Model of Chance-Constrained Programming; CCERO, Vol. 8 (1966), S. 5 - 44.

-/-: Some Special P-Models in Chance-Constrained Programming; MS, Vol. 14 (1967), S. 183 - 194.

COLLATZ, Lothar/WETTERLING, Wolfgang: Optimierungsaufgaben; Berlin/Heidelberg/New York 1966.

COX, J. C./ROSS, A. A./RUBINSTEIN, M.: Option Pricing: A Simplified Approach; JFE, Vol. 7 (1979), S. 229-263.

DANTZIG, George B.: Linear Programming under Uncertainty; MS, Vol. 1 (1955), S. 197 - 206.

-: Lineare Programmierung und Erweiterungen; Berlin/Heidelberg/New York 1966.

-/MADANSKY, Albert: On the Solution of Two-Stage Linear Programs under Uncertainty; in: Proceedings of the Fourth Berkeley Symposium on Mathematical Statistics and Probability, Vol. I, hsg. v. J. Neyman, Berkeley 1961, S. 165 - 176.

DEBREU, Gérard: The Theory of Value; New York 1959.

DINKELBACH, Werner: Sensitivitätsanalysen und parametrische Programmierung; Berlin 1969.

-: Zur Frage unternehmerischer Zielsetzungen bei Entscheidungen unter Risiko; in: Zur Theorie des Absatzes, hsg. v. H. Koch, Wiesbaden 1973, S. 35 - 59.

-: Programmierung, stochastische; in: HWB, Stuttgart
   1974, Sp. 3239 - 3250.

-/KLOOCK, J.: Mathematische Programmierung; in: Beiträge zur Unternehmensforschung, hsg. v. G. Menges,
   Würzburg 1969, S. 33 - 101.

DÜRR, R.: Stochastische Programmierungsmodelle als Vek-
   tormaximumprobleme; in: Proceedings in Operations Research, Bd. 1 (1971), Würzburg/Wien 1972, S. 189-198.

EISNER, M. J./KAPLAN, R. S./SODEN, J. V.: Admissible Decision Rules for the E-Model of Chance-Constrained
   Programming; MS, Vol. 17 (1971), S. 337 - 353.

FABER, Malte Michael.: Stochastisches Programmieren;
   Würzburg/Wien 1970.

FANDEL, G.: Optimale Entscheidung bei mehrfacher Zielsetzung; Berlin/Heidelberg/New York 1972.

-/WILHELM, J.: Zur Entscheidungstheorie bei mehrfacher
   Zielsetzung; ZOR, Bd. 20 (1976), S. 1 - 21.

FERSCHL, Franz: Nutzen- und Entscheidungstheorie; Opladen 1975.

DE FINETTI, Bruno: Probabilities of Probabilities: A Real
   Problem or a Misunderstanding?; in: New Developments
   in the Applications of Bayesian Methods, hsg. v.
   Aykaç, A./Brumat, C., Amsterdam 1977, S. 1 - 10.

FISZ, Marek: Wahrscheinlichkeitsrechnung und mathematische
   Statistik; Berlin 1970.

FRANKE, Günter: Conflict and Compatibility of Wealth and
   Welfare Maximization; ZOR, Bd. 19 (1975), S. 1 - 13.

-: Kapital II: Theorie, betriebswirtschaftliche; in:
   HdWW, Stuttgart 1977, S. 359 - 369.

FREUND, Rudolf J.: The Introduction of Risk into a Programming Model; Econometrica, Vol. 24 (1956), S. 253
   bis 263.

GEUTING, Dieter/HELLWIG, Klaus: Über die Lösung eines Entscheidungsmodells zur regionalen Abwasserentsorgung
   unter Ungewißheit; in: Operations Research Verfahren
   XXIV, hsg. v. R. Henn u.a., Meisenheim/Glan 1977,
   S. 60 - 71.

- 297 -

GOCHET, Willy: A Note on the E-Model of Chance-Constrained Programming with Random b-Vector; MS, Vol.
21 (1975), S. 844 f.

-/PADBERG, Manfred W.: The Triangular E-Model of Chance-
Constrained Programming with Stochastic A-Matrix;
MS, Vol. 20 (1974), S. 1284 - 1291.

GRANGER, C. W. J.: Tendency Towards Normality of Linear
Combinations of Random Variables; Metrika, Bd. 23
(1976), S. 237 - 248.

HADLEY, G.: Nonlinear and Dynamic Programming; Reading
(Mass.) 1964.

HAEGERT, Lutz: Die Aussagefähigkeit der Dualvariablen
und die wirtschaftliche Deutung der Optimalitätsbe-
dingungen beim Chance-Constrained Programming; in:
Entscheidung bei unsicheren Erwartungen, hsg. v. H.
Hax, Köln/Opladen 1970, S. 101 - 128.

-: Eine Analyse der Kuhn-Tucker-Bedingungen stochastischer Programme unter dem Gesichtspunkt der Schät -
zung von Kalkulationszinsfüßen und Risikoabschlägen;
in: Unternehmensplanung, hsg. v. H. Ulrich, Wiesbaden 1975, S. 239 - 258.

HALEY, C. W./SCHALL, D.: The Theory of Financial Decisions; New York 1979.

HÅLLSTEN, Bertil: Investment and Financing Decision;
Stockholm 1966.

HANOCH, G./LEVY, H.: The Efficiency Analysis of Choices
Involving Risk; RES, Vol. 36 (1969), S. 335 - 346.

HAX, Herbert: Investitions- und Finanzplanung mit Hilfe
der linearen Programmierung; ZfbF, 16. Jg. (1964),
S. 430 - 446.

-: Bewertungsprobleme bei der Formulierung von Zielfunktionen für Entscheidungsmodelle; ZfbF, 19. Jg. (1967),
S. 749 - 761.

-: Investitionsentscheidungen bei unsicheren Erwartungen;
in: Entscheidung bei unsicheren Erwartungen, hsg. v.
H. Hax, Köln/Opladen 1970, S. 129 - 140.

-: Entscheidungsmodelle in der Unternehmung; Reinbeck 1974.

-: Investitionstheorie; Würzburg/Wien, 3. Aufl. 1976a.

-: Zur Verbindung von Zustandsbaumverfahren und Chance-Constrained Programming in Entscheidungsmodellen der Kapitalbudgetierung; in: Investitionstheorie und Investitionspolitik privater und öffentlicher Unternehmen, hsg. v. H. Albach/H. Simon, Wiesbaden 1976b, S. 125 - 144.

-: Kapitalmarkttheorie und Investitionsentscheidungen; in: Neuere Entwicklungen in der Investitionstheorie und -politik, hsg. v. G. Bombach u.a., Tübingen 1980, S. 421 - 449.

-/LAUX, Helmut: Investitionstheorie; in: Beiträge zur Unternehmensforschung, hsg. v. G. Menges, Würzburg 1969, S. 227 - 284.

-/-: Flexible Planung - Verfahrensregeln und Entscheidungsmodelle für die Planung bei Ungewißheit; ZfbF, 24. Jg. (1972a), S. 318 - 340.

-/-: Zur Diskussion um die flexible Planung; ZfbF, 24. Jg. (1972b), S. 477 - 479.

HELLER, Wolf-Dieter, u.a.: Stochastische Systeme; Berlin 1978.

HELLWIG, Klaus/MOESCHLIN, Otto: On the Application of Two-Stage Linear Programming under Uncertainty to Capital Budgeting Problems; in: Operations Research Verfahren XXX, hsg. v. R. Henn u.a., Meisenheim/Glan 1979, S. 60 - 67.

HESPOS, Richard F./STRASSMANN, Paul A.: Stochastic Decision Trees for the Analysis of Investment Decisions; MS, Vol. 11 (1965), S. B-244 - B-259.

HIERONIMUS, Albert: Einbeziehung subjektiver Risikoeinstellungen in Entscheidungsmodelle; Thun/Frankfurt am Main 1979.

HILLIER, Frederick S.: Chance-Constrained Programming with 0-1 or Bounded Continuous Decision Variables; MS, Vol. 14 (1967), S. 34 - 57.

-: The Evaluation of Risky Interrelated Investments; Amsterdam 1969.

HIRSHLEIFER, Jack: Investment Decision under Uncertainty: Choice-Theoretic Approaches; QJE, Vol. 79 (1965), S. 509 - 536.

-: Investment Decision under Uncertainty: Applications of the State-Preference Approach; QJE, Vol. 80 (1966), S. 252 - 277.

-: Investment, Interest, and Capital; New York 1970.

INDERFURTH, Karl: Starre und flexible Investitionsplanung bei laufender Planrevision; ZfbF, 31. Jg. (1979), S. 440 - 467.

JÄÄSKELÄINEN, Veikko: Optimal Financing and Tax Policy of the Corporation; Helsinki 1966.

JACOB, Herbert: Investitionsplanung auf der Grundlage linearer Optimierung; ZfB, 32. Jg. (1962), S. 651 bis 655.

-: Neuere Entwicklungen in der Investitionsrechnung; ZfB, 34. Jg. (1964), S. 487 - 507, 551 - 594.

-: Flexibilitätsüberlegungen in der Investitionsrechnung; ZfB, 37. Jg. (1967a), S. 1 - 34.

-: Zum Problem der Unsicherheit bei Investitionsentscheidungen; ZfB, 37. Jg. (1967b), S. 153 - 187.

-: Unsicherheit und Flexibilität - Zur Theorie der Planung bei Unsicherheit; ZfB, 44. Jg. (1974) S. 299 bis 326, 403 - 448, 505 - 526.

JOCHUM, Herbert: Flexible Planung als Grundlage unternehmerischer Investitionsentscheidungen; Saarbrücker Dissertation 1969.

JOHNSON, Norman L./KOTZ, Samuel: Continuous Univariate Distribution, Vol. 1, New York 1970a; Vol. 2, New York 1970b.

KALL, Peter, Stochastic Linear Programming; Berlin/Heidelberg/New York 1976.

KEENEY, Ralph L.: Multiplicative Utility Functions; OR, Vol. 22 (1974), S. 22 - 34.

-/RAIFFA, Howard: Decisions with Multiple Objectives; New York 1976.

KLAUSMANN, Hans-Siegfried: Stochastische Entscheidungsbäume; Meisenheim/Glan 1976.

KOCH, Helmut: Grundlagen der Wirtschaftlichkeitsrechnung;
    Wiesbaden 1970.

-: Zur Diskussion über die Theorie der Sekundäranpas-
    sung; ZfbF, 25. Jg. (1973), S. 773 - 791.

-: Die Theorie des Gewinn-Vorbehalts als ungewißheits-
    theoretischer Ansatz; ZfbF, 30. Jg. (1978), S. 19
    bis 38.

-: Zur Anwendung der Theorie des Gewinnvorbehalts;
    ZfbF, 31. Jg. (1979), S. 769 - 784.

KORTANEK, K. O./SODEN, J. V.: On the Charnes-Kirby
    Optimality Theorem for the Conditional Chance-Con-
    strained E-Model; CCERO, Vol. 9 (1967) S. 87 - 98.

KÖRTH, H., u.a.: Lehrbuch der Mathematik für Wirtschafts-
    wissenschaften; Opladen 1972.

KRAMM, Rainer: Sequentielles Chance-Constrained Pro-
    gramming als Instrument der flexiblen Planung; Mei-
    senheim/Glan 1977.

KREYSZIG, Erwin: Statistische Methoden und ihre Anwen-
    dungen; 3. Aufl. Göttingen 1968.

LAUX, Helmut: Kapitalkosten und Ertragsteuern; Köln 1969a.

-: Flexible Planung des Kapitalbudgets mit Hilfe der li-
    nearen Programmierung; ZfbF, 21. Jg. (1969b), S. 728
    bis 742.

-: Flexible Investitionsplanung; Opladen 1971.

-: Marktwertmaximierung, Kapitalkostenkonzept und Nutzen-
    maximierung; ZgesStw, Bd. 131/1 (1975a), S. 113 - 133.

-: Nutzenmaximierung und finanzwirtschaftliche Unterziele;
    in: Die Finanzierung der Unternehmung, hsg. v. H. Hax/
    H. Laux, Köln 1975b (Übersetzung von: Expected Utili-
    ty Maximization and Capital Budgeting Subgoals, in:
    Unternehmensforschung, Band 15, 1971, S. 130 - 146).

-/FRANKE, Günter: Der Erfolg im betriebswirtschaftlichen
    Entscheidungsmodell; ZfB, 40. Jg. (1970), S. 31 - 52.

LINDGREN, Bernard W.: Statistical Theory; New York 1968.

LUCE, R. Duncan/RAIFFA, Howard: Games and Decisions;
    New York 1957.

MADANSKY, Albert: Methods of Solution of Linear Programs under Uncertainty; OR, Vol. 10 (1962), S.
463 - 471.

-: Linear Programming under Uncertainty; in: Recent
Advances in Mathematical Programming, hsg. v. R.L.
Graves/Ph. Wolfe, New York 1963, S. 103 - 110.

MAO, James, C. T.: Decision Trees and Sequential Investment Decisions; Cost and Management, Vol. 4
(1968), S. 18 - 23.

MELLWIG, Winfried: Anpassungsfähigkeit und Ungewißheits-
theorie; Tübingen 1972a.

-: Flexibilität als Aspekt unternehmerischen Handelns;
ZfbF, 24. Jg. (1972b), S. 724 - 744.

-: Gewinnsicherung und Auswahlkriterium bei Ungewißheit; ZfbF, 25. Jg. (1973), S. 792 - 804.

MENGES, Günter; Grundmodelle wirtschaftlicher Entscheidungen; 2. Aufl. Düsseldorf 1974.

MYERS, Stewart C.: A Time-State-Preference Model of Se-
curity Valuation; JFQA, Vol. 3 (1968), S. 1 - 33.

NÄSLUND, Bertil: Decisions under Risk; Stockholm 1967.

-/WHINSTON, Andrew: A Model of Multi-Period Investment
under Uncertainty; MS, Vol. 8 (1962), S. 184 - 200.

NEMHAUSER, George L.: Introduction to Dynamic Programming; New York 1966.

VAN DE PANNE, C./POPP, W.: Minimum-Cost Cattle Feed
under Probabilistic Protein Constraints; MS, Vol. 9
(1963), S. 405 - 430.

PELIZÄUS, Rainer: Konvexitätsaussagen beim stochastischen
linearen Programmieren und Wahrscheinlichkeitsrestriktionen; in: Operations Research Verfahren XXX, hsg. v.
R. Henn u.a., Meisenheim/Glan 1979, S. 130 - 153.

POGUE, Gerald A./BUSSARD, Ralph N.: A Linear Programming
Model for Short Term Financial Planning under Uncertainty; SMR, Vol. 13 (1972), S. 69 - 98.

PRATT, John W.: Risk Aversion in the Small and in the
Large; Econometrica, Vol. 32 (1964), S. 122 - 136.

RAIFFA, Howard, Decision Analysis, Reading (Mass.) 1970.

RAIKE, William M.: Dissection Methods for Solution in
   Chance Constrained Programming Problems under Discrete Distributions; MS, Vol. 16 (1970), S. 708
   bis 715.

REMBOLD, Jürgen Th.: Stochastische lineare Optimierung;
   Meisenheim/Glan 1977.

ROSENBERG, Otto: Investitionsplanung im Rahmen einer simultanen Gesamtplanung; Köln 1975.

SALAZAR, Rudolfo C./SEN, Subrate K.: A Simulation Model
   of Capital Budgeting under Uncertainty; MS, Vol. 15
   (1968), S. B 161 - 179.

SAVAGE, Leonard J.: The Theory of Statistical Decision;
   JASA, Vol. 46 (1951), S. 55 - 67.

SCHLAIFER, Robert: Analysis of Decisions under Uncertainty; New York 1969.

SCHNEEWEISS, Christoph: Dynamisches Programmieren;
   Würzburg/Wien 1974.

SCHNEEWEISS, Hans: Ein allgemeines Schema des stochastischen Programmierens; Statistische Hefte, Bd. 3
   (1962), S. 131 - 157.

-: Entscheidungskriterien bei Risiko; Berlin 1967.

SCHNEIDER, Dieter: Invesition und Finanzierung; Köln/
   Opladen 1. Aufl. 1970, 4. Aufl. 1975.

-: Flexible Planung als Lösung der Entscheidungsprobleme
   unter Ungewißheit?; ZfbF, 23. Jg. (1971), S. 831 - 851.

-: "Flexible Planung als Lösung der Entscheidungsprobleme
   unter Ungewißheit?" in der Diskussion; ZfbF, 24. Jg.
   (1972a), S. 456 - 476.

-: Anpassungsfähigkeit und Entscheidungsregeln unter Ungewißheit; ZfbF, 24. Jg. (1972b), S. 745 - 757.

-: "Anpassungsfähigkeit und Entscheidungsregeln unter Ungewißheit" in der Diskussion; ZfbF, 25. Jg. (1973),
   s. 805 - 806.

SCHWEIM, Joachim: Integrierte Unternehmensplanung; Bie-
   lefeld 1969.

SENGUPTA, Jati K,: Distribution Problems in Stochastic
   and Chance-Constrained Programming; in: Economic Models, Estimation and Risk Programming, hsg. v. K. Fox
   u.a., Berlin/New York 1969, S. 391 - 424.

-: Chance-Constrained Linear Programming with Chi-
    Square Type Deviates; MS, Vol. 19 (1972a), S. 337
    bis 349.

-: Stochastic Programming; Amsterdam 1972.

-/TINTNER, G./MILLHAM, C.: On some Theorems of Stocha-
    stic Linear Programming with Applications; MS, Vol.
    10 (1963), S. 143 - 159.

SMITH, Douglas: Decision Rules in Chance-Constrained
    Programming: Some Experimental Comparisons; MS, Vol.
    19 (1973), S. 688 - 702.

SUHREN, Carsten: Flexible Optimierungsmodelle der Pro-
    grammplanung im betrieblichen Forschungs- und Ent-
    wicklungsbereich; Frankfurt/Main 1975.

THEIL, H.: A Note on Certainty Equivalence in Dynamic
    Planning; Econometrica, Vol. 25 (1957), S. 346 bis
    349.

-: Some Reflections on Static Programming under Uncer-
    tainty; WA, Bd. 87 (1961), S. 124 - 138.

-: Optimal Decision Rules for Governement and Industry;
    Amsterdam 1968.

THOMPSOM, G. L./COOPER, W. W./CHARNES, A.: Characteri-
    zations by Chance-Constrained Programming; in: Recent
    Advances in Mathematical Programming, hsg. v. R. L.
    Graves/Ph. Wolfe, New York 1963, S. 113 - 120.

TINTNER, Gerhard: A Note an Stochastic Linear Program-
    ming; Econometrica, Vol. 28 (1960), S. 490 - 495.

-: Stochastic Economics; New York 1972.

-/SASTRY, V. M. Rama: A Note on the Use of Nonparame-
    tric Statistics in Stochastic Linear Programming;
    MS, Vol. 19 (1972), S. 205 - 210.

VAJDA, S.: Probabilistic Programming; New York/London
    1972.

WEINGARTNER, Martin H.: Mathematical Programming and
    the Analysis of Capital Budgeting Problems; Engle-
    wood Cliffs 1963.

WENZEL, Frank: Entscheidungsorientierte Informationsbe-
    wertung; Opladen 1975.

WERNER, Michael: Ein Lösungsansatz für ein spezielles
    zweistufiges stochastisches Optimierungsproblem;
    ZOR, Bd. 17 (1973), S. 119 - 128.
WIEBKING, R.: Stochastische Modelle zur optimalen Last-
    verteilung in einem Kraftwerksverbund; ZOR, Bd. 21
    (1977), S. B 197 - 217.
WILHELM, Jochen: Objectives and Multi-Objective Decision
    Making under Uncertainty, Berlin/Heidelberg/New York
    1975.
WILSON, Robert:Investment Analysis under Uncertainty;
    MS, Vol. 15 (1969), S. B 650 - 664.
ZIMMERMANN, H.-J.: Neuere Entwicklungen auf dem Gebiet
    der stochastischen Programmierung; in: Proceedings
    in Operations Research, Bd. 3 (1973), Würzburg/Wien
    1974, S. 43 - 60.

Im Literaturverzeichnis verwendete Abkürzungen

AR   Accounting Review
CCERO   Cahiers du Centre d'Études de Recherche
          Opérationnelle
HBR   Harvard Business Review
HdWW   Handwörterbuch der Wirtschaftswissenschaft
HWB   Handwörterbuch der Betriebswirtschaft
IMR   Industrial Management Review
JASA   Journal of the American Statistical
          Association
JB   Journal of Business
JF   Journal of Finance
JFE   Journal of Financial Economics
JFQA   Journal of Financial and Quantitative Analysis
JMPhSc   Journal of Mathematical and Physical Sciences
JPolE   Journal of Political Economy
MS   Management Science
NRLQ   Naval Research Logistics Quarterly
OR   Operations Research
QJE   Quarterly Journal of Economics
RES   Review of Economics and Statistics
SMR   Sloan Management Review
WA   Weltwirtschaftliches Archiv
ZfB   Zeitschrift für Betriebswirtschaft
ZfbF   Zeitschrift für betriebswirtschaftliche Forschung
ZfhF   Zeitschrift für handelswissenschaftliche Forschung
ZfWvG   Zeitschrift für Wahrscheinlichkeitstheorie und
          verwandte Gebiete
ZfO   Zeitschrift für Organisation
ZgesStw   Zeitschrift für die gesamte Staatswissenschaft
ZOR   Zeitschrift für Operations Research